国家出版基金项目
NATIONAL PUBLICATION FOUNDATION

中国页岩气规模有效开发
中国工程院重点咨询研究项目成果

中国页岩气开发概论

INTRODUCTION to SHALE GAS DEVELOPMENT in CHINA

胡文瑞 曹耀峰 马新华 ◎等编著

石油工业出版社

内 容 提 要

本书以时间为基线、以发展阶段为顺序，系统梳理了中国页岩气发展从受到美国页岩气革命的影响到开展资源评价，从艰苦的探索实践到获得点上的突破，从政策的指导到示范区建设，从技术的引进到消化吸收再创新等方面，以翔实、权威的资料总结了中国页岩气开发历经的阶段、形成的技术、出台的政策、建成的规模，为中国页岩气规模有效开发提供参考指导。

本书可供从事页岩气开发的相关技术人员和管理人员参考。

图书在版编目（CIP）数据

中国页岩气开发概论／胡文瑞等编著 .—北京：
石油工业出版社，2020.12
（中国页岩气规模有效开发）
ISBN 978-7-5183-4385-0

Ⅰ . ①中… Ⅱ . ①胡… Ⅲ . ①油页岩资源 - 资源开发
- 研究 - 中国Ⅳ . ① TE155

中国版本图书馆 CIP 数据核字（2020）第 228526 号

中国页岩气开发概论

出版发行：石油工业出版社
　　　　　（北京安定门外安华里 2 区 1 号　　100011）
网　　址：www.petropub.com
编辑部：(010) 64523535
图书营销中心：(010) 64523633
经　　销：全国新华书店
印　　刷：北京中石油彩色印刷有限责任公司

2020 年 12 月第 1 版　　2021 年 5 月第 2 次印刷
710×1000 毫米　开本：1/16　印张：21.5
字数：300 千字

定价：150.00 元
（如出现印装质量问题，我社图书营销中心负责调换）

序

近年来，中国页岩气开发取得了实质性的突破，成为世界上少数几个实现工业化开采的国家之一。但是，页岩气产业仍处于规模开发的起步阶段，面临如何进一步完善开发技术、降低开发成本、规范开发秩序、创新开发商业模式和配套开发扶持政策等诸多问题。这些问题仍是制约和影响页岩气产业快速健康发展的重要因素。

为此，2017 年底，中国工程院工程管理学部和能源与矿业学部联合发起"中国页岩气规模有效开发途径研究"咨询研究项目，被中国工程院列为 2018 年重点咨询研究项目，旨在研究和剖析页岩气开发面临的问题，探索页岩气规模有效开发的途径，形成指导页岩气规模有效开发的咨询成果和建议，对国家增加清洁能源供应和优化能源结构具有重大的意义。

该咨询研究项目针对中国不同类型、不同地区、不同深度的页岩气开发现状和产业政策环境调研分析，评价页岩气发展潜力，动态预测峰值产量及峰值时间，剖析页岩气勘探开发成本和效益，建立高效率、低成本和清洁开发的商业模式，探索页岩气规模有效开发途径、发展战略，最终实现课题研究所要达到的 4 个主要目标，即"中国页岩气提高单井产量及采收率路径研究""中国页岩气低成本发展路径研究""中国页岩气清洁发展路径研究"和"中国页岩气规模有效开发战略研究"。

该咨询研究项目按照"问题导向、方法导向"的原则，从解剖典型页岩气田开发现状、做法、经验、问题等方面入手，通过国内外成功案例学习、现场调研、学术讨论和咨询研讨等多种方式，先后在北京、成都、西安和宜昌召开了4场大型研讨会，中国工程院和中国科学院30多位院士分别参与研讨，自然资源部、中国石油、中国石化、延长石油、中国石油大学（北京）、西南石油大学、国家能源页岩气研发中心等单位400余位中外专家、学者和企业负责人参与了研讨，特别是中国石油西南油气田公司、中国石化勘探分公司发挥了主力军的作用。

该咨询研究项目持续两年多的研究，可以说取得了预期的主要成果：一是"提出了中国页岩气规模有效开发的途径和发展战略"，二是"探索、总结形成了页岩气低成本开发的商业模式和咨询建议"，最终形成了"中国页岩气规模有效开发途径研究"项目报告，同时出版《中国页岩气示范区建设实践与启示》《中国页岩气开发概论》两部战略性、前瞻性、权威性和工具性著作，为中国页岩气规模有效开发提供参考指导。

需要特别说明，中国工程院战略咨询重点研究项目"中国页岩气规模有效开发途径研究"结论：中国页岩气规模有效开发极有可能成功，失败的概率极小，页岩气可能成为中国能源版的"封狼居胥"，假如在成本问题上失策，有可能就是中国版的"滑铁卢"。

但是，页岩气被定性为非常规油气资源，所谓非常规就是不同于常规油气资源，而是一种低品位产于页岩里的天然气。为此，开发此类资源，从技术和经济两个层面讲存在很大的难度。不过，纵观美国人开发页岩气的实际，总结中国人开发（鄂尔多斯盆地）低渗透油气的实践，其核心是"五低二化"。

那么什么是"五低"？概括地讲：一是低品位油气资源禀赋；二是低成本开发战略设计；三是低成本组织与管理架构；四是低成本技术体系；五是低成本开发商业模式。实现页岩气低成本规模有效开发是唯一出路，反之亦然。

那么什么是"二化"？具体地讲：一是简优化，简化就是优化，简而不陋，简而安全，简而环保，简而有效；从简化中再优化，减少投资，降低成本，强化效果增量。二是工厂化，最大的好处是减少投资、降低成本，而且是最有效、最优化，是革命性、颠覆性的举措。工厂化是迄今为止最好的方式，再没有其他好的方式可以替代，进一步讲，把工厂化称为方式、方法或措施、手段都可以。如果说采用或实施了工厂化作业开发页岩气，还没有实现页岩气规模有效开发，那就用中国人的一句话说："彻底无望了"。

最后，祝贺"中国页岩气规模有效开发途径研究"项目报告全面完成，祝贺《中国页岩气示范区建设实践与启示》《中国页岩气开发概论》正式出版。

中国工程院院士

2020 年 6 月

前　言

　　页岩气革命是 21 世纪世界能源领域的颠覆性重大事件，即将引领国际能源大博弈，重塑世界地缘政治版图。页岩气革命使美国实现了能源独立，引领了美国在政治、经济、军事等全方位的重大变革。中国页岩地层众多，涵盖了海相、陆相和海陆过渡相地层。初步研究表明，中国页岩气资源丰富，市场需求巨大。中国页岩气产业整体处于起步阶段，历经了十余年的探索实践，通过技术引进和攻关、管理创新和政策扶持，丰富和发展了页岩气勘探开发理论，形成了页岩气勘探开发主体技术，实现了主要装备、设备和工具国产化，建立了配套的标准规范体系，培养了一批专业技术人员，成功实现了长宁—威远、涪陵、昭通和延安等示范区页岩气的规模有效开发。但我国页岩气层系较多，区块地质条件整体较北美地区复杂，而且经历了多期强烈的构造改造作用，页岩气富集规律具有诸多复杂性，还需要加强基础理论研究和勘探开发技术的攻关，不断扩大勘探开发层系和区块，提高单井产能，同时通过精细管理和优化，降低开发成本，以取得全面的突破。因此，阶段性总结中国页岩气勘探开发理论、技术、认识、管理等方面的创新与突破显得很有必要，也恰逢其时。

　　中国工程院在技术层面长期跟踪、指导中国页岩气产业的发展。2018

年 4 月 14 日，由中国石油西南油气田公司承担的中国工程院战略咨询重点研究项目"中国页岩气规模有效开发途径研究"启动暨研讨会在中国工程院召开。中国工程院党组书记李晓红，副院长赵宪庚，中国工程院、中国科学院共 28 位院士（李晓红、赵宪庚、孙永福、王基铭、王礼恒、殷瑞钰、傅志寰、王安、胡文瑞、曹耀峰、赵文智、何继善、袁晴棠、罗平亚、马永生、韩大匡、康玉柱、袁士义、孙龙德、黄维和、苏义脑、李阳、刘合、李根生、王金南、陈晓红、金之钧、邹才能），以及来自自然资源部、国家能源局、中国石油、中国石化、延长石油、中国石油大学（北京）、西华大学等单位和部门的领导、专家及学者共 90 余人出席了会议。会议由中国工程院院士、项目副组长曹耀峰主持。《中国页岩气开发概论》是项目形成的专著之一。胡文瑞院士、曹耀峰院士和中国石油西南油气田公司总经理马新华牵头，与本书核心作者团队一起，初步提炼设计了图书框架、编写思路，梳理了重点理论、技术要点，为图书的编著打好了初步的基础。

2018 年 5 月 12 日，"中国页岩气规模有效开发途径研究"项目专著讨论会在成都召开。中国工程院院士胡文瑞主持会议。会上，中国石油西南油气田公司页岩气勘探开发首席专家陈更生代表编写团队，就《中国页岩气开发概论》一书的编写思路、编写提纲、进度安排等内容做了详细的汇报。胡文瑞院士强调，专著编写要全面翔实地突出中国页岩气勘探开发历程以及形成的特色理论和技术，系统梳理和记录中国页岩气发展的大事记。同时，胡文瑞院士对专著编写工作进行了详细的安排，成立了由多位院士以及中国石油、中国石化、延长石油的技术专家组成的编著委员会，要求细化专著内容到三级提纲，任务分工落实到个人，确保专著按时完成，为专著编写启动会召开奠定了良好的基础。本书编著委员会顾问由王玉普、殷瑞钰、王基铭、袁晴棠、翟光明、何继善、罗平亚、周守为、张大伟担任，胡文瑞担任编著委员会主任，曹耀峰、赵文智、刘合、马新华、郭旭升、王香增、陈更生、胡德高、梁兴、张卫国担任副主任。自然资源部油气中心、中国石油西南油气田公司、中国石油勘探开发研究院、中国石油浙江油田公司、中国石化勘探分公司和延长石油等单位的40余名专家组成编写团队。会后，马新华、陈更生组织编写团队核心成员针对提纲进行了两次集中讨论、修改，形成了初步的三级细化编写提纲，清晰提炼了中国页岩气勘探开发的主要重大理论认识、特色技术与对策，以及页岩气示范区的成功实践经验要点。

2018年6月14日，专著编写第二次讨论会在成都召开，会议由胡文瑞院士主持。陈更生代表编写团队就专著编写思路、编写提纲的修改情况做了详细介绍。胡文瑞院士强调，专著编写要做到思路清晰，将中国页岩气发展的各个阶段划分清楚，采用纪实方式，以丰富的实物资料展示史实。

2018年7月9日，"中国页岩气规模有效开发途径研究"项目进展研讨会在中国工程院召开，会议由中国工程院院士胡文瑞主持，中国工程院院士赵文智、曹耀峰、刘合，国土资源部矿产资源储量评审中心主任张大伟以及中国石油西南油气田公司、中国石化江汉油田分公司、中国石油浙江油田公司、陕西延长石油（集团）有限责任公司等单位和部门的领导、专家共50余人出席了会议。会上，陈更生代表编写团队汇报了专著《中国页岩气开发概论》编写提纲及组织实施计划。与会专家就专著编写思路和提纲展开讨论并提出建议。胡文瑞院士对专著编写的下一步工作做了具体安排。

2018年8月31日，《中国页岩气开发概论》专著编写推进会在北京召开，会议由胡文瑞院士主持。陈更生代表编写团队汇报了专著的提纲编写进展与修改的内容，与会院士和专家对专著的编写提纲进行了审阅，提出了修改意见。会后，编写团队的核心成员根据推进会的专家意见，形成了专著的最终版细化撰写提纲目录与撰写要点。编写团队按照专著提纲和编写分工安排，开始了编写工作，并于 2019 年 3 月完成初稿，由中国石油西南油气田公司负责汇总并统稿。

2019 年 4 月 27 日，胡文瑞院士对专著初稿进行了审查，提出了修改意见和相关工作要求：一是将专著的策划过程、编写历程以及参与人员写进书中，全面体现专著的权威性和严肃性；二是加快统稿进度，补充、完善初稿，确保客观公正、内容平衡。随后，于同年 5 月，刘合院士对专著初稿进行了审阅，并提出了修改意见和建议。编写团队针对刘合院士提出的修改意见和建议集中讨论了修改方案，并系统梳理了大事记。同年 6 月，编写团队在修改初稿的同时，邀请冉隆辉教授指导、审阅。同年 7—8 月，编写团队结合刘合院士和冉隆辉教授提出的修改意见与建议，集中讨论了两次，各参编单位先后进行了两轮修改工作，形成第二稿。

2019 年 8 月 28 日，"中国页岩气规模有效开发途径研究"项目实施情况汇报会在成都召开，会议由胡文瑞院士主持，编写团队汇报了专著的修改情况。中国石油西南油气田公司总经理、党委书记马新华和中国石化勘探分公司总经理郭旭升分别提出了修改建议；胡文瑞强调，专著应结合页岩气勘探在深层取得的重点进展增加相应内容，并进一步加强大事记的系统梳理，形成专著最终版。会后，编写团队按照院士和专家的审稿意见，继续修改、完善专著。随后，赵文智院士对专著进行了审阅、指导，并提出了修改意见和建议。

2019 年 11 月 19 日，"中国页岩气规模有效开发途径研究"项目专著研讨会在成都召开，会议由中国工程院院士胡文瑞主持，中国工程院院士赵文智、中国石化勘探分公司总经理郭旭升、西南石油大学副校长张烈辉出席会议。会上，编写团队汇报了专著编写情况、存在问题和下一步工作安排。与会专家针对专著内容修改完善、专著出版等事宜进行了讨论和交流，并提出了修改完善意见和建议。会后，编写团队按研讨会上各位专家提出的修改完善意见和建议进一步修改、完善专著，形成专著最终版。

全书包含八章内容，系统梳理总结了我国页岩气产业的艰难探索，从受到美国页岩气革命的影响到开展资源评价，从艰苦的探索实践到获得点上的突破，从政策的指导到示范区的建设，从技术的引进到消化吸收再创新的历程，以真实、完整、权威、科学的资料，全面总结了我国页岩气勘探开发的实践经验与成就、理论与技术、配套政策与标准规范等，为参与页岩气勘探开发事业的从业者提供参考。

本书第一章和第二章介绍了美国页岩气革命及影响以及我国页岩气前期发展情况，由马新华负责，中国石油勘探开发研究院董大忠、刘洪林、施振生、蒋珊、郭雯、张素荣、孙莎莎、蒲泊伶等参与编写。第三章和第六章介绍了我国页岩气政策、规划的发布和标准体系的建立以及与国外开展的技术交流合作，由张大伟教授负责。第四章、第五章和第七章介绍了我国涪陵、长宁—威远、昭通和延安四个国家级页岩气示范区的建设历程，形成的理论技术，未来发展的愿景及宏图，由马新华、陈更生负责，中国石油西南油气田公司吴建发、张鉴、石学文、方圆、李武广、刘文平、郭兴午、吴鹏程、常程，中国石化勘探分公司刘若冰、刘珠江，中国石化江汉油田分公司舒志国、郑爱维、刘莉、廖如刚，中国石油浙江油田公司舒红林、张朝、梅珏、张磊、尹开贵，延长石油张丽霞、胡海文、杜燕、张建锋、罗攀，中国石油勘探开发研究院董大忠、王红岩等参与编写。第八章系统梳理了我国页岩气发展过程中的重大事件，各编写单位提供资料，由中国石油西南油气田公司张鉴、方圆以及中国石油勘探开发研究院董大忠、王红岩等参与编写，马新华、陈更生审定。

在此，向本书的所有参编人员、书中所引用文献与资料的作者，以及审稿专家冉隆辉教授、统稿专家王一端教授表示感谢。

由于编写人员理论水平和实践经验有限，本书仍存在许多不完善及欠妥之处，欢迎读者提出宝贵意见和建议。

目　录

第五章　创新与攻关
形成中国特色页岩气理论和关键技术

第六章　借鉴与合作
学习借鉴国外页岩气先进经验，全面展开对外合作

第一章

革命与影响

由美国引发的页岩气革命
正在全球迅速发展

　　页岩气资源研究与勘探开发始于美国，最早进入商业性开采的也是美国。美国于 1821 年在纽约州的弗里多尼亚发现了第一口商业性天然气井，当时该井产出的天然气就是来自泥盆系 Dunkirk 页岩。20 世纪 20 年代，美国页岩气开始现代化工业生产。21 世纪以来，由于水平井钻完井、水力体积压裂等工程技术得到有效发展和广泛推广应用，美国页岩气年产量和经济技术可采储量迅速攀升。根据美国能源信息署（EIA，2018）数据统计，2018 年美国的页岩气产量超过 $6000 \times 10^8 \mathrm{m}^3$，占 2018 年美国天然气总产量的 70%。页岩气产量较大程度地弥补了美国天然气的市场缺口，使美国逐渐摆脱了对国外天然气市场的依赖。EIA 关于美国 2010—2015 年的天然气产量预测数据显示，美国页岩气的大规模开发将实现对天然气进口的有力替代，预计到 2035 年美国的天然气进口量将只占全部天然气表观消费量的 1%。假如不考虑页岩气产量，美国天然气的对外依存度可能达到 47%（董大忠等，2016a）。继美国之后，加拿大、中国和阿根廷先后实现了页岩气规模有效开发，澳大利亚、德国、法国、瑞典、波兰及英国等国家也都开展了页岩气的研究和勘探开发探索。作为潜力巨大的新兴非常规能源，页岩气已成为全球，尤其是美国、加拿大、中国和阿根廷等国油气勘探开发的新亮点。据北美页岩气发展趋势判断，页岩气开发必将改变世界能源供给格局。

第一节 页岩气（藏）简介

一、页岩及页岩气

（一）页岩

页岩是指由粒径小于 0.0625mm 的碎屑颗粒、黏土、有机质等成分组成的、具有页片状或薄片状层理的、易碎裂的一类细粒沉积岩（图 1-1，表 1-1）。

页岩在自然界中分布广泛，约占整个沉积岩的 55%。页岩的主要类型有碳质页岩、硅质页岩、铁质页岩、钙质页岩等，其中钙质页岩和硅质页

图 1-1 四川盆地龙马溪组页岩露头剖面

岩易于压裂。页岩矿物成分复杂，包含碎屑颗粒、黏土矿物、有机质等。碎屑颗粒主要为石英、长石、碳酸盐岩、黄铁矿等，黏土矿物有伊利石、绿泥石、高岭石、蒙皂石、水云母等。碎屑颗粒和黏土矿物含量不同导致页岩性质差异明显（张爱云等，1987）。富有机质页岩是形成页岩油气的主要页岩类型。富有机质页岩一般含丰富有机质与细粒、分散状黄铁矿、菱铁矿等，有机质含量通常为 1% ~ 15% 或更高。

表 1-1　常用碎屑岩分类简表

岩石类型	砾岩	砂岩	粉砂岩	页岩
			不含黏土、有机质	含大量黏土、有机质，有纹层、页理
颗粒粒径（mm）	>2	2 ~ 0.0625	<0.0625	<0.0625

　　页岩可以形成于海相、海陆过渡相和陆相沉积环境中。富有机质页岩的形成，一般具有两个重要条件：一是表层水中浮游生物发育，生产力高；二是具备有利于有机质保存、聚积与转化的条件。缺氧环境有利于有机质保存，形成富有机质沉积物堆积，滞流海（湖）盆、陆棚区台地间的局限盆地、边缘海斜坡与边缘海盆地中，水体深且盆地隔绝性强，水体循环性差，易形成贫氧或缺氧条件，是富有机质页岩发育的有利环境（图 1-2）。因此，富有机质页岩主要形成于缺氧、富硫的闭塞海湾、潟湖、湖泊深水、欠补偿盆地及深水陆棚等沉积环境中（张爱云等，1987；姜在兴，2003；邹才能等，2010a）。关于富有机质页岩的沉积模式，海相富有机质页岩沉积模式有海侵模式、门槛模式、水体分层模式和洋流上涌模式 4 种类型。陆相湖盆沉积环境水体有限，水体循环能力不及海洋，富有机质页岩沉积模式以水体分层和湖侵两种模式为主，其中水体分层模式按湖泊类型还可分为淡水湖盆、干盐湖盆和半咸水湖盆 3 种类型（Picard，1971）。

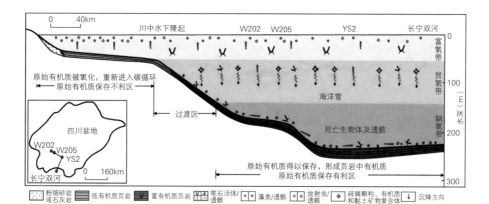

图1-2　四川盆地五峰组—龙马溪组海相黑色页岩沉积相模式

　　北美地区产气的富有机质页岩主要为海相页岩，其形成环境主要是与外海流通性较差的深水前陆盆地沉积环境。目前分布于阿巴拉契亚造山褶皱带和落基山造山带靠陆一侧。中国陆上富有机质页岩分为三大类：海相页岩、海陆过渡相页岩和陆（湖）相页岩（邹才能等，2010a）。海相页岩主要形成于克拉通内坳陷和边缘半深水—深水陆棚相沉积环境，海陆过渡相页岩主要形成于克拉通边缘海陆过渡相沉积环境，陆（湖）相页岩主要形成于前陆盆地湖—沼相、裂谷盆地断（坳）陷湖相、大型陆内坳陷盆地半深—深湖相沉积环境。中国陆上富有机质页岩具有类型多、沉积环境复杂等基本特征。

（二）页岩气

　　页岩气是从页岩地层中开采出来的天然气，成分以甲烷为主，甲烷含量一般在85%以上，最高可达到99.8%，部分含有C_{2+}重烃组分和少量氮气及二氧化碳等非烃组分，是一种清洁、高效的能源资源。

　　页岩气藏具有自生自储特点，页岩既是烃（气）源岩，又是储集岩。页岩气的分布不完全受构造控制，无圈闭成藏特征、也无清晰的气—水界面，埋藏深度范围广。页岩气以游离态、吸附态为主，赋存于富有机质页岩地层中，在覆压条件下，页岩基质渗透率一般不大于0.001mD，单井无自然产能，需要通过水平井钻井、水力体积压裂措施才能获得工业气流。图1-3

所示为含油气盆地中页岩气分布聚集示意图。

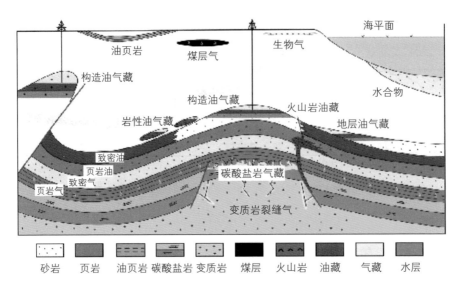

图1-3 含油气盆地中页岩气分布聚集示意图（据邹才能等，2011b）

美国一些学者与研究机构（Curtis，2002）认为，页岩气是从富有机质页岩地层系统中开采出来的天然气。美国地质调查局认为，页岩含气系统属于典型的非常规天然气系统，为连续型天然气聚集。Curtis（2002）认为，页岩气在本质上是富有机质页岩系统中连续生成的生物化学成因气、热成因气或混合成因气的富集，具有普遍的地层饱含气性、大面积分布、多种岩性封闭及相对短的运移距离等特点，可以在天然裂缝和孔隙中以游离方式存在，也可以在干酪根和黏土颗粒表面以吸附状态存在，甚至可以在干酪根和沥青质中以溶解状态存在。程克明等（2009）和邹才能等（2010b）认为，页岩气是赋存于富有机质页岩地层及粉砂岩、碳酸盐岩等薄夹层中，以吸附态、游离态为主富集的天然气，为典型的"自生自储、原地滞留"聚集型成藏。从地质成因上讲，页岩气是烃（气）源岩中天然气的原地大规模滞留富集的结果。

二、页岩气主要特征

（一）页岩气基本地质特征

商业性页岩气形成具备的地质特征：

（1）总有机碳含量（TOC）高，最低要求 TOC 大于 2.0%；

（2）富有机质页岩集中段厚度大，即 TOC 大于 2.0% 的页岩连续厚度大于 30m；

（3）良好储集空间，即物性好，孔隙度（ϕ）至少 3% ~ 5%；

（4）含气性好，页岩总含气量大于 2.0m³/t（页岩岩石）；

（5）好的保存条件，页岩没有遭受较大程度破坏，距断裂带 1.0 ~ 1.5km，有封闭性好的顶底板封存，有效埋深大于 1000m。

（二）页岩气分布特征

（1）页岩气大面积连续分布。页岩气源、储一体成藏，资源规模大，大面积连续分布。页岩有机质生烃（气）、排烃（气）后，滞留富集在页岩储层内的天然气，成为页岩气聚集（藏）。因此，页岩气藏中页岩既是有效烃（气）源岩，也是有效储层，为自生自储聚集成藏，连续分布的成气富有机质页岩是页岩气分布的主要控制因素。页岩气通常沿沉积盆地坳（凹）陷—斜坡区大面积连续分布。美国福特沃斯（Fort Worth）盆地 Barnett 页岩储层沿东部 Ouachita 山区斜坡区大面积展布，近南北向连续分布超 2000km²，整个页岩含气面积 1.55×10^4km²，技术可采资源量 7362×10^8m³（Curtis，2002）。

（2）含气富有机质页岩纹层及层理普遍发育。纹层或层理发育大幅改善了页岩储层储集能力和水平渗流能力，提高了页岩气井产量。富有机质页岩作为一类细粒沉积岩，沉积过程中受到物理、化学、生物等共同作用，形成不同组分纹层沉积，包括脆性矿物（石英、方解石、白云石等）、黏土矿物（伊利石、绿泥石、蒙皂石等）及有机质（藻类、细菌等）等。不同纹层间发育纹（层）理（缝），以连续或断续状分布。相似纹层组合形成纹层组进一步形成小层，常发育水平层理（缝），并连续分布（杨泽伟，2008）。研究表明，纹（层）理（缝）构成有效的页岩气储集空间和有效沟通页岩储层孔隙、纳米级有机质孔等，形成页岩气水平运移、渗流的高速通道。含气页岩垂向上致密、具有极低垂直渗透率，阻碍了页岩气垂向快速逸散而有利于页岩气富集保存；而水平层理（缝）发育大大改善了页岩储层的水平渗流能力，在水平井水力压裂改造后容易形成复杂裂缝网络，从而提高页岩气井产量。四川盆地五峰组—龙马溪组含气页岩普遍发育纹（层）理，其水平渗透率普遍高于 0.01mD（平均值 1.33mD），而同一深度页岩的垂直渗透率普遍低于 0.001mD，二者相差超过 3 个数量级。

（3）含气富有机质页岩纳米级有机孔隙丰富。页岩储层非常致密，以微米—纳米级孔、喉储集空间为特征，其中有机质纳米孔是重要孔隙空间。页岩储层孔隙直径一般为 50 ~ 100nm、渗透率为 10^{-6} ~ 10^{-3}mD（表 1-2）。测试分析数据表明，页岩储层有机质纳米孔隙孔喉系统发育，占页岩储层总孔隙度的 50% ~ 70%，为页岩气提供了有效储集空间（景春梅，2011）。Loucks 等（2009）根据 Barnett 页岩储层分析结果，提出页岩储层以微米—纳米孔隙为主，是页岩气赋存的主要空间（谢世清，2011）。Curtis 等提出页岩储层孔隙直径分布于 4 ~ 200nm。通过氩离子抛光电镜观察，四川盆地五峰组—龙马溪组富有机质页岩孔隙直径分布在 50 ~ 200nm，孔隙度 1.2% ~ 12%，渗透率 1×10^{-6} ~ 5.7×10^{-3}mD。

（4）页岩气"甜点区/段"页岩气资源富集。尽管页岩气大面积连续分布，普遍具有饱含气特征，但是页岩储层总有机碳含量（TOC）、热成熟度（R_o）、含气性和脆性矿物等指标纵横向上都存在变化，页岩气资源无论在平面上还是层段上都存在"甜点"。Barnett 页岩气田面积约 1.55×10^4km^2，"甜点区"面积 5000km^2，一般含气区面积为 1.05×10^4km^2（国土资源部油气资源战略研究中心等，2016）。

表1-2 国内外主要页岩储层参数对比

页岩层系	美国页岩气层					中国页岩气层		
	Fayetteville	Barnett	Haynesville	Marcellus	Utica	涪陵	蜀南	延长组
沉积盆地	Arkoma	FortWorth	Louisianasalt	Appalachian	Appalachian	四川	四川	鄂尔多斯
地层时代	石炭纪	石炭纪	侏罗纪	泥盆纪	奥陶纪	奥陶纪—志留纪	奥陶纪—志留纪	三叠纪
地层名称	Fayetteville	Barnett	Haynesville	Marcellus	Utica	五峰组—龙马溪组	五峰组—龙马溪组	延长组
分布面积(10^4km^2)	2.3	1.55	2.3	24.6	28(12.8气)	0.7	0.76	8～10
深度(m)	330～2300	1980～2591	3350～4270	1200～2400	2100～4300	2000～4000	2000～4500	500～1800
净厚度(m)	6～60	30～180	61～107	18～83	20～300	40～80	40～60	16～24
沉积环境	深水陆棚	深水陆棚	深水陆棚	陆表海	陆表海	深水陆棚	深水陆棚	湖相
主要岩石类型	页岩	页岩	页岩	页岩	页岩	页岩	页岩	页岩
TOC(%)	4.0～9.8	4～5	0.5～4	4.4～9.7	3～8	2～8	2.5～8.5	0.5～25.5
R_o(%)	1.0～4.0	0.8～1.4	1.8～2.5	1.23～2.56	0.6～3.2	2.65	2.5～3.8	0.5～1.5
总孔隙度(%)	2～8	4～5	8～9	9～11	3～6	1.2～8.1	2～12	0.8～3
孔径范围(nm)	5～100	5～750(100)	20	10～100	15～20C	50～200	50～100	3～100
基质渗透率(mD)	$0.1×10^{-3}$～$0.8×10^{-3}$	$0.07×10^{-3}$～$0.5×10^{-3}$	$0.05×10^{-3}$～$0.8×10^{-3}$	$0.1×10^{-3}$～$0.7×10^{-3}$	$0.80×10^{-3}$～$3.5×10^{-3}$	$0.001×10^{-3}$～$5.7×10^{-3}$	$0.02×10^{-3}$～$1.73×10^{-3}$	$0.012×10^{-3}$～$0.65×10^{-3}$
孔隙类型	有机质孔	有机质孔	有机质孔	有机质孔	有机质孔	有机质孔	有机质孔	无机孔＋有机孔

续表

页岩层系	美国页岩气层					中国页岩气层		
	Fayetteville	Barnett	Haynesville	Marcellus	Utica	涪陵	蜀南	延长组
含气量（m³/t）	1.70～6.23	8.50～9.91	2.83～9.34	1.70～2.83	—	1.3～6.3	2～6	0.5～3
游离气比例（%）	60～80	80	80	40～90	20～65	70～80	60～80	50～60
脆性矿物含量（%）	70～80	30～60	50～70	40～70	70～80	50～80	55～80	40～70
泊松比	0.23	0.23～0.27	0.2～0.3	0.15～0.35	0.2～0.3	0.11～0.29	0.15～0.25	0.15～0.27
压力系数	0.98	0.97～1.0	1.6～2.0	0.45～0.91	1.1～1.35	1.55	1.2～2.1	1.0
井控面积（$10^4 m^2$）	0.3～0.5	0.24～0.65	0.164～2.27	0.16～0.65	0.72	0.6～0.8	0.6～0.8	—
地质资源量（$10^8 m^3$）	14700	92600	203000	424700	60000	6008	67900	5630
储量丰度（$10^8 m^3/km^2$）	6.3	3.16	5.07	1.73	1～1.5	10	5～8	2.2
技术可采资源量（$10^8 m^3$）	3624	7362	20493	22281	10352	481	12000	—
水平井初产（$10^4 m^3/d$）	7	5.3	28	12.5	13.3	18	13	0.5～1
单井EUR（$10^8 m^3$）	0.42	0.7	2.5	1.06	1.3	1.5	1	0.1～0.3
2017年总产量（$10^8 m^3$）	208	330	393	1691	403	50	28	0

据 Barnett 页岩气开发成果，Barnett 页岩气核心区中部 Mineral Wells 断层沿近北东方向切穿页岩储层，在该断裂带附近页岩气井大量产水、产气量小，钻井过程中需避开该断裂带（国土资源部油气资源战略研究中心等，2016）。南方中—上扬子地区发育寒武系筇竹寺组、上奥陶统五峰组—下志留统龙马溪组两套富有机页岩。五峰组—龙马溪组页岩总厚度 100 ~ 200m，其中底部 TOC 大于 3.0%、笔石化石丰富的页岩厚度 10 ~ 40m 的连续段是页岩气勘探开发的"甜点段"。四川盆地已经落实焦石坝、长宁—威远、昭通等页岩气勘探开发"甜点区"。

（5）游离气含量决定页岩气井初始产量高低。页岩气成因有生物成因、热成因及生物—热成因混合成因三种，以热成因气为主。页岩气赋存有游离气、吸附气和溶解气 3 种形式，以游离气和吸附气为主，游离气含量高低决定页岩气井初始产量大小。目前，美国开发的页岩气田超过 15 个，其中 13 个为热成因气、1 个为生物成因气、1 个为生物—热成因混合成因气。页岩储层体积改造后形成大量高渗透缝网通道体系，大幅度增加了页岩基质与高渗透缝网通道的接触面积❶。页岩气由基质进入高渗透缝网通道之前，游离气需经基质扩散作用进入微裂缝体系内，再通过低速渗流和扩散作用进入高渗透缝网通道。与游离气产出相比，吸附气的产出需先从吸附态解吸为游离态，才能由基质内运移至高渗透缝网通道。游离气最先在页岩气井产量中发挥作用，游离气含量越高，气井初始产量越高。据统计，Barnett 页岩、Fayetteville 页岩和 Woodford 页岩游离气含量分别为 60%，80% 和 40%，单井初始产量分别为 $5.3 \times 10^4 m^3/d$，$7 \times 10^4 m^3/d$ 和 $5.5 \times 10^4 m^3/d$❷；Haynesville 页岩、Muskwa 页岩和 EagleFord 页岩游

---

❶ 国家发展和改革委员会，《关于印发页岩气发展规划（2011—2015 年）的通知》，2012 年 3 月 13 日。

❷ 国家能源局，《中美两国页岩气监管研讨会成功举行》，2012 年 9 月 17 日。

离气含量分别为 80%，80% 和 75%，单井初始产量分别为 $28 \times 10^4 m^3/d$，$14 \times 10^4 m^3/d$ 和 $23 \times 10^4 m^3/d$。

（6）页岩地层超压、天然裂缝发育程度等都控制着页岩气井的产量。页岩储层压裂过程主要为天然裂缝的开启过程，天然裂缝的发育程度影响页岩体积改造效果，进而会控制页岩气井的产量。通过大型水力压裂物理模型试验，采用 $1m \times 1m \times 1m$ 页岩样品模拟原位应力条件下裂缝展布特征，以评价页岩储层水力体积压裂改造过程中裂缝形成机制。从试验结果看，压裂过程中裂缝首先沿天然裂缝开启、扩展，通过天然裂缝与层理间的相互限制、相互开启，在页岩储层中形成复杂体积缝网。重庆涪陵页岩气田焦石坝区块五峰组—龙马溪组底部富有机质页岩储层天然裂缝发育（国土资源部油气资源战略研究中心等，2016），页岩气井普遍高产，单井最终可采储量（EUR）预测为 $1.5 \times 10^8 m^3$ 以上。地层超压是控制页岩含气量、单井产量的重要因素。钻探证实，四川盆地及周缘五峰组—龙马溪组页岩普遍见气，盆地斜坡区、向斜区一般地层异常高压，压力系数为 1.4 ~ 2.2。异常超压区中，长宁区块五峰组—龙马溪组含气量平均为 $4.1m^3/t$，涪陵焦石坝区块五峰组—龙马溪组含气量平均为 $4.6m^3/t$，水平井单井测试产量普遍高于 $5 \times 10^4 m^3/d$，泸州地区最高单井测试产量为 $137.9 \times 10^4 m^3/d$。盆地边缘一般地层压力为正常压力，含气量 2.3 ~ $2.92m^3/t$，水平井单井测试产量一般 $2.2 \times 10^4 m^3/d$ 左右。

（7）水平井钻井、水力压裂体积改造形成"人造气藏"，实现页岩气有效开发。"人造页岩气藏"以含气富有机质页岩地层"甜点"为单元，在其范围内通过科学合理方式部署平台井组，水平井大型压裂改造形成密集复杂缝网，构建成人造高渗透区，重构渗流场，大幅改变地下流体渗流环境和补充地层能量，人工干预实现页岩地层天然气规模有效开发。经过多年探索，发现水平井多段水力压裂技术可以使页岩储层形成"人造渗透率"，是建立"人造页岩气藏"的有效技术。美国 Utica 页岩气田 Purple Hayes 1H 井水平段长 5652m，分 124 段压裂，注入压裂液 $11.3 \times 10^4 m^3$，

单井产气 $14.1 \times 10^4 m^3/d$、产油 159.6t/d❶。游离气在页岩气井生产过程中优先产出，因此，游离气含量高的页岩地层单井初期产量高。随着地层压力的下降，吸附气就会从有机质等吸附颗粒表面解吸进入高渗透的缝网通道，但总体会表现为供气不足，后期低产、长期产气。Haynesville 页岩气层水平井单井初始产量为 $28 \times 10^4 m^3/d$，第 1 年采出可采储量的 30% 左右，前 3 年采出程度可达 50%，若不考虑气井产出的经济性，生产周期可达 30年以上。

三、页岩气富集主控因素

据页岩气勘探开发实践及理论研究进展，页岩气具有大面积分布、连续成藏特点，富集高产主要受以下因素控制：（1）页岩有机质丰度（TOC）、类型和热成熟度；（2）页岩组构、矿物成分与脆性；（3）高含有机质页岩连续段厚度及页岩含气量；（4）页岩气藏保存条件与"甜点区"规模性等因素控制。

（1）丰富的有机质是形成大量页岩气和有机质纳米孔隙的重要基础。

高—过成熟富有机质页岩中的天然气主要为有效烃（气）源岩滞留气。因此，高丰度有机质含量决定了页岩储层具有高的页岩气含量（管全中等，2016；郭旭升等，2016a）。北美页岩气开发和研究成果表明，主要产气页岩含气量一般为 $2.83 \sim 7.0 m^3/t$，最高 $9.9 m^3/t$，且与 TOC 呈正相关。商业开采的页岩气藏 TOC 大于 2.0%，最高达 25.0%（Misch 等，2016；Houben 等，2013；Ross 等，2007）。

丰富的有机质是大量纳米级有机质孔隙的重要载体，页岩储层中发育大量串珠状、多边形状和蜂窝状多种有机质纳米级孔隙。这些有机质孔隙是页岩气有效储集空间和产出通道，可提高页岩储层总孔隙度。Barnett 页

---

❶ 国家能源局，《张玉清参加第五轮中美战略与经济对话中美能源安全小范围会议》，2013 年 7 月 16 日。

岩 TOC 为 5%，有机质孔隙度占页岩储层总孔隙度的 30%；Marcellus 页岩 TOC 为 6%，有机质孔隙度占页岩储层总孔隙度的 28%；Haynesville 页岩 TOC 为 3.5%，有机质孔隙度占页岩储层总孔隙度的 12%（图 1-4）（程涌等，2018；陈志鹏等，2016；代旭光等，2017；冯动军等，2016；高玉巧等，2018；高铁宁等，2018；邱嘉文等，2015；司马立强等，2013；盛贤才等，2004）。

（2）高热演化是热成因页岩气和高脆性页岩的关键地质要素。

有机质处于高—过成熟生气阶段是形成页岩气的重要地质条件。根据天然气有机成因理论，热成因气产气率高时相对应的热成熟度（R_o）为 1.1% ~ 3%。根据美国和中国南方海相页岩气勘探生产实践，R_o 为 1.1% ~ 3.5% 是形成商业性页岩气有利热成熟区间，如美国 Fayetteville 页岩主要开发区的 R_o 为 2.0% ~ 3.5%，四川盆地五峰组—龙马溪组 R_o 为 2.4% ~ 3.3%、下寒武统筇竹寺组 R_o 为 2.33% ~ 4.12%（Henry 等，2018；Wilson 等，1977；Milliken 等，2013；Hackley 等，2016；Wood 等，2018）。

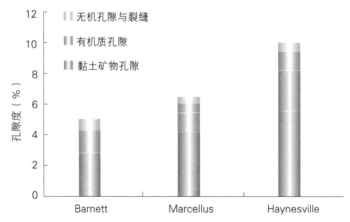

图 1-4　美国三大页岩储层孔隙构成图（据 Wang 等，2009b，有修改）

与高过成熟生气窗口相对应，页岩处于高成岩演化阶段，岩石矿物向脆而稳定的矿物转化，如黏土矿物发生脱水转化（即析出大量的层间水），蒙皂石向伊利石、伊利石／蒙皂石混层转化，伊利石／蒙皂石混层向伊利石转化，高岭土向绿泥石转化等几种形式。四川盆地川南下古生界海相页岩黏土矿物转化形式主要为前两种，不含蒙皂石等膨胀性矿物，岩石变得脆而硬，有利于压裂改造。

（3）高脆性矿物含量是形成天然裂缝和人工诱导缝的岩石基础。

Barnett 页岩气岩石矿物含量分析，核心产区石英、方解石等脆性矿物含量高，一般为 30% ～ 50%，稳定性黏土矿物含量 30% ～ 45%，不含蒙皂石等膨胀性矿物，易于形成天然裂缝和人工诱导缝，有利于成为页岩气产出的通道（Oberlin，1979；Sanei 等，2015；Siever，1962；Sun 等，2016）（图 1-5）。四川盆地川南地区古生界两套海相页岩脆性矿物含量大致相当，均不含蒙皂石等膨胀性矿物，其中下寒武统筇竹寺组页岩石英 + 方解石含量 32.1% ～ 52.2%、黏土矿物含量 21.1% ～ 56.4%；下志留统龙马溪组页岩石英 + 方解石含量 40.1% ～ 65.9%、黏土矿物含量 25.9% ～ 50.8%。按脆性矿物含量估算的两套页岩的脆性指数和观察到的岩石裂缝发育程度，与北美主要产气海相页岩相近。

图 1-5 页岩气水平井压裂改造形成的人工诱导缝模式图

（4）富有机质页岩富集高产必须具有一定厚度和良好储集条件。

富有机质页岩厚度达到一定标准，且具有良好的孔渗条件，是页岩气层富集高产重要基础。根据美国8大主力页岩储层参数统计，富有机质页岩（即TOC大于2.0%）厚度一般15m以上，有效孔隙度一般2.0%以上（表1-3），只有满足上述基本条件，页岩气才能达到商业性开发（Thyberg等，2010；Milliken等，2014；Schulz等，2010）。

表1-3　美国8大主力产气页岩储层参数简表

页岩层系	净厚度（m）	有效孔隙度（%）
Barnett	30.0 ~ 183.0	4.0 ~ 5.0
Marcellus	15.0 ~ 61.0	10.0
Fayetteville	6.0 ~ 61.0	2.0 ~ 8.0
Haynesville	61.0 ~ 91.0	8.0 ~ 9.0
Woodford	37.0 ~ 67.0	3.0 ~ 9.0
Antrim	21.0 ~ 37.0	9.0
New Albany	15.0 ~ 30.0	10.0 ~ 14.0
Lewis	61.0 ~ 91.0	3.0 ~ 5.5

四、北美页岩气分布特征与规律

从美国含气页岩盆地分布的大地构造位置、盆地类型和盆地性质看，页岩气形成、分布特征与规律都有迹可循。分布于前陆盆地的页岩气埋藏较深、地层压力高、成熟度高，页岩气为热成因气，具有高含气饱和度、高游离气含量 [圣胡安（San Juan）盆地除外]、低孔隙度和渗透率、平缓等温吸附线和较高的开采成本等特点。分布于克拉通盆地的页岩气埋藏较浅、压力低、成熟度低，页岩气成因有生物成因和混合成因，具有高含气饱和度、高吸附气含量、高孔隙度和渗透率、陡峭等温吸附线、较低开采成本等特点。前陆盆地和克拉通盆地页岩气成藏模式有较大差异（Tang等，

2015；Chalmers 等，2008a；Credoz 等，2009；Chalmers 等，2012；Gherardi 等，2012）。

美国已开采页岩气的盆地主要分布在以阿巴拉契亚（Appalachia）盆地为代表的东部早古生代的前陆盆地、以福特沃斯（Fort Worth）盆地为代表的南部晚古生代前陆盆地、以圣胡安（San Juan）盆地为代表的西部中生代前陆盆地、以密歇根（Michigan）盆地和伊利诺伊（Illinois）盆地为代表的东北部古生代—中生代克拉通盆地。前陆盆地主要位于被动大陆边缘，克拉通盆地位于北美古老地台上。沉积了泥盆系、密西西比系（石炭系）、宾夕法尼亚系（二叠系）、侏罗系和白垩系等多层系富有机质黑色页岩地层。

研究认为，美国页岩气分布特征与规律是：（1）在盆地类型与沉积环境上，以两类盆地和一个环境为主。两类盆地是前陆盆地和克拉通盆地，具体有前陆盆地、被动陆缘盆地、陆内坳陷盆地和陆缘坳陷盆地；一个环境是半深海—深海深水陆棚宁静沉积环境。（2）富有机质页岩主要处在原始盆地中，优质烃（气）源岩（即优质页岩储层）分布区构造稳定、页岩被改造程度相对弱或没有被改造。（3）页岩热演化处在有机质热演化高成熟和高—过成熟阶段，以生气为主。油气分布具两端元特征，页岩气为主、页岩油为辅。（4）页岩储层埋藏深度适中，地表条件平缓，地下地质构造简单，有利于钻井平台部署、水力压裂等大规模页岩气商业开发。

（一）美国页岩气地质特征

美国大陆地质构造格架以北美地台为主体，东、西两侧被不同时代的褶皱造山带所环绕。美国大陆被分为三个大地构造单元（图1-6）：（1）中部地台区；（2）东部阿巴拉契亚褶皱造山区；（3）西部科迪勒拉中新生代褶皱造山区。三个区地质特征简述如下。

1.中部地台区地质特征

中部地台区位于阿巴拉契亚褶皱造山区和科迪勒拉褶皱造山区之间，

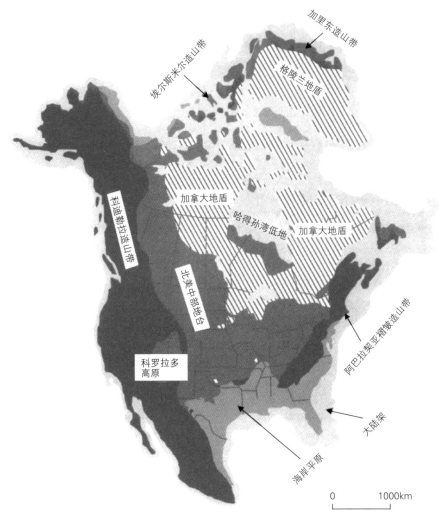

图 1-6　北美地台构造单元划分图

是北美地台的重要组成部分。地台区东北部的苏必利尔湖区出露有前寒武纪结晶基底，岩性主要为片岩、片麻岩、条带状磁铁石英岩、斜长角闪岩等，是北美地台的中心部位，也是加拿大地盾的南缘组成部分。该地区前寒武系地层，根据角度不整合、造山运动和花岗岩侵入作用等，可分为太古宇基瓦丁群、奈夫群，元古宇的休伦群和基韦诺群，总厚度约 12000m。由苏必利尔湖区向南、西和东方向，古生代海相沉积地层不整合覆盖在其上并逐渐加厚，在地台的西部则发育有中新生代沉积。地貌上，区内的盖层主要呈辽阔的低地和平原，仅在西南边缘发生强烈的挠曲，甚至发展成山区。中部地台地质构造单元的面积约占美国本土面积的近一半左右（不包括阿拉斯加州和夏威夷州）。按地质演化的不同，可进一步分为中西区和大平原区。

1）中西区

中西区位于地台的东半部，面积约 $150 \times 10^4 km^2$。区内出露地层主要是古生界，在北缘有前寒武纪结晶基底出露，南端则为中生界地层覆盖。区内宽厚的褶皱构造（隆起和凹陷构造）主要有：威斯康星穹隆，位于威斯康星州前寒武纪结晶基底向南的延伸部位；辛辛那提穹隆，位于该区东南缘，平行于阿巴拉契亚构造带，呈北东—南西走向；在这两个隆起之间为一坳陷区，但被坎卡基穹隆隔开，形成密歇根和伊利诺伊两个开阔的沉积盆地。这些隆起和凹陷构造在早古生代就已经存在，尔后又继承发展，对各地发育的沉积地层形成了显著影响。

区域基底之上的盖层沉积主要是古生界，总厚度约 5000m。中、下寒武统在许多地方缺失；上寒武统主要是砂岩，分布较广泛，向上为白云岩，并过渡到下奥陶统广泛发育的白云岩沉积，标志着一次广泛的海侵。中奥陶世和志留纪，有石英砂岩、白云岩、石灰岩、页岩等沉积。早泥盆世广泛海退，中泥盆世又发生海侵。在下石炭统和上石炭统之间存在明显的不整合，故分为两个层系，代表下石炭统的为密西西比系，其下统主要为石灰岩，上统以石灰岩和砂泥岩为主；代表上石炭统的称宾夕法尼亚系，为一套海陆交互相沉积，其内发育有重要的煤系。二叠系的上部逐渐出现红层，并全区上升为陆地。中新生界在区内不发育，仅在南部的奥扎克高原和瓦希塔山区发生较强烈的构造活动，并伴有酸性、超基性岩浆侵入。第四系冰川曾 4 次覆盖全区，冰碛层厚度一般为 3 ~ 10m，最厚可达 400m。

2）大平原区

大平原区位于地台的西半部，面积约为 $180 \times 10^4 km^2$。该区与西侧的落基山脉区原属同一个新生代古海洋，至晚白垩世拉腊米运动，落基山脉区强烈褶皱上升成山，而该区只在西缘受其影响而挠曲抬起，使该区形成一近南北走向的宽缓坳陷，从而继晚寒武世至白垩纪的沉积后，又接受了新生代的沉积。区内古生代的地层，除缺少宾夕法尼亚系的煤系沉积外，大体与中西区相似。在该区北部，三叠系为海相沉积，夹有红层和蒸发沉积岩，侏罗系为石灰岩夹页岩沉积，至上侏罗统转化为陆相沉积。白垩系为浅海沉积，在全区广泛分布。晚白垩世伴随着拉腊米运动的火山活动，在区内发育有火山碎屑沉积岩，并夹有很纯的斑脱岩。古近纪—新近纪陆相沉积岩在区内广泛发育，第四纪也经受冰川沉积并有黄土形成。

地台区内的重要矿产有：明尼苏达州、密歇根州和威斯康星州元古宇休伦群中的条带状铁矿；产于伊利诺伊盆地及其附近的属宾夕法尼亚系的煤田和蒙大拿州的侏罗系—白垩系煤田；产于伊利诺伊州、艾奥瓦州、威斯康星州等寒武系、奥陶系和密西西比系石灰岩中的铅锌矿；从伊利诺伊州到堪萨斯州、得克萨斯州的广大地区，有古生代油气田。

2. 阿巴拉契亚褶皱造山区地质特征

阿巴拉契亚褶皱造山区位于美国大陆东部地区，包括阿巴拉契亚褶皱造山带和大西洋沿岸区两部分，其面积约占美国本土面积的 1/5。

1）阿巴拉契亚褶皱造山带

从纽约州向南西方向延至亚拉巴马州，长约 1400km（据最新资料，阿巴拉契亚褶皱造山带走向延伸超过 3000km，是全球古生代造山系统的一部分。古生代全球造山系统包括东北方向的不列颠岛、格陵兰岛和斯堪的纳维亚半岛的加里东造山带和西南部的 Ouachita 造山带），东西宽约 500km，呈北东—南西走向。自寒武纪早期发育成阿巴拉契亚地槽起（按板块构造观点，是一裂谷体系），接受了古生代各时期的沉积，并发育有火山成因块状硫化物矿床（VMS）。古生代的塔科尼克、阿卡迪亚运动，使东部沉积岩先后褶皱隆起，并发生不同地块的碰撞拼贴作用，至古生代末期的阿巴拉契亚运动，使全区再次褶皱并上升为陆地，形成了西侧的阿巴拉契亚高原。

阿巴拉契亚褶皱造山区的基底在该区轴部的兰岭一带出露，为新元古代碎屑岩沉积，并含有酸性和基性熔岩（8亿年）。兰岭西北一侧（新阿巴拉契亚），即相邻的古谷岭区和更西侧的高原区，原为一冒地槽（按板块构造观点，冒地槽为一被动大陆边缘），接受了古生代各时期的沉积，地层总厚度达万米，往西向地台区过渡并逐渐变薄。兰岭东南一侧（老阿巴拉契亚），即山麓区，有一套前寒武纪至早古生代岩石发育的优地槽型沉积（按板块构造观点，优地槽为活动大陆边缘，包括岛外海沟系和山脉海沟系），岩石均变质，并有大量火成岩侵入。再向东南，则为属于大西洋沿岸区的白垩系不整合覆盖。

在该区西北的阿巴拉契亚高原区，宾夕法尼亚系含有巨厚的煤系，形成了重要的煤田，其下的古生界则含有丰富的油气。在东南山麓区的变质岩和深成侵入岩中则含有金矿。

2）大西洋沿岸区

位于阿巴拉契亚褶皱造山带的东南，直至大西洋沿岸大陆架的狭长地带。在地表和大陆架上广泛分布着未固结的白垩纪和古近纪—新近纪沉积物。钻探取得的深部资料表明，其下伏有志留系—泥盆系，并在一些盆地和地堑中有二叠纪至侏罗纪的地层发育。

3. 科迪勒拉褶皱造山区地质特征

科迪勒拉褶皱造山区位于美国西部，东起落基山脉、西至太平洋沿岸山脉的广大地区，面积约占美国本土面积的1/3。该区自古生代开始至白垩纪为一古海洋，接受了古生代至侏罗纪的海相沉积（但落基山脉区和太平洋沿岸山区的地质演化并不完全一致）。侏罗纪晚期的内华达运动和晚白垩世的拉腊米运动，先后强烈影响该区，形成了区内不同特点的地质构造单元，即东部的落基山脉区、西部的太平洋沿岸山区以及位于两者之间的科罗拉多高原、哥伦比亚高原和盆地山岭区等。

1）落基山脉区

落基山脉贯穿北美大陆，在美国境内一段呈北北西—南南东向延伸。区内最老的地层为太古宙受强烈变质的岩石，并伴有花岗岩侵入。在此基底上发育有前寒武纪中期（距今 13 亿～18 亿年）的冒地槽海相沉积，沉积层向西逐渐加厚，整个古生界地层厚度达 1.5×10^4m。下石炭统受安特勒运动影响西部局部上升，使地槽边界东移，密西西比系假整合在前泥盆系之上。晚侏罗世—早白垩世的内华达运动使一些地段剧烈上升，在其间的盆地中接受了巨厚粗碎屑沉积。晚白垩世的拉腊米运动剧烈影响全区，形成褶皱和一系列向东逆掩的断层，同时在一些坳陷地区接受了古近纪—新近纪沉积，有些地方还伴有火山活动。

落基山脉区内矿床丰富，蒙大拿州的比尤特铜矿和科罗拉多州的克莱梅克斯钼矿，都是世界闻名的大矿床。在怀俄明盆地，白垩系储有丰富的油气，其上部淡水沉积地层中有大量的油页岩和白垩纪—早新生代的烟煤和褐煤。

2）太平洋沿岸山区

太平洋沿岸山区又称太平洋科迪勒拉带，在地质历史上发育有一套优地槽沉积，而且至今仍是一个活动带。在该活动带东侧的加利福尼亚州和内华达州，发育有前寒武纪晚期的火山岩。在寒武纪—奥陶纪，有海相火山岩，含笔石黑色页岩夹玄武岩、变质火山岩等，分别在带内不同地段发育。志留纪发育有礁灰岩。安特勒运动使部分地区（内华达州、爱达荷州）发生褶皱和断裂。晚二叠世—早三叠世的卡西尔运动，在太平洋沿岸均有显现，在该区内有广泛的火山岩分布。晚三叠世—侏罗纪主要是火山岩和碎屑岩交替沉积，也有礁灰岩生成。内华达州拉腊米运动在区内反应明显，有强烈的褶皱和断裂作用发生，并伴有花岗岩和超基性岩侵入，同时改变了长期以来发育的优地槽面貌，成为不同的高地隆起和沉降带。早新生代海相沉积和陆相沉积分别在不同地段有所发育，晚新生代喀斯喀特造山运动再次影响该区，并伴有基性火山岩流。第四纪冰川也在区内广泛分布。

3）科罗拉多高原、哥伦比亚高原和盆地山岭区

分布于落基山脉区和太平洋科迪勒拉带之间，主要受中生代末期和新生代造山运动的影响，在不同断块基础上形成不同的地貌单元。

科罗拉多高原，古生代和中生代地层近水平产出，在边缘部分有火山物质分布。由于地壳上升和受水系侵蚀作用，区内形成著名的大峡谷景观。

哥伦比亚高原，广泛发育第四纪的火山熔岩。

盆地山岭区，其形成明显受北北西—南南东走向的正断层支配，上升的断块发育成断块山脉并受到侵蚀；而下陷的地区则成为盆地，并接受了巨厚的新生代沉积。

太平洋科迪勒拉带和科罗拉多高原等构造单元矿产种类丰富。科罗拉多州和犹他州有美国最大的铀矿产地，同时也是钒的重要产地。伴随中生代和新生代的火山活动和石英二长岩及花岗闪长岩的侵入，在亚利桑那州等地形成了成群的斑岩铜矿型矿床，构成了美国重要的铜矿产地。加利福尼亚州和俄勒冈州的超基性岩带则赋存有铬和镍。加利福尼亚州的大量油气产自新生界，而犹他盆地的油气则来自宾夕法尼亚系、白垩系和始新统。

（二）前陆盆地页岩气分布特征及规律

北美地台前陆盆地分布区是油气的富集区，近 10 年发现的 52% 的油气储量均来自这里。在前陆盆地不但发现了大量的常规油气资源，且发现了大量的非常规油气资源，如致密砂岩气和页岩气。北美地台前陆盆地的形成主要有早古生代、晚古生代和中生代 3 期。

1. 早古生代前陆盆地

早古生代前陆盆地主要位于阿巴拉契亚逆冲褶皱带前缘，伴随造山带的隆起而形成，以阿巴拉契亚盆地为代表。阿巴拉契亚逆冲褶皱带是加里东期北美板块和非洲板块碰撞形成，呈北东—南西向展布，东侧是向东倾的大逆掩断层，西侧为前陆盆地。

阿巴拉契亚盆地经历了三次大的构造事件：Taconic 构造运动、Acadian 构造运动和 Aleghanian 构造运动（司马立强等，2013）。在晚寒武

世—早中奥陶世，阿巴拉契亚盆地为北美板块被动大陆边缘的一部分。晚奥陶世，北美板块向古 Iapetus 洋板块俯冲，导致 Taconic 构造运动，形成晚奥陶世前陆盆地。中晚泥盆世的陆—陆碰撞，导致 Acadian 构造运动并形成泥盆纪前陆盆地。中石炭世的 Aleghanian 构造运动形成了现今的盆地形态。阿巴拉契亚盆地的地层沉积在向东倾斜的 3 期前陆盆地演化阶段，形成了 3 套大的沉积旋回，每一沉积旋回底部为富有机质黑色碳质页岩沉积，中部为碎屑岩，上部为碳酸盐岩。由下至上，有奥陶系 Utica 页岩，志留系 Rochester 和 Sodus/Williamson 页岩，泥盆系 Marcellus/Millboro、Geneseo、Rhinestreet、Dunkirk 和 Ohio 等多套富有机质黑色页岩。这些富有机质黑色页岩总有机碳含量（TOC）高、热成熟度高、埋藏深度浅，迄今这些页岩都实现了页岩气开发，尤其是 Marcellus 成为全美最大的页岩气产层。

2. 晚古生代前陆盆地

晚古生代前陆盆地主要是马拉松—沃希托造山运动形成的。马拉松—沃希托造山运动是由泛古大陆变形引起的北美板块和南美板块碰撞形成的，沿着与拗拉槽有关的薄弱处发生下坳沉降形成弧后前陆盆地，包括福特沃斯、黑勇士、阿科马和二叠等一系列前陆盆地，马拉松—沃希托逆冲带构成了这些盆地的边界。在这些前陆盆地中，发育泥盆系、密西西比系富有机质黑色页岩，页岩气资源量大，最具代表性的是福特沃斯盆地 Barnett 页岩，为全美最早成功开发的页岩气层系。

福特沃斯盆地是西南抬升、东北坳陷、一个边缘陡、向北加深的大型前陆盆地，沉积有寒武系、奥陶系、密西西比系、宾夕法尼亚系、二叠系和白垩系。寒武系—上奥陶统为被动大陆边缘沉积，大部分为碳酸盐岩沉积。密西西比系为前陆盆地沉积，沉积了 Barnett 富有机质黑色页岩及 Chappel 组、MarbleFall 组等石灰岩。宾夕法尼亚系为与沃希托构造前缘推进有关的沉降过程和盆地充填，福特沃斯盆地的 Newark East 页岩气田的探明储量曾在全美天然气田中居第 3 位，页岩气产量居全美天然气产量第 2 位，是美国最大的页岩气田，占全美页岩气总产量的一半以上。

3. 中生代前陆盆地

中生代前陆盆地主要位于美国中西部，是科迪勒拉逆冲褶皱带（法拉隆板块和北美板块碰撞形成）的一部分。该地区在前寒武纪、寒武纪、奥陶纪为被动大陆边缘沉积，在奥陶纪末至泥盆纪抬升剥蚀，在密西西比纪为浅海沉积，在宾夕法尼亚纪和二叠纪形成原始落基山，在中侏罗世重新沉积，在白垩纪海侵时期形成海道，南北海水相通，沉积了一套区域性黑色富有机质页岩。白垩纪末期发生的拉腊米块断运动，形成目前山脉和盆地相间的盆—山格局，这一类盆地主要有圣胡安、帕拉多、丹佛、尤因塔、大绿河等盆地。已在圣胡安、丹佛和尤因塔等盆地的白垩系黑色页岩中发现了页岩气，其中最具代表性、页岩气探明储量和产量最大的是圣胡安盆地。圣胡安盆地横跨科罗拉多州和新墨西哥州，是典型的不对称前陆盆地，南部较缓、北部较陡。按照地质时代和页岩气商业开采时间，圣胡安盆地的 Lewis 页岩是美国地质年代最新黑色页岩。

4. 前陆盆地页岩气分布规律

被动大陆陆缘前陆盆地一般发育 2 套或多套页岩，即被动陆缘和前陆盆地 2 个阶段的页岩沉积，具有多套页岩发育，具备形成页岩气的良好物质基础，如阿巴拉契亚盆地奥陶系页岩为被动陆缘盆地沉积，泥盆系页岩为前陆盆地沉积。北美地台页岩时代广，从古生界奥陶系（阿巴拉契亚盆地的 Utica 页岩）到中生界白垩系都有页岩分布（圣胡安盆地 Lewis 页岩）。北美地台页岩埋深分布在 3 个深度段：（1）埋深 1600m 以浅的有阿巴拉契亚盆地的 Ohio 页岩、圣胡安盆地的 Lewis 页岩，其埋深为 915 ~ 1524m。（2）埋深 2600m 以浅的有福特沃斯盆地的 Barnett 页岩、阿科马盆地的 Fayetteville（Arkansas）/ Caney（Oklahoma）页岩，其埋深为 1981 ~ 2591m。（3）埋深 3600m 的有帕落杜罗盆地 Bend 页岩、阿科马盆地 Woodford 页岩、黑勇士盆地 Floyd 页岩，其埋深分别为 2515 ~ 2896m，1729 ~ 3657m 和 1524 ~ 3658m。这些页岩埋藏比较深，页岩气层压力一般较高，具有轻微超压特点，其中福特沃斯盆地 Barnett 页岩气层压力梯度为 12.21kPa/m，含气饱和度大，吸附气含量小，一般小于 50%。

北美地台页岩热成熟度一般为成熟—较高成熟。页岩气均为热成因气。阿巴拉契亚盆地 Marcellus 页岩成熟度 R_o 为 0.5% ~ 4.0%，核心产气区的弗吉尼亚州和肯塔基州的页岩成熟度 R_o 为 0.6% ~ 1.5%，在宾夕法尼亚州西部页岩成熟度 R_o 可达 2.0% 以上，西弗吉尼亚州南部页岩成熟度 R_o 可达 4.0%，且只有在成熟度较高区域才有高产页岩气流。福特沃斯盆地 Barnett 页岩生产的干气，是成熟度 R_o 大于 1.1% 以上时原油裂解形成的天然气，美国天然气研究所（Gas Technology Institute，GTI）公布的 Barnett 页岩气产区的成熟度 R_o 为 1.0% ~ 1.3%。实际上，产气区西部页岩成熟度 R_o 为 1.3%，东部页岩成熟度 R_o 为 2.1%，平均为 1.7%。圣胡安盆地 Lewis 页岩成熟度 R_o 为 1.6% ~ 1.9%，为高成熟演化页岩气。由此可见，前陆盆地页岩气中以高成熟热演化页岩气为主，高热演化是页岩气井高产的关键。

天然裂缝发育有助于页岩中吸附在黏土矿物和（或）有机质颗粒表面的页岩气解吸。实践发现，天然裂缝对页岩气富集高产具有双重作用：一方面，天然气裂缝为页岩气和水通过黑色页岩层向井筒中运移提供良好通道；另一方面，如果天然裂缝规模过大，则可能导致页岩气散失或页岩气层与水层相通而使页岩气藏被破坏。由于前陆盆地构造运动比较强，天然裂缝比较发育，例如，Bowker 认为，福特沃斯盆地 Barnett 页岩天然裂缝非常发育的区域，页岩气生产速度最低，高产井基本上分布在天然裂缝不发育区。因此，前陆盆地页岩气藏的勘探开发不是寻找裂缝发育区，而是寻找高含气量、易进行压裂的页岩气区。页岩气藏并不是裂缝性气藏，而是可以被压裂开的页岩气藏。

（三）克拉通盆地页岩气分布特征及规律

北美地台克拉通盆地主要包括密歇根盆地和伊利诺伊盆地，为内陆克拉通盆地。盆地基底为前寒武系，演化开始于早中寒武世超大陆裂解时期，从衰亡的裂谷拗拉槽或地堑开始，随后演化为克拉通海湾。在裂谷演化阶段后期，盆地进入热沉降阶段，在裂谷沉积地层上沉积了砂岩和碳酸盐岩地层，在中奥陶世到中密西西比世，主要为岩石圈伸展的构造均衡沉降阶段，且伸展范围受早期裂谷范围的限制，沉积较缓慢，富含有机质的黑色页岩就是这一时期沉积的。在古生代的大部分时间里，这类盆地与阿克玛和黑勇士等克拉通边缘盆地是相通的，宾夕法尼亚纪晚期到白垩纪晚期的构造运动，造成了盆地现今的构造形态。在这类盆地的泥盆系发现了大量的页岩气，如密歇根盆地 Antrim 页岩气、伊利诺伊盆地 New Albany 页岩气。

克拉通盆地的页岩气藏主要分布在盆地边缘较浅的部位。但是，近年来在伊利诺伊盆地较深部位也发现了页岩气藏，就页岩发育的情况看，盆地中心比盆地边缘更有利于页岩气形成与分布。

与前陆盆地页岩气藏相比，克拉通盆地页岩气藏埋藏普遍较浅。目前在该类盆地中发现的页岩气藏通常埋深小于 1000m。伊利诺伊盆地 New Albany 页岩气藏和密歇根盆地 Antrim 页岩气藏钻探的大约 9000 口井，深度均在 200 ~ 610m。由于埋藏比较浅，含气饱和度较低，相应的吸附气含量较高，一般大于 50%，密歇根盆地 Antrim 页岩吸附气含量高达 70%。同时，页岩气以低成熟气、高成熟气混合为特征，如密歇根盆地 Antrim 页岩气为低成熟页岩气藏，而伊利诺伊盆地 New Albany 页岩气为高成熟和低成熟混合的页岩气藏。低成熟页岩气藏的成因主要是生物成因，为埋藏后抬升经历淡水淋滤而形成的生物气。密歇根盆地 Antrim 页岩的成熟度为 0.4% ~ 0.6%，处在生物气生成阶段，为低成熟度的页岩气藏。Comer 等通过对伊利诺伊盆地 New Albany 页岩气藏甲烷气体的 $\delta^{13}C$ 分析，发现来自盆地南部深层的气都是热成因，而来自盆地北部相对浅层的气为热成因和生物成因的混合气。

克拉通盆地四周高、中间低的形态决定了淡水由盆地边缘向中心注入，成为克拉通盆地典型的页岩气藏模式。Martini 等认为，在更新世时期，大气降水充注到富含有机质且裂缝发育的 Antrim 页岩，极大地促进了生物甲烷气的生成，在密歇根盆地北部和西部边缘形成了大量的该类气藏。伊利诺伊盆地亦为此类页岩气藏。克拉通盆地的构造变动较弱，裂缝欠发育。

第二节　美国页岩气革命发展历程

一、页岩气革命的由来及发展

页岩气革命始于美国，是由开发页岩层内的非常规天然气资源以替代煤、石油和天然气等常规能源的变革。美国页岩气开发技术的成功和大规模推广应用不仅改变了美国的能源结构，使美国逐步减少石油进口和对美洲之外的石油依存度，提高了在世界油气领域的话语权，也深刻影响着全球能源供给格局和地缘政治形势。

（一）美国页岩气革命的背景

美国的页岩气革命，是由一家名叫米切尔能源发展公司的企业凭借一己之力引发的。20 世纪 70 年代，美国为了摆脱对外能源的依赖，开始大量投入对页岩气的研究，页岩气的开采技术得到了突破。而其中最重要的突破是由"页岩气之父"乔治·米切尔先生完成的。20 世纪 80 年代，米切尔决定尝试一项重大的技术挑战，即试图从页岩层中开发出天然气。当时几乎没有人认为他能够成功。有人说他是在浪费钱，因为页岩本质上是矿物泥，所以他不可能从中挤出石油或天然气来。但是他很执着，他和他的工程师们使用水力压裂技术，实现了页岩气成功开采的历史性飞跃。米切尔的成功随即引发了美国的页岩气革命。

纵观美国页岩气革命，可以发现：（1）国家战略导向十分明显和强烈，包括放开天然气价格管制、研发政策和税收抵免政策。（2）有超前基础研究保证。美国能源部东部页岩气研发项目从 1976—1992 年持续了 16 年，总投资 9200 万美元。（3）大量独立公司的远见判断，以及富有创新精神的企业家和数以万计的中小企业在其中发挥了重要作用。最重要的是米切尔能源发展公司，经过近 20 年不懈地研发、勘探、钻井和压裂，最终在 Barnett 页岩引发页岩气革命。（4）市场机制发挥了有效的驱动作用。美国拥有完善的市场体制和机制，覆盖了从区块登记、勘探、开发和管理以及管网运输等各个环节，有利于实现多元化创新和新型商业模式的出现，为页岩气的勘探开发提供了很好的外部环境和竞争机制。（5）技术的有效发展带着针对性特征。美国政府十分重视页岩气技术的研发，并对其进行持续的支持。美国政府出资并组织开展了大量的基础研究，还专门成立了美国天然气研究所（GTI）。美国政府还投入一定的研究经费给中小型技术公司，使页岩气开发技术研发可以在多专业领域内同时开展。有 4 项关键性的技术助推了革命的爆发，分别为：水平井钻井技术、3D 地震成像技术、微地震波压裂成像技术及大型水力压裂（MHF）技术。

1. "能源独立"对于美国能源安全的意义

能源安全作为国家安全的重要组成部分，直接关乎国家利益。1973 年第一次中东石油危机之后，美国开始提出实现"能源安全"的目标，随后很快上升为美国能源政策的核心目标。正如曾任奥巴马政府的第一任期国家安全事务助理的詹姆斯·琼斯所言，所谓"能源安全"意味着"足够的、可获取的、支付得起"的能源供给。

美国对于能源安全，特别是对石油供给安全的忧虑由来已久。第二次世界大战以前，美国曾是原油的净出口国，原油产量居世界首位。第二次世界大战期间，石油成为一种重要的战略物资，美国一度面临石油短缺的困境。20 世纪 50—70 年代，尽管美国石油消费量和进口量不断增长，但由于美国国内石油产量上升，国际油价持续下降，石油供给安全并非急迫的政策问题。然而，1973 年美国日益增长的石油进口受到石油危机的重创，面临供给骤减和油价飙升的双重困境。1979 年伊朗革命和 1990 年的两伊战争导致的石油供应短缺进一步使美国意识到保障石油供给的重要性。2001 年"9·11"事件后，美国发动了伊拉克战争。同时，2003 年以来的国际油价也一路攀升，最高时年涨幅超过 500%。

正是在对外石油进口依赖增长、国际油价大幅上涨的背景下，追求"能源独立"成为美国历届政府的重要政策议题。无论是 1974 年尼克松的《独立运动计划》、1975 年福特的《能源独立法案》、1977 年卡特的《国家能源计划》、1987 年里根的《能源安全报告》、1991 年老布什的《国家能源战略》，还是 1997 年克林顿的《联邦政府为迎接 21 世纪挑战的能源研发报告》和 2001 年小布什的《国家能源政策报告》（张大伟，2011b），自 1974 年尼克松以来的美国历届政府都将"能源独立"作为孜孜以求的理想和目标。美国历届政府增强能源供给安全的重要目标，主要包括两个方面：一是减少对进口石油的依赖，增加本土油气产量、增加油气战略储备，努力扩大能源自给程度；二是减少对油气的依赖，寻找、扩大替代能源产量，包括核能、风能、太阳能等能源的产量，促进能源消费结构多元化。

奥巴马将美国对石油的依赖视作"国家面临的最严重威胁"，认为这种依赖在"为独裁者和恐怖分子提供资金，为核扩散买单"，使美国"任由变动的油价摆布、扼杀创新、阻碍国家竞争力"。奥巴马政府通过颁布"确保能源未来蓝图"在内的一系列政策和法律，将减少进口石油依赖、实现能源安全的目标与减少温室气体排放、促进可再生能源开发结合起来，使能源政策和气候变化政策更紧密地联系在一起。

2. 页岩气在美国能源供给格局中的发展历程

第二次世界大战以后，天然气在全球能源消费的比例不断上升，由 20 世纪 50 年代的不足 15% 逐渐增长至 2010 年的 20% 以上（张大伟，2011a）。同时，天然气在美国能源结构中占据的地位越来越大，在美国国内的消费量逐渐攀升，所占消费比例仅次于石油。截至 2008 年，石油、煤炭和天然气占据美国能源总供给的 85%，天然气的供给量达到了 22%，而美国本土的天然气生产能够满足 90% 左右的国内消费。

作为从页岩岩层中开采出来的非常规天然气，页岩气的大规模开发提高了美国天然气产量，并有望逐步满足美国内日益增长的能源需求。这一过程并非一蹴而就，而是经过了长达 30 余年的积累。20 世纪 80 年代前，限于政策、技术等一系列原因，美国天然气生产规模长期处于较低水平。自第二次世界大战结束到 20 世纪 70 年代中期，由于存在 1938 年美国国会通过的《天然气法案》、1954 年美国联邦最高法院做出的《菲利普斯决定》等一系列政策法规，美国的天然气开发一直面临井口价格管制。这直接导致美国天然气价格长期徘徊在较低水平，生产商在扩大产量规模上缺少积极性，天然气生产在 20 世纪 80 年代甚至一度出现产量下降。尽管在里根政府时期，采取了减少政府干预、信奉市场主导的能源政策，但天然气产业的支持力度仍然有限。冷战结束后，天然气作为替代能源的地位和重要性逐渐凸显。美国历届政府纷纷出台政策鼓励天然气生产和推广应用。面临日益增长的能源需求和能源对外依赖状况，老布什、克林顿和小布什政府在任内先后颁布了包括《1992 年能源政策法规》《1993 年国内天然气和石油倡议》《2007 年能源独立与安全法》在内的一系列法案和政策，旨在降低国内天然气开采的成本，通过增加作为石油替代能源的天然气产量和消费量，保障能源供给稳定性及能源安全，页岩气逐渐在整体能源供给保障中发挥重要作用。

3. 页岩气勘探开发关键技术进步

美国能够低成本、大规模地开发页岩气资源，其成功的关键在于掌握了迄今最先进的勘探开发技术及装备。水平井钻完井和大型水力压裂两大关键技术的突破和规模推广应用，使页岩气商业开发实现了低成本、大产量。水平井钻完井技术使得页岩气生产以水平井为主而非传统的以直井为主。采用水平井开采页岩气，单井最终采收率是采用直井的 3 倍，而费用只相当于直井的 2 倍。此外，与 20 世纪 90 年代使用的凝胶液压裂技术相比，目前的水力压裂技术可使成本节约 50% ~ 60%。

页岩气开采的关键技术经过了几十年发展才最终取得突破，最初的实验研发可以追溯到 19 世纪。到 20 世纪 50 年代，压裂技术已经在石油和天然气开采中应用。至 20 世纪 70 年代中期，美国能源部与天然气研究所共同研发从美国东部的页岩地层开采天然气，并在低成本天然气开发技术上取得初步进展，使商业开采页岩气成本大大降低。随着相关勘探开发设备的升级改造，水力压裂技术在 80 年代初开始逐渐推广应用。自 20 世纪 80 年代开始，米切尔能源发展公司在得克萨斯州 Barnett 页岩气开发中应用了水力压裂相关技术，逐渐引发了位于传统油气资源地的 Haynesville，Marcellus，Woodford 和 EagleFord 等页岩气的勘探开发，从此美国页岩油气资源开始迈向大规模商业开采时代。

4. 其他相关条件的成熟

除了关键技术实现突破，美国页岩气革命的繁荣还得益于配套设施、产权制度、市场机制和政策支持等一系列条件的配套发展和成熟，其作用主要体现在以下几个方面：

一是天然气管道输送系统的完善。自 20 世纪 30—40 年代以来，随美国天然气市场的日益成熟，美国建成了总长度超过 30×10^4 mile❶ 的天然气管道及 210 多个供气网络系统，为上游页岩气生产和下游消费市场提供了便捷条件，使得页岩气开采能够快速迈入商业化和市场化阶段。

二是土地使用权的交易流动性高。美国的土地使用权私有化程度高，交易便利，在土地使用上面临的困难小。页岩油气资源开发企业能够快速地评价优选定位和转移工作区块，找到页岩油气资源最佳区块——"甜点"。

三是市场自由化程度及开放度较高，在前期研究中，对储量分级、工艺配套及安全环保的标准制定比较完善，企业进入门槛相对较低。各种规

---

❶ 1mile=1.609344km。

模的页岩气生产企业在相关市场能够充分竞争，促使生产效率和效益不断提高。清晰的市场监管框架也为天然气市场的健康发展提供了必要保障。

四是对天然气产业的管制逐渐解除，政策支持和保障力度加大。1978年通过的《天然气政策法案》部分消除了天然气井口价格的管制，1989年通过的《天然气井口废除管制法案》最终取消了这一管制。这些措施为解除天然气产业发展的禁锢、激励产业发展铺平了道路。多年来，美国历届政府通过增加研发投入、设立研究基金、实施税收优惠、增加补贴等措施，为非常规天然气开发提供了一系列扶持、鼓励及优惠条件。

（二）美国页岩气革命的成效

1. 美国页岩气探明储量及产量持续大幅度增长

截至 2018 年，美国页岩气探明储量近 $10 \times 10^{12} m^3$（表 1-4）（U.S.Crude Oil and Natural Gas Proved Reserves，Year-end 2018。https：//www.eia.gov/naturalgas/crudeoilreserves/）。据美国能源部（2009 年）发布的《年度能源展望》估计，2009 年美国累计探明天然气储量 $49.8 \times 10^{12} m^3$，其中页岩气探明储量为 $7.6 \times 10^{12} m^3$，页岩气湿气探明储量为 $1.7 \times 10^{12} m^3$，占美国天然气探明储量的 18.7%，达到 1971 年以来新增天然气探明储量的最高值（沈镭等，2009）。实际上，一些非政府组织的估计更高，如法维翰咨询公司（Navigant Consulting）2008年就预测美国页岩气探明储量 $23.8 \times 10^{12} m^3$，非营利组织潜在天然气委员会（Potential Gas Committee）2009 年预测的美国页岩气探明储量为 $17.4 \times 10^{12} m^3$。

就页岩气资源分布而言，美国页岩气资源分布十分广泛。据美国能源部 2011 年发布的报告，美国"本土 48 州"页岩气资源丰富，排名前三的地区分别为东北部（63%）、墨西哥湾岸区（13%）和西南地区（10%），排名前三名的页岩气区带分别为 Marcellus（$4.0 \times 10^{12} m^3$），Haynesville（$2.1 \times 10^{12} m^3$）及 Barnett（$1.2 \times 10^{12} m^3$）。

表1-4 美国页岩气储量与产量统计表

年份	探明储量 ($10^{12}m^3$)	页岩气产量 (10^8m^3)	天然气总产量 (10^8m^3)	页岩气／天然气比例 （%）
2006	0.40	558.5	5496.2	10.16
2007	0.66	716.5	5719.0	12.53
2008	0.97	957.7	5978.3	16.02
2009	1.72	1236.5	6130.0	20.17
2010	2.76	1736.4	6337.9	27.40
2011	3.73	2516.6	6806.4	36.97
2012	3.66	3135.6	7159.5	43.80
2013	4.51	3518.4	7238.5	48.61
2014	5.65	4071.2	7786.5	52.28
2015	4.97	4538.6	8147.4	55.71
2016	5.94	4725.8	8042.0	58.76
2017	8.72	5136.0	8267.7	62.12
2018	9.69	6153.2	9235.4	66.63

美国页岩气产量增长很快，近10年来美国页岩气产量增长超过10倍（表1-4），成为美国天然气生产的主要来源，同时也带动了美国天然气产量的大幅增长。EIA（2018）的统计数据，2000年美国页岩气产量为$377 \times 10^8 m^3$，占当年美国天然气产量的比例不足1%。然而，仅仅10年后，2010年页岩气产量就飙升至$1736 \times 10^8 m^3$，接近美国天然气产量的1/3，占到了27%以上。美国政府及一些机构对美国页岩气的长期可持续生产持积极乐观的看法。美国能源部2009年估计，未来20年美国的天然气产量将继续保持稳定。代表美国石油及天然气行业的咨询组织国家石油委员会（National Petroleum Council）2011年的预期更加

乐观，认为在未来 50 年甚至更长时间内美国的页岩气及天然气的供给都将保持稳定。2011 年到 2012 年，美国页岩气产量从 $2517 \times 10^8 m^3$ 猛增至 $3136 \times 10^8 m^3$，突破了 $3000 \times 10^8 m^3$，2013 年页岩气产量 $3518 \times 10^8 m^3$。到 2014 年，美国在阿巴拉契亚盆地、墨西哥湾盆地、沃思堡盆地和阿科马盆地等 50 余个盆地的 7 套主力层系成功实现页岩气大规模开发，图 1-7 所示为 2000 年至 2018 年美国页岩气产量变化统计图。由图 1-7 可知，美国页岩气产量自 2010 年以来持续保持大幅度增长。2014 年美国页岩气产量飙升至 $4000 \times 10^8 m^3$ 以上，Marcellus 为最大的页岩气产层，2014 年 Marcellus 页岩气产量为 $1366 \times 10^8 m^3$，2015 年 Marcellus 页岩气产量为 $1550 \times 10^8 m^3$。至 2018 年，Marcellus 页岩气产量突破 $2000 \times 10^8 m^3$，美国页岩气总产量达到 $6153.2 \times 10^8 m^3$，占美国天然气总产量的比例上升至 66.63% 以上，成为天然气产量的主要来源。

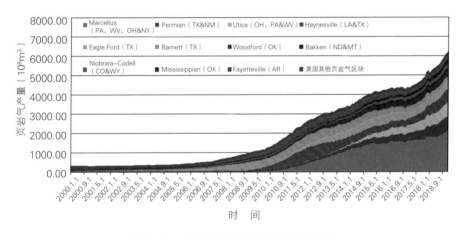

图 1-7　美国页岩气产量变化统计图

2. 美国页岩气开发带动美国石油产量的增长

近 10 年来，美国页岩气产量的飙升使美国本土天然气消费实现了自给自足。据美国能源部的数据，2011 年美国国内天然气消费总量的

95% 都能由本土生产满足。与此同时，近 10 年来美国国内天然气消费量增幅不足 $300 \times 10^8 m^3$。自 2008 年金融危机以来，美国天然气年度消费量并未获得大幅提升，仅由 2008 年的 $6591 \times 10^8 m^3$ 上升到 2011 年的 $6931 \times 10^8 m^3$、2012 年的 $7232 \times 10^8 m^3$。在消费端并未大幅增长的情况下，同时受到北美基于市场供给关系的天然气定价机制的作用，美国页岩气增产面临着天然气市场价格的挤压。自 2008 年至 2012 年，根据亨利枢纽指数（Henry Hub Index）显示，美国天然气现货价格从高于 10 美元 /10^6 Btu[1] 的高位快速下降至不足 3 美元 /10^6Btu，触及 1999 年以来的最低点。尽管价格走势在 2012 年后期出现小幅回升，但直至 2012 年末也不足 3.5 美元 /10^6Btu。

如此之低的天然气价格已经濒临美国页岩气开采的成本价，在一定程度上压制了天然气产量的进一步增长。根据著名能源研究机构——剑桥能源咨询公司的估计，全美页岩气平均成本约为 4 美元 /10^6Btu。由于开采和生产页岩气的收益率大大下降，甚至出现"即开采即亏损"的状况，生产商扩大页岩气生产规模的积极性受挫。从 2011 年末到 2012 年，美国天然气产量的增量逐渐趋缓，与此前产量持续走高的趋势形成鲜明对比。

鉴于天然气和石油在市场价格上的巨大差异，为谋求利润并实现转型，不少页岩气开发商逐渐转向商业价值更高的页岩油及天然气凝析液的开发。这一转向意外地、强劲地促进了美国石油产量的迅速增长。根据能源咨询公司 Purvin&Gertz 的估计，2012 年美国页岩区带的钻井计划快速地由页岩气区转向富含天然气液和石油区，美国页岩气钻机数量所占的比例从 2009 年初的近 80% 大幅削减至约 40%[2]。根据 EIA 的数据（EIA, PETROLEUM & OTHER LIQUIDS https：//www.eia.gov/petroleum/data.php#crude）

---

[1] 1Btu=1.05506 $\times 10^3$J。

[2] 国家能源局，《关于印发页岩气发展规划（2016—2020 年）的通知》，2016 年 9 月 30 日。

（图 1-8），2000 年美国原油生产能力为 $2.9 \times 10^8 t$，到 2010 年下降至约 $2.7 \times 10^8 t$。2011 年起，美国原油生产能力较上一年大幅增长，到 2015 年创美国原油生产新的最大增幅。2012 年美国原油生产超 $3.0 \times 10^8 t$，2014 年美国原油生产超 $4.0 \times 10^8 t$，2015 年美国原油生产达 $4.7 \times 10^8 t$，此后保持持续增长，2018 年突破 $5 \times 10^8 t$，达到 $5.5 \times 10^8 t$。从图 1-8 中可见，致密油（页岩油）对原油产量的再次增长发挥了重要作用。2000 年致密油（页岩油）占原油总产量 7% 左右，2010 年致密油（页岩油）占原油总产量 15% 左右，2015 年致密油（页岩油）占原油总产量 50% 以上，2018 年致密油（页岩油）占原油总产量 60% 左右。从发展趋势看，致密油（页岩油）在原油总产量中的比例还会进一步提高。

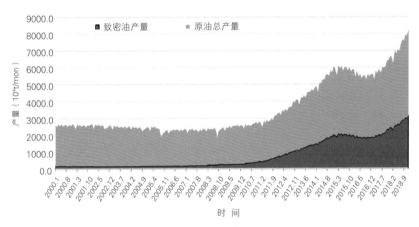

图 1-8　美国原油产量变化统计图

3. 北美页岩气革命大事简记

1821 年，在美国纽约州弗里多尼亚镇钻探了第一口产自富有机质黑色页岩的商业天然气井，产层为泥盆系 Dunkirk 页岩。

1914 年，在阿巴拉契亚盆地泥盆系俄亥俄组富有机质黑色页岩中，发现了世界第一个页岩气大气田——Big Sand 气田，但当时人们没有意识到它的潜力。

1947 年，美国泛美石油股份公司在页岩气气井中第一次使用压裂法改造页岩储层，这成为以后页岩气开采中最常用的技术方法。

1976 年，美国能源部正式启动了东部页岩气项目。对美国页岩气资源潜力做了详细评价，页岩气开采技术取得重大进展。

1981 年，乔治·米切尔的米切尔能源发展公司对 Barnett 页岩进行钻探，发现 Barnett 页岩气田。

1998 年，米切尔能源发展公司以水平井钻井结合压裂的方法，最终实现了 Barnett 页岩气的商业开发。Barnett 页岩气开发成功具有里程碑意义，成为美国页岩气革命成功的里程碑式的标志，乔治·米切尔被称为"页岩气之父"。

2000—2010 年间，页岩气开采飙升期，页岩气产量占美国天然气总产量的比例由最初的 1.6% 攀升到 20% 以上，被外界叹其为"革命"。

2006 年以后，水平井技术和分段压裂技术广泛运用到页岩气开采领域，使得页岩气开发正式进入大规模生产期。

进入 21 世纪后，美国"页岩气革命"向世界范围内推广，中国、阿根廷、墨西哥、南非、澳大利亚和加拿大等国家都开始页岩气资源勘探开发。

二、美国页岩气革命主要经验与启示

美国页岩气革命成功的主要因素包括有利富有机质黑色页岩形成演化的沉积—构造—演化地质认识创新、关键勘探开发技术探索和突破、发达健全的天然气管网设施、明晰规范的矿权交易及管理机制、积极有效的税收优惠政策、健康有序的竞争性市场和政府的监管。地质认识创新体现在页岩储层性质的认识、发现了丰富纳米级孔隙，建立了连续油气聚集理论。关键勘探开发技术探索和突破体现在"水平井 + 水力压裂"技术突破和成功应用。税收优惠政策包括钻井成本的税收减免、储量耗竭的税收补贴、小生产者的税收优惠和非常规提高采收率的税收补贴。竞争方面，管道发达且无歧视准入，油气服务公司竞争充分，专业化服务水平高。监管方面是各州自治，独立制定法规，立法相对完备。此外，美国拥有开采页岩气的天时地利条件：地表条件好，位于平原；沉积相多为海相，容易开采；水资源相对丰富，人口密度低。

美国页岩气革命的爆发并非偶然：一是油气地质理论与开采技术两大创新相碰撞，即连续油气聚集理论＋水平井钻井—水力压裂技术；二是愿意承担巨大财务风险的中小公司积极进行探索；三是持有矿产权的私人所有者们愿意出售页岩土地；四是华尔街金融机构愿意提供资金；五是美国已有大型的管道网络和众多钻井设备；六是美国页岩气资源大多为私人所有。各国家页岩气资源禀赋条件差异性大，技术需求和适应性不能完全复制。

（1）技术研发的超前性。

美国页岩气革命的发生有以下几个重要的关键技术突破：1997年，水力压裂增产技术成熟；1999年，重复压裂技术成熟；2003年，水平井技术成熟；2006年，水平井与分段压裂综合技术成熟。

（2）政策的引领与推动作用。

美国政府对页岩气的开发进行了强有力的支持。自20世纪80年代起，由美国联邦政府能源部联合各州地质局、高校及工业团体发起了"东部页岩气工程"项目。由该项目的执行产生了大批科研成果，对页岩气进入实质性开采阶段起到了关键性作用。同时，1980年，美国颁布《能源意外获利法》，该法案对"1979—1993年期间钻探"和"2003年之前生产和销售的页岩气均实施税收减免"。另外，在页岩气发展初期，美国并未对页岩气采取特殊的环境监管。2005年，《能源政策法案》将水力压裂从《安全饮用水法》中删除，解除了环境保护局对这一过程的监管权力，从而让水力压裂这一页岩气开发的关键技术得到普及。

（3）市场机制的灵活竞争性。

美国大量的土地归私人所有，除少量土地的矿权和所有权分离外，大部分的土地所有权和矿权仍然属于相同的主体。在政策规定许可的范围内，土地可以自由买卖、出租和抵押。流动的土地购买和出售机制，使企业可以灵活地在不同产区不断钻井、试验，以寻找页岩成藏带的最佳位置，并将开采规模扩大至生产所需的数百或数千口井。这种流水线式的发展符合页岩气的开发模式，大幅提高了投资效益。同时，明晰的矿权以及灵活的矿权交易机制，使得上游进入与退出都非常容易，也使开发商很容易在美国的金融市场获得页岩气开发所需的资金。美国充分的市场竞争与以企业为主的开发模式，充分鼓励页岩气勘探开发领域的竞争，市场准入门槛较低，可谓"自由出入"。

美国页岩气的成功开发是资源、政策、技术和市场等多重因素叠加的结果，页岩气产业的"爆发式增长"，是历经30多年发展累积的结果，并非一蹴而就、一夕之功。

美国的页岩气革命在中国无法完全复制，这是由于体制、机制多种因素决定的。需要说明的是，不是无法复制，而是无法完全复制，无法照抄照搬。页岩气开采的关键，一是技术，二是低成本做法。这些都学不来，美国也不会把技术无偿提供给中国，美国低成本做法也套不上中国页岩气开采的地质条件。为此，中国必须强化适用性技术创新，降低开发准入门槛，完善开发的市场；必须走自己的路，走协同创新的路，走合作开发的路。中国人可以走出一条中国式的页岩气发展道路，中国页岩气开发的春天一定会到来。

第三节　美国页岩气革命的影响

一、页岩气革命对美国自身的影响

在1970年至2009年间，美国花费了大约4.9万亿美元进口石油。此外，为保证能源安全，美国长期在世界各主要产油区保持军事存在，甚至不惜通过战争来实现国内能源安全，巨额的军费开支造成美国财政赤字高涨。而能源独立将从根本上扭转这一局面，页岩气革命几乎彻底改变了美国的能源安全被动形势，大踏步推动了"能源独立"步伐。

通过页岩气革命，还为美国相关产业带来了成百上千的就业岗位，而且天然气价格大幅下降又使美国年人均开支减少近1000美元。较低的天然气价格赋予了美国企业巨大的竞争优势，工业回迁、制造业复苏。美国的再工业化也在这场"革命"中取得了一定成效。2009—2015年，美国的制造业增加值从1.73万亿美元增加到2.17万亿美元，增长了25.4%；货物出口（经季节性调整）从1.07万亿美元增加到1.51万亿美元，增长了41.1%；2007年美国制造业知识产权资产占全社会的比重为43.5%，而2014年稳步回升到46.4%，总体上体现了美国实体经济回归的趋势，美国率先走出了经济危机，且改变了全球能源供给格局与地缘政治形势。

二、页岩气革命对全球的影响

当前，关于美国页岩气革命前景的讨论日趋白热化，争论的焦点集中在美国页岩气资源的储量和可能带来的影响上。前者是技术问题，已有地质、开发领域的专家和勘探开发实践做出回答；后者则与国际政治局势和世界经济前景密切相关，其影响效果的明显程度有目共睹。事实证明，美国的页岩气资源储量比前期预估的结果还要好得多，不仅将为美国经济复苏提供强劲动力，还会成为影响未来世界格局走向的一个重要因素。

美国的页岩气革命对全球的影响，至少在三个方面：

一是加速推进了全球"再工业化"进程，增强了美国经济的国际竞争力。自奥巴马入主白宫以来，一直将引导高端制造业回流美国作为抵御全球金融危机不利影响的一张王牌，"再工业化"取得了显著成效。

二是引领当前和未来一个时期的非常规化石能源开发潮流。美国页岩气革命发生后，国际社会将寻找非常规化石能源的关注焦点由可燃冰、煤层气等转移到页岩气上，许多国家为勘探开发页岩气资源进行了大规模投入，这不仅为美国出口相关技术和设备提供了广阔的市场，更在客观上形成了一种锁定效应，导致部分国家将大规模开发页岩气视为弥补石油和常规天然气供应不足的首选方案。实际上，由于地质条件千差万别，各国页岩气可采储量、开发难度、开采成本等方面均大相径庭，并不见得都能成功照搬美国模式。对这些国家而言，即便引进了美国的相关技术和设备，短时间内也难以实现大规模开发页岩气的梦想，甚至可能因此耽误了对其他能源技术和能源品种的研发，从而对自身的经济竞争力造成损害。

三是对发展中国家承担强制性减碳义务造成了巨大压力。在国际气候谈判中，美国长期以来一直以新兴发展中大国碳排放总量大、增速快为由，要求将中国和印度等国纳入全球强制性碳排放控制体系，并呼吁发达经济体将此作为开启《京都议定书》第二承诺期谈判的先决条件。根据世界资源研究所的一项研究，当前全球正处于规划或建设中的火力发电厂约有1200座，其中3/4以上位于中国和印度。一旦这些火力发电项目全部建成投产，全球碳排放量将有可能在2012年的基础上飙升80%以上。届时，中国碳排放的增量将超过美国削减量的3倍。

面对全球加速变暖的客观事实，2020年以后，中、印等发展中大国恐怕再难将自身的发展权置于全球共同减碳的义务之上，相关国家将面临更大的增长压力，甚至有可能因碳排放空间不足而被迫放慢经济增长步伐。

三、页岩气革命对中国的影响

（一）有利于扩大我国能源进口

页岩气革命将使得我国能源进口环境变得更为宽松：一是有利于我国加大天然气进口。世界一次能源消费量中天然气占比低于石油9.6个百分点，位居第二，预计20年后天然气将超过石油成为世界第一大能源。

国际天然气供应的高速增长将为我国加大进口提供相对有利的条件。二是由于能源之间存在着一定的替代效应,美国页岩气革命将在短期内导致美国煤炭价格下降和出口增加。近几年来,美国大量关闭燃煤机组,改为天然气发电,迫使大量的过剩煤炭必须到国际市场去寻找出路。统计显示,自 2009 年以来美国煤炭对我国销量加速增长。2009—2017 年,我国年均进口美国煤炭 391×10^4t,占全国进口煤炭数量的 1.61%;其中动力煤 106×10^4t,占比 0.57%;炼焦煤 266×10^4t,占比 4.84%。2017 年以来,国内煤炭供需缺口扩大,对海外进口煤需求增强,同时特朗普政府退出《巴黎协定》,鼓励煤炭工业发展,供给逐步释放,中国从美国进口煤炭的增速逐步加大。2017 年,从美国进口煤炭 317×10^4t,占全国进口煤炭数量的 1.17%,其中炼焦煤进口 284×10^4t,占比 4.1%,进口增速较 2016 年大幅提升。中国从美国进口的液化天然气显著增长,2017 年从美国进口量达 1030×10^8ft^3(29.2×10^8m^3),而 2016 年进口量为 172×10^8ft^3(合 4.9×10^8m^3),一年增幅达 6 倍。目前中国是美国天然气的第三大进口国,仅次于墨西哥和韩国。

(二)有利于我国与能源出口国之间开展合作

页岩气革命一方面增加了国际能源贸易数量,另一方面有力地冲击了世界能源地缘政治格局,削弱了能源出口大国的话语权,再加上中国国内巨大的页岩气储量且已进入工业化规模开发期,这就使得我国与传统能源输出国家进行相关国际贸易谈判时处于相对有利的位置。

(三)有利于推动我国页岩气发展

美国的成功至少给我们提供了以下有益借鉴:一是指明技术突破方向;二是提供了在基础设施配套和市场培育方面成功的做法;三是了解了政府在其中应该提供哪些相关政策支持。这就使得我们可以在借鉴美国经验的基础上结合我国实际,充分发挥后发优势,在相对较短的时期内突破相关瓶颈,实现页岩气的跨越式发展。

第四节　全球页岩气资源发展前景

一、全球页岩气资源分布

Rogner 等预测的全球页岩气资源量为 $456 \times 10^{12} m^3$（表1-5），相当于煤层气（$256 \times 10^{12} m^3$）和致密气（$210 \times 10^{12} m^3$）的总和。页岩气资源分布在北美、中亚和中国、中东和北非、拉丁美洲以及俄罗斯地区等。

表1-5　Rogner 等全球页岩气资源预测结果表

分布地区	页岩气资源量（$10^{12} m^3$）	分布地区	页岩气资源量（$10^{12} m^3$）
北美	108.7	撒哈拉以南非洲	7.8
拉丁美洲	59.9	中亚和中国	99.8
西欧	14.4	太平洋地区（经合组织）	65.5
中欧和东欧	1.1	其他亚太地区	8.9
俄罗斯地区	17.7	南亚	—
中东和北非	72.1	全球	456

Rogner 等的预测，除撒哈拉以南的非洲地区和欧洲地区外，全球其余地区页岩气资源都很丰富。Rogner 的估算较为保守（AEI，2009），以北美为例，2008 年 Tristone Capital 对美国 Barnett，DeepBossier，Haynesville，Fayetteville，Woodford 和 Marcellus 以及加拿大 Montney，HornRiver（Muskwa）和 UticaGothic 等 9 个页岩气区带进行评价。9 个区带预测的页岩气可采资源量为 $21 \times 10^{12} m^3$。Advanced Resources International Inc.（ARI，2009）对 Barnett，Fayetteville，Woodford，Marcellus，Haynesville，Montney 和 HornRiver 等 7 个页岩气区带进行评价，预测的原地页岩气资源量约 $146 \times 10^{12} m^3$、可采资源量为 $20 \times 10^{12} m^3$。美国 Barnett，Fayetteville，Woodford，Marcellus 和 Haynesville 等 5 个区带页岩气原地资源量达 $107 \times 10^{12} m^3$、可采资源量为 $13 \times 10^{12} m^3$。

加拿大非常规天然气协会（CSUG）的资源评价结果，加拿大页岩气原地资源量大于 $42.5 \times 10^{12} m^3$，超过了加拿大常规天然气资源量 $12 \times 10^{12} m^3$。其中 British Columbia 省页岩气资源量最大，达 $28 \times 10^{12} m^3$ 以上。而 Kuuskraa 估算的加拿大 Montney 和 HornRiver 两个页岩区带原地页岩气资源量为 $39 \times 10^{12} m^3$、可采资源量为 $7 \times 10^{12} m^3$。

据美国能源信息署（EIA）2011 年 4 月完成的全球 32 个国家 48 个页岩区块页岩气资源量评估（表 1–6），评价结果全球页岩气远景资源 $595.45 \times 10^{12} m^3$、技术可采资源量 $118.29 \times 10^{12} m^3$。从全球看，全球页岩气资源富裕程度可分为 3 大阵容：第 1 阵容页岩气资源非常丰富，包括北美、俄罗斯和中国，三个地区页岩气远景资源量为 $398.84 \times 10^{12} m^3$、约占全球页岩气资源总量的 67%，可采资源量为 $79.73 \times 10^{12} m^3$、约占全球页岩气总量的 67.4%。其中，北美地区页岩气远景资源量为 $175.14 \times 10^{12} m^3$、约占全球页岩气资源总量的 29.4%，可采资源量为 $35.76 \times 10^{12} m^3$、约占全球总量的 30.2%；俄罗斯页岩气远景资源量为 $123.7 \times 10^{12} m^3$、约占全球页岩气资源总量的 20.8%，可采资源量为 $23.97 \times 10^{12} m^3$、约占全球总量的 20.3%；中国页岩气远景资源量为 $100 \times 10^{12} m^3$、约占全球页岩气资源总量的 16.8%，可采资源量 $20 \times 10^{12} m^3$、约占全球总量的 17%。第 2 阵容为中东地区，页岩气远景资源量为 $73.4 \times 10^{12} m^3$、可采资源量为 $14.68 \times 10^{12} m^3$，分别约占全球总量的 12.3% 和 12.5%。第 3 阵容为非洲、中亚、亚太、欧洲和南美，页岩气远景资源量为 15.85×10^{12} ~ $34.08 \times 10^{12} m^3$、可采资源量为 2.62×10^{12} ~ $6.8 \times 10^{12} m^3$。

表 1-6　美国能源信息署（EIA）2011 年全球页岩气资源预测结果表

国家或地区	远景资源量 （$10^{12}m^3$）	可采资源量 （$10^{12}m^3$）
中国	100	20
非洲	34.08	6.61
中亚	21.8	3.93
亚太	15.85	2.62
中东	73.4	14.68
俄罗斯	123.7	23.97
欧洲	19.6	3.92
南美	31.88	6.8
北美	175.14	35.76
全球	595.45	118.29

　　据统计，全球沉积盆地 1468 个以上，可供油气勘探的沉积岩面积为 $1 \times 10^8 km^2$，其中陆上面积为 $7000 \times 10^4 km^2$。目前在这些盆地或沉积岩中发现常规油气田 6.7 万个（其中油田 4.1 万个、气田 2.6 万个）。从古生代至新生代以来，全球沉积岩中，发育约 17 套富有机质页岩地层，为常规油气提供了丰富的油气来源，也是页岩气资源勘探开发的重点层系。从评价结果（表 1-7）看，全球 10 个富有机质页岩层系有丰富的页岩气资源。这 10 个层系是新生界的古近系，中生界的白垩系、侏罗系、三叠系，古生界的二叠系、石炭系、泥盆系、志留系、奥陶系和寒武系。10 个层系中，页岩气资源最丰富的是志留系、泥盆系、石炭系和侏罗系 4 个层系，其远景页岩气资源量分别为 $98.12 \times 10^{12} m^3$，$116.95 \times 10^{12} m^3$，$110.03 \times 10^{12} m^3$ 和 $101.46 \times 10^{12} m^3$，分别占全球页岩气资源总量的 16.5%，19.6%，18.5% 和 17%，4 个层系页岩气资源总和为 $426.56 \times 10^{12} m^3$，占全球页岩气远景资源总量的 71.6%；4 个层系可采资源量分别是 $19.62 \times 10^{12} m^3$，

$24.19 \times 10^{12} m^3$, $22.49 \times 10^{12} m^3$ 和 $19.86 \times 10^{12} m^3$，分别占全球可采资源总量的 16.6%，20.5%，19.0% 和 16.8%，4 个层系页岩气可采资源总和为 $86.16 \times 10^{12} m^3$，为全球页岩气可采资源总量的 72.9%。其次，二叠系、三叠系和白垩系 3 个层系中，页岩气资源也比较丰富，远景资源量分别是 $38.21 \times 10^{12} m^3$，$30.68 \times 10^{12} m^3$ 和 $47.40 \times 10^{12} m^3$，分别占全球页岩气远景资源总量的 6.4%，5.15% 和 8%，3 个层系页岩气资源总和为 $116.29 \times 10^{12} m^3$，为全球页岩气资源总量的 19.5%；3 个层系页岩气可采资源量分别是 $6.87 \times 10^{12} m^3$，$5.76 \times 10^{12} m^3$ 和 $9.10 \times 10^{12} m^3$，分别占全球页岩气可采资源总量的 5.8%，4.9% 和 7.7%，3 个层系页岩气可采资源总和为 $21.73 \times 10^{12} m^3$，为全球页岩气可采资源总量的 18.4%。寒武系和古近系两套页岩主要分布在中国，具有较好的页岩气资源前景，远景资源量分别为 $21.33 \times 10^{12} m^3$ 和 $21.85 \times 10^{12} m^3$。

表 1-7　全球页岩气资源层系分布统计表

层系	国家或地区	地区或盆地	远景资源量（$10^{12} m^3$）	可采资源量（$10^{12} m^3$）
古近系	亚太、中国	CentralSumatra 盆地、SouthSumatra 盆地、渤海湾盆地	21.85	3.82
白垩系	南美、中东、非洲、北美、中国	Maracaibo 盆地、EastVenezuela 盆地、Zagros 盆地、SanJuan 盆地、松辽盆地	47.40	9.10
侏罗系	南美、欧洲、俄罗斯、中东、中亚、中国	Neuquen 盆地、NorthWestGerman 盆地、Anglo-Dutch、Paris 盆地、WestSiberian 盆地、Arab 盆地、Zagros 盆地、Yemen 盆地、SouthTurgai 盆地、Amu-Darya 盆地、扬子地区、准噶尔盆地、吐哈盆地	101.46	19.86
三叠系	南美、欧洲、北美、中国	Neuquen 盆地、NorthernApennines 盆地、WCSB 盆地、扬子地区、鄂尔多斯盆地、准噶尔盆地、吐哈盆地	30.68	5.76
二叠系	俄罗斯、中亚、中国	EastSiberian、Precaspian、扬子地区、华北地区、准噶尔盆地、吐哈盆地	38.21	6.87

续表

层系	国家或地区	地区或盆地	远景资源量 ($10^{12}m^3$)	可采资源量 ($10^{12}m^3$)
石炭系	俄罗斯、中亚、北美、中国	Volga–Urals 盆地、Precaspian 盆地、FortWorth 盆地、Arkoma 盆地、Anadarko 盆地、BlackWarrior 盆地、PaloDuro 盆地、Illinois 盆地、华北地区、准噶尔盆地、吐哈盆地	110.03	22.49
泥盆系	北美	Appalachian 盆地、Anadarko 盆地、Michigan 盆地、Illinois 盆地、WCSB 盆地	116.95	24.19
志留系	俄罗斯、中东、非洲、中国	EastSiberian 盆地、Arab 盆地、Zagros 盆地、扬子地区	98.12	19.62
奥陶系	中国	华北地区、塔里木盆地	9.40	1.91
寒武系	中国	扬子地区、塔里木盆地	21.33	4.27

二、全球页岩气发展形势

页岩气成为全球天然气勘探开发新热点，2000 年以来，世界范围内，受北美页岩气勘探开发成功案例启发，欧洲的德国、英国、法国、瑞典、奥地利与波兰，亚洲的中国，南美洲的阿根廷，大洋洲的澳大利亚与新西兰，非洲的南非等国家，对本国页岩气资源进行前期评价研究。新西兰和澳大利亚等国家取得了单井页岩气突破，中国和阿根廷两国进入了工业化规模开采阶段。

（一）加拿大页岩气勘探开发现状

加拿大是美国之后世界上第 2 个对页岩气实现了成功勘探开发的国家。加拿大早期的页岩气勘探开发集中在 Alberta 东南部和 Saskatchewan 西南部的科罗拉多群的 Second White Speckled Shale。但在加拿大五大页岩气分布区中，British Columbia 省的 Montney 页岩于 2001 年开始进行商业性生产，2005 年年产页岩气约 $2.7 \times 10^8 m^3$。目前，British Columbia 和 Horn Rive 盆地成为加拿大页岩气开采热点地区，Montney 页岩得到了大规模开发，而 Horn River 盆地 Muskwa 页岩还处于开发早期阶段，这两个页岩层在 2009 年年产量约 $72.3 \times 10^8 m^3$，其中 Montney 页岩气年产量为 $62.0 \times 10^8 m^3$。随着新技术的应用，加拿大页岩气勘探开发除 British Columbia 和 Alberta 之外，扩展到了 Saskatchewan，Ontario，Quebec，New Brunswick 和 Nova Scotia。截至 2012 年，加拿大页岩气年产量达 $215 \times 10^8 m^3$。据高级资源国际公司（ARI）预测，到 2020 年，加拿大页岩气年产量将超过 $600 \times 10^8 m^3$，占加拿大天然气总产量的一半左右。

（二）拉丁美洲页岩气勘探开发现状

拉丁美洲地区拥有较为丰富的页岩气资源，据 EIA 评估，拉丁美洲页岩气可采资源量为 $56 \times 10^{12} m^3$，页岩油可采资源量为 $99.6 \times 10^8 t$，集中在阿根廷、墨西哥和巴西等国家。

阿根廷积极开展页岩气先导试验，是南美地区页岩气开采最有前景的国家。2011 年，阿根廷在 Neuquen 盆地发现了页岩气。2013 年 3 月，阿根廷油气巨头 YPF 公司与美国陶氏化学阿根廷子公司签署了共同开发 Neuquen 盆地页岩气的协议，这也是阿根廷首个页岩气开发项目。内乌肯（Neuquen）盆地有利面积 $2.5 \times 10^4 km^2$，已钻页岩油气井 50 口，单井产气 $5.7 \times 10^4 \sim 34 \times 10^4 m^3/d$，2012 年页岩气产量 $150 \times 10^4 m^3$。有资料显示，至 2018 年，阿根廷页岩气产量达 $43 \times 10^8 m^3$。

墨西哥页岩气技术可采资源量排世界第 6 位（EIA，2013），由于墨西哥和美国有很多领土接壤，有研究表明墨西哥和美国的页岩气地质条件也有相似性，具有开发潜力。目前墨西哥正进行能源体制改革，以加快页岩气勘探开发进程。

（三）欧洲页岩气勘探开发现状

自 2000 年以来，欧洲许多国家开始着手页岩气评价研究，希望通过对欧洲大陆地质资料的收集，实现较大的页岩气勘探突破和发现。2009 年初，"欧洲页岩项目（GASH）"启动，计划每年投入资金 16 万欧元，预计 6 年内完成，目的是建立欧洲黑色页岩数据库，指导页岩气勘探开发。

据 ARI（2009）估算，欧洲页岩气资源量约 $30 \times 10^{12} m^3$，可采资源量约 $4 \times 10^{12} m^3$。巨大的页岩气资源潜力吸引着壳牌公司、埃克森美孚公司、康菲公司等至少 40 家公司在欧洲寻找页岩气。2007 年，波兰能源公司着手勘查波兰志留系页岩气资源，壳牌公司对瑞典 Skane 地区黑色页岩开展页岩气资源调查。2010 年，埃克森美孚公司在匈牙利 Makó 地区部署第一口页岩气探井，并在德国 Lower Saxony 盆地完成 10 口页岩气探井。Devon 能源公司与法国道达尔石油公司建立合作关系，获得在法国页岩气盆地的钻探许可。康菲石油公司与 BP 石油公司签署了波罗的海盆地页岩气勘探协议。欧洲页岩气开采将会使欧洲的天然气实现自给自足，从而摆脱俄罗斯的制约（ARI，2009）。

　　欧洲页岩气资源主要分布在俄罗斯、波兰、法国和乌克兰等国，天然气最大资源国俄罗斯最初并不看好页岩气。然而，随着页岩气的蓬勃发展，俄罗斯的态度开始发生了转变。2012 年 11 月，俄罗斯提出加入全球"页岩气革命"发展计划，当时计划到 2017 年实现页岩气大规模开发。波兰是欧洲除俄罗斯外页岩气资源最丰富的国家，页岩气开发已经成为波兰重要的能源战略。然而，由于开发成本远高于美国，许多公司陆续退出，波兰的页岩气开发有待突破。法国的页岩气资源潜力巨大，几乎占西欧的一半。然而，法国执政党内部对页岩气的开发问题存在分歧。社会党的盟友欧洲生态绿党坚决反对任何形式的页岩气开发。法国前总统奥朗德认为，目前可行的水力压裂技术不能排除对人类身体健康和环境造成的伤害。因此，在其任期内不会进行页岩气开发。负责工业活动的生产振兴部长则认为，法国前总统反对的是水力压裂法，并非反对页岩气本身，如果技术得以改进，政府仍可以就页岩气进行重新讨论。其他欧洲国家，如德国、英国和西班牙等，尽管也已着手页岩气的试探性开发，但国内各方利益冲突不断。由于欧洲人口稠密，环保监管严格，开发成本高昂，距离实现页岩气大规模商业开发仍为时尚早。

三、页岩气发展前景展望

在低油气价格条件下，促使从事页岩油气业务的各企业加强开发成本管控，通过关键工程技术升级换代以提升开发效果，通过工厂化作业模式大幅提升作业效率实现了页岩油气开发的自我成本革命。据美国 Henry Hub 中心数据，2012 年天然气价格降至 0.46 美元 /m³ 后，总体低位运行，2017 年天然气价格为 0.8 美元 /m³。以 Marcellus 页岩气田为例，2012 年 1 月高峰期活跃钻机数量 141 部，之后，由于气价降低，2016 年 6 月活跃钻机数量降低至低谷的 24 部，2017 年 6 月活跃回升至 45 部。尽管活跃钻机数量呈现大幅降低趋势，但由于施工水平和作业效率的提高，气田产量由 2012 年 1 月的 $17764 \times 10^4 m^3/d$ 增长至 2016 年 7 月 $50873 \times 10^4 m^3/d$，2017 年 6 月产量增至 $54701 \times 10^4 m^3/d$。目前美国主要页岩气田的总体盈亏平衡点为 0.58 ~ 0.91 美元 /m³。因此，在较低天然气价格条件下，页岩气仍具有一定经济效益。如 Marcellus 页岩气田，按单井投资成本 400 万美元、单井最终可采储量（EUR）$1.06 \times 10^8 m^3$ 进行测算，内部收益率为 9.1%。中国天然气价格受国际天然气市场的影响，2012 年以来价格总体呈下降趋势。随着工程技术、市场机制、管理方式、政策支撑等不断配套完善，中国页岩气勘探开发的经济效应逐渐显现。

全球页岩气资源丰富，产量将持续快速增长。据 EIA 预测，2040 年全球页岩气产量将达到 $1.7 \times 10^{12} m^3$，其中美国 $8200 \times 10^8 m^3$、中国 $2200 \times 10^8 m^3$、加拿大 $730 \times 10^8 m^3$、墨西哥 $730 \times 10^8 m^3$、阿尔及利亚 $670 \times 10^8 m^3$、阿根廷 $650 \times 10^8 m^3$、其他地区 $3720 \times 10^8 m^3$。通过全球页岩气消费需求和建产节奏等多因素综合研究认为，2040 年全球页岩气产量有望达到 $1.1 \times 10^{12} m^3$，产量分布情况是美国 $8000 \times 10^8 m^3$、加拿大 $1000 \times 10^8 m^3$、中国 $500 \times 10^8 m^3$、阿根廷 $500 \times 10^8 m^3$、其他地区约 $1000 \times 10^8 m^3$。最终实际页岩气产量可能随地下地质条件、地上条件变化而变化。

中国在 2011 年把页岩气列为第 172 号独立新矿种，通过开放矿业权来加快页岩气发展。通过 2011—2012 年的两轮页岩气探矿权招标，出让了 21 个页岩气矿业权区块。从试行结果看，实际效果与当初预期有差距。一是把页岩气列为独立新矿种，增加了与既有常规油气矿业权的重叠，将会导致这些重叠区不必要的矿业权纠纷，增加了两种矿业权的管理难度，可能会对页岩气或常规油气勘探开发造成障碍。二是取得了页岩气矿业权的企业为了继续保持矿业权，将不得不在基础工作薄弱、地质认识程度低、资源落实程度差的地区盲目投入，导致社会资本的浪费，增加这些企业的负担。三是页岩气勘探开发建产、稳产，普遍采用丛式井、平台井、工厂化生产，需要不断大量钻井，井场占地面积大。现阶段土地征用手续繁杂、周期长，往往需要 6 ~ 8 个月，在一定程度上制约了勘探开发进程。2013 年，中华人民共和国国家发展和改革委员会出台的《页岩气产业政策》明确了 2013 年至 2015 年页岩气勘探开发中的补贴和减免矿产资源补偿费、矿业权使用费、资源税、增值税、所得税等激励政策。2015 年后及各地方财政对页岩气勘探开发采取扶持与优惠配套政策等，在实践中得到了进一步完善。

目前，中国页岩气勘探开发取得了重大成果，发现、探明和成功开发了涪陵、长宁、威远、昭通等多个千亿立方米级页岩气田，且在区域上正呈现多点突破的良好局面。通过加强科技攻关和先导开发示范区建设，页岩气已经担当起加快非常规天然气发展的生力军作用。当然，虽然中国页岩气的发展前景喜人，但是其工程技术和经济性仍是制约页岩气进一步发展的两大重要因素。

中国 3 类页岩气资源总量、"甜点"核心区分布也有待进一步评价和落实。从资源的可靠性与经济性、技术成熟性与发展趋势看，中国页岩气开发利用应采取有序发展的思路，积极推动基础研究、技术攻关与先导开发示范区试验，加快规模化开发利用的准备，实现页岩气的持续健康发展。以"立足四川盆地海相，强化理论创新，攻克关键技术，突破非海相深层、非水压裂三大理论与技术瓶颈，实现中国页岩气产量跨越"为发展战略，在四川盆地建立了一批页岩气勘探开发示范区，从此实现了中国南方页岩气勘探开发整体发展，以南方海相页岩气勘探开发带动全国海陆过渡相及陆相页岩气勘探，将在浅层、超压区取得的成功经验和有效做法逐渐推广至深层、常压—低压区，逐步形成中国页岩气勘探开发理论、自主知识核心技术和主要装备国产化。

为加大页岩气先导示范区建设，形成中国特色页岩气勘探开发理论、先进适用的有效技术体系、高效管理体制和有效低成本措施，2012年，中华人民共和国国土资源部（简称国土资源部）部署，优先在川渝、湘鄂、云贵和苏皖等地区，分类选择页岩气有利富集区，加快先导开发示范区建设，尽快形成规模产量；注重常压—低压页岩气经济有效技术攻关，加快示范区产能规模建设。"十三五"期间，以南方海相页岩气规模开发为重点，继续做好开发示范区建设，同时积极突破海陆过渡相和陆相页岩气，以顺利实现快速发展，力争2020年页岩气产量达到 $100 \times 10^8 \sim 200 \times 10^8 m^3$。2020年以后形成适合中国地质特点的便捷、高效、低成本、环境友好的页岩气勘探开发配套技术和行之有效的管理体制，推动页岩气规模发展。

第二章

奠基与起步

初步了解中国页岩气资源潜力，实现零的突破，中国页岩气扬帆起航中国能不能成功走出一条自己的页岩气勘探开发之路，有必要回顾一下 2005 年以来中国页岩气革命发展历程，以此一窥中国页岩气革命是如何起步发展，或多或少能得到有益借鉴或启示。

新中国成立后，在近 70 年的常规油气勘探开发中，在多个含油气盆地的页岩层系中发现了页岩（油）气流或丰富的油气显示。松辽盆地古龙凹陷、柴达木盆地、花海—金塔、渤海湾盆地歧口凹陷、四川盆地威远、阳高寺和九奎山等地区，尤其是四川盆地威远地区钻探常规油气的 158 口井中发现了页岩气显示，有些井页岩段气测异常高达 80%。1966 年，在四川盆地威远构造钻探的威 5 井，在下寒武统九老洞组（即筇竹寺组）页岩段发生气侵与井喷，裸眼测试日产天然气 24600m^3。但是，当时没有对此引起重视，错过了中国发展页岩气的一次开拓性机遇，究其原因是对非常规油气成藏认识与勘探技术存在盲区。

第一节 中国页岩气革命早期探索

一、引入页岩气概念

中国是继美国和加拿大之后，第三个成功实现页岩气商业勘探开发的国家。2000—2008 年，中国就开始密切跟踪美国页岩气勘探开发进展。中国石油和中国石化等公司所属研究院及有关油气田公司做了大量的前期地质评价、资源排查工作。之后，国土资源部联合国有油公司、相关高校，组织开展了中国第一轮全国页岩气资源调查、前景和战略选区，为中国"页岩气发展"起步奠定了良好基础。

与美国的早期研究类似，中国研究者早期使用"泥页岩油气藏""泥岩裂缝油气藏"以及"裂缝性油气藏"等术语对该类气藏进行描述和研究，并在主体上将该类油气藏理解为"聚集于泥页岩裂缝中的游离相油气"，认为其中的油气存在主要受裂缝控制而较少考虑其中的吸附作用。随着研究程度的深入，美国的"页岩气"概念自 20 世纪 80 年代中期以来发生了概念上和认识上的重大变化，页岩气被赋予了新的含义（Curtis，2002），与通常意义上理解的泥页岩裂缝油气不同。现代概念意义上的页岩气在概念、内涵、页岩气成因、赋存方式及聚集模式等方面，都具有较强的特殊性，尤其是对吸附气吸附机理和游离气成藏特点的认识，极大地丰富了页岩气成藏的多样性，扩大了天然气勘探的领域和范围。

实际上，许多研究者早就注意到了"页岩气"在成藏机理上及其分布规律上的特殊性。高瑞祺对泥岩异常高压带油气的生成和排出特征及泥岩裂缝油气藏的形成进行过探讨；张绍海等认为页岩气储层物性致密、含气特征（含烃饱和度、储存方式及压力系统）差异较大、产量低但生产周期长等；关德师等（1995）和戴金星等将泥页岩气的基本地质特征总结为自身构成一套生、储、盖体系，多具高压异常、储集空间多样以裂缝为主、圈闭类型以非背斜和岩性为主、单个储量小、产能低等；张金功等研究认为，开启的超压泥质岩裂隙是在一定深度区间内集中发育的，超压泥质岩裂隙开启的条件是泥质岩中的流体热增压要超过泥质岩抗压强度，控制上述条件的主要因素是泥质岩孔隙度、地温与埋深；王德新等从钻井和完井技术角度出发，将泥页岩裂缝性油气藏的特点归结为：油气分布主要受裂缝系统控制、油气分布范围不规则、单井产量变化较大（产量不稳定、递减快）以及既是烃（气）源岩又是储层等；刘魁元等认为，沾化凹陷"自生自储"泥岩油气藏的泥岩储层形成于半深水—深水、低能、强还原环境中；徐福刚等进一步对沾化凹陷油气藏进行研究并指出，厚层富含有机质的暗色生油岩是油气储层之一，泥质岩油气显示段主要分布在斜坡带上靠近断层附近并具有高压异常；马新华等认为，中国东部一些地区（如东濮凹陷和沾化凹陷）已在页岩中获得商业气流；慕小水等探讨了东濮凹陷泥岩裂隙油气藏的形成条件及其分布特点，指出高压区及超高压区、盐岩分布区和构造转换带是寻找该类油气藏的有利地区，稳定的泥岩标志层可以作为寻找该类油气藏的有利层段；王志刚指出，泥岩裂缝性油藏的成藏机理服从流体封存箱成藏机制和流体异常高压成藏机制的复合作用，斜坡带的断鼻构造部位是发育裂缝性泥质岩圈闭的最有利部位。关德师等（1995）和戴金星等在对泥页岩气论述基础上，分析了中国的泥页岩气勘探前景。张爱云等（1987）对海相暗色页岩建造的地球化学特点进行了研究，指出中国南方早古生代发育着一套分布广泛的黑色页岩建造，具有一定的找矿地质意义。由于其中的有机碳含量达到了 5% ~ 20%，因此具有很高的页岩气成藏意义。

2002 年 Curtis 和 2003 年 Martini 等提出了吸附作用是页岩气聚集的基本属性之一后，国内许多研究者也越来越注意到了页岩气的勘探开发价值，在研究过程中注意到了泥页岩中天然气存在的吸附性问题。金之钧和张金川等（2004）认为，与深盆气和煤层气并行，页岩气是三大类非常规天然气聚集机理类型之一，并进行了页岩气成藏机理及分布特点的初步探讨；2005—2008 年，董大忠和陈更生等通过开展南方海相页岩露头广泛地质调查、四川盆地川南古生界老井页岩气资源复查，2009 年在《天然气工业》第五期组织发表了一期页岩气研究专刊，从页岩气概念、成藏特征、富存规律等多个方面，对页岩气地质理论、资源评价方法、勘探开发技术及页岩气发展前景等进行了系统论述，展示了中国页岩气资源潜力和勘探开发前景，正式将美国现代页岩气理念引入中国，促进了四川盆地五峰组—龙马溪组页岩气突破，掀起了中国页岩气发展热潮。

二、初步探索和启示

中国的页岩气工业化勘探开发工作于 2008 年正式起步。2008 年 11 月，中国石油勘探开发研究院在四川盆地南部边缘长宁构造钻探了中国陆上第一口页岩气地质评价井——长芯 1 井（图 2-1），证实了五峰组—龙马溪组页岩层段具有含气性，揭示了随埋深增加含气量增高，发现了高 TOC 页岩层段，确立了有利于页岩气勘探开发的地位。2009 年 12 月，中国石油西南油气田公司钻探了我国陆上第一口页岩气井——威 201 井（图 2-2）。2010 年 8 月，对威 201 井下寒武统筇竹寺组和上奥陶统五峰组—下志留统龙马溪组页岩层段直井压裂，测试分别获页岩气产量 $1.08 \times 10^4 m^3/d$ 和 $0.26 \times 10^4 m^3/d$，实现了中国页岩气首口井突破，发现了中国第一个页岩气田——威远页岩气田。2010 年，中国石化在湖北建南气田钻探的建页 HF-1 井，在 4100m 井深的下侏罗统大安寨段页岩层，分段压裂测试获页岩气产量 $1.00 \times 10^4 m^3/d$。2011 年，中国石油在威远页岩气田开展水平井试验，在威 201 井区第一次钻探了中国的页岩气水平井 2 口——威 201-H1 井和威 201-H3 井，完井分段水力压裂，测试获工业气流。2011 年，陕西延长石油（集团）有限责任公司（简称延长石油）在鄂尔多斯盆地东南缘钻探了 2 口页岩气井，均在延长组长 7 段页岩层中发现了页岩气。2011 年 12 月，依据上述工作取得的成果和认识以及由国土资源部出资、中国地质大学（北京）组织实施在重庆渝中南地区钻探的渝页 1 井资料，将页岩气报经国务院批准了设立为新的 172 号独立矿种。2012 年，中国石油在四川盆地南缘长宁地区钻探的水平井——宁 201H1 在五峰组—龙马溪组获得 $15.0 \times 10^4 m^3/d$ 的高产页岩气流，成为我国钻获的第一口具商业价值的高产页岩气井。2012 年 12 月中国石化在涪陵地区的焦石坝构造五峰组—龙马溪组钻探的焦页 HF1 井进一步获得 $20.3 \times 10^4 m^3/d$ 的高产页岩气流。上述钻探成功推动中国迅速拉开了页岩气工业化勘探开发的大幕。

图 2-1　长芯 1 井钻探取心现场照片图

图 2-2 中国第一口页岩气井——威 201 井

自 2012 年以后，中国在加快页岩气勘探开发节奏的同时，也明显地放宽了页岩气勘探开发相关政策，包括出台了页岩气发展规划、实施了两轮次页岩气探矿权出让招标等官方行为，形成了中国页岩气勘探开发热潮。在相关企业和政府部门的大力推动下，经过近 5 年的努力，率先在四川盆地古生界五峰组—龙马溪组取得页岩气勘探开发突破，在涪陵焦石坝探明首个千亿立方米级整装页岩气田，探明储量快速增长，并进入规模化开发，勘探开发技术逐步实现国产化。至 2018 年底，在四川盆地形成了涪陵、长宁、威远和昭通 4 大页岩气产区，在鄂尔多斯盆地建立了延长 1 个页岩气示范区。2018 年中国的页岩气年产量为 $108.9 \times 10^8 m^3$，约占中国天然气总产量的 6%。国家发展和改革委员会能源局等有关国家部委计划到 2020 年我国实现页岩气年产量 $150.0 \times 10^8 \sim 300.0 \times 10^8 m^3$。

虽然中国页岩气开采量与美国相比还有很大距离，但已经在短时间内实现了巨大跨越，且在近 10 年的努力攻关之下，有些关键装备已经基本实现了国产化，基本掌握了页岩气的地球物理、水平井钻井、完井、压裂和试气等勘探开发技术。但同时，中国页岩区的构造改造强、地应力复杂、埋藏较深、地表条件特殊等复杂性，使得中国的页岩气勘探开采难度更高，决定了中国不能简单地复制美国页岩气的成功，需要探索走适合中国自己的页岩气勘探开发的自主创新之路。

美国 EIA（2011）评价中国的页岩气资源量是美国的 2 倍，但开采情况还不乐观，中国的页岩气勘探开发承受着高成本压力。中国石油页岩气勘探开发初期单井成本近 1 亿元，中国石化涪陵页岩气田勘探开发早期单井成本也在 8000 万元之上。开采成本高的原因除我国页岩气区地质条件异常复杂外，不掌握相关关键技术与装备也是造成成本高的重要因素。美国页岩气井钻井包括直井和水平井两种方式，直井主要目的用于试验，了解页岩气层特征，获得钻井、压裂和投产的经验，为水平井钻完井、储层压裂改造方案优化提供关键参数。水平井主要用于页岩气开采生产，以获得更大的储层泄流面积，得到更高的页岩气产量。中国尚不掌握页岩气勘探开采核心技术，主要靠从美国引进，耗费巨大成本。

中国南方地区海相页岩地层埋深、厚度和有机碳含量等关键地质参数与美国主要页岩储层有明显差异，且形成时代老、热演化程度高、构造改造程度强、地表条件复杂。中国页岩气勘探开发初期按照美国选区指标优选的有利区，由于构造改造强，勘探井并未获气。国家能源页岩气研发（实验）中心通过大量理论研究及勘探实践总结，提出超压页岩气富集新认识，明确在中国复杂构造背景下，构造稳定区页岩气层超压表示后期保存条件好。以此为指导，在长宁、威远、昭通和涪陵地区海相页岩气勘探开发取得重要突破，实现了规模建产，单井产量逐年提高，高产井模式逐步形成。

中国海陆过渡相和陆相页岩分布广，有机碳含量高，成熟度达到生气窗后均可生气，具备页岩气成藏基本条件，但海陆过渡相和陆相页岩都存在单层厚度小、横向变化较大、硅质矿物含量低、含气量低等特征。延长石油在鄂尔多斯盆地东南部地区三叠系延长组开展的陆相页岩气勘探评价，直井初期页岩气日产量 2000m^3，水平井初期页岩气日产量 5000m^3，都没有实现经济开采。中联煤层气有限责任公司（以下简称中联煤）在沁水盆地针对山西组和太原组海相过渡相页岩进行的勘探评价，没有获得工业气流。因此，海陆过渡相和陆相页岩气成藏理论及选区评价目前还没有形成，有待进一步探索攻关。

综上所述，经初步探索及全国页岩气资源潜力初步评价，表明中国页岩气发展潜力大，但地质条件复杂，技术要求高，勘探开发难度大。

第二节 中国页岩气前期调查评价研究

2004 年以来，中国有关科研院机构开始对美国页岩气研究和勘探开发进展跟踪研究，对中国页岩气资源潜力做前期评价及有利区优选，指出中国有形成规模页岩气的可能性。中国工程院在 2010 年的第一届及 2011 年的第二届页岩气论坛上指出页岩气将会成为中国清洁能源的主力军，中国页岩气资源量约 $25 \times 10^{12} m^3$，以海相页岩气为主，资源量约 $8.82 \times 10^{12} m^3$，并开启了中国页岩气资源的有效评价。

一、国家主管部门组织的前期调查评价

2009 年，国土资源部启动 "中国重点地区页岩气资源潜力及有利区优选" 项目，以上扬子川、渝、黔、鄂地区为主，兼顾中—下扬子和北方重点地区，开展了中国页岩气资源调查和潜力评价，优选了页岩气远景区。在重庆市彭水县实施了国家财政支持的第一口页岩气资源战略调查井——渝页 1 井。该井在井深 100m 深度钻遇下志留统龙马溪组，完钻井深 325m，钻取页岩岩心 200m。通过岩心解析获取页岩含气性参数，采用等温吸附模拟研究页岩吸附能力，测试获取了页岩气资源评价部分参数，该井也为确定页岩气为新的独立矿种提供了依据。

2010 年，国土资源部进一步分 3 个层次在全国开展页岩气资源战略调

查。在上扬子的川渝黔鄂地区，针对下古生界海相页岩，建设页岩气资源战略调查先导试验区。在下扬子的苏、皖、浙地区，开展页岩气资源调查；在华北、东北和西北等部分地区，针对陆相、海陆过渡相页岩，开展页岩气资源前景研究。通过上述三个层次的工作，对中国富有机质页岩类型、分布及页岩气形成条件有了初步认识，确定了页岩气调查主要领域及评价重点层系，探索了页岩气资源潜力评价和有利区优选方法。

2011 年，将中国陆域划分为上扬子及滇黔桂区、中下扬子及东南区、华北及东北区、西北区、青藏区 5 个大区，组织开展了全国页岩气资源潜力调查评价及有利区优选。在先导试验区建设中，建立了页岩气资源评价方法及有利区优选标准，开展了页岩气勘探开发技术方法规范标准研究等。

至 2012 年，国土资源部组织实施了页岩气资源战略调查井 8 口（表 2-1），在震旦系、寒武系、志留系和二叠系等 4 个层系 6 个页岩层段发现页岩气显示，获得了部分页岩气地质评价参数。其中，2009 年钻探的渝页 1 井，龙马溪组页岩 TOC 为 1.44% ~ 7.28%、平均 3.7%，镜质组反射率 R_o 为 1.62% ~ 2.6%、平均 2.04%。2011 年钻探的岑页 1 井等，岩心解吸和测井解释发现了含气页岩（图 2-3）。

表 2-1 2009—2012 年国土资源部页岩气资源战略调查井统计表

井号	钻井时间	钻点位置	钻探结果
渝页 1 井	2009 年	重庆彭水县	钻遇下志留统龙马溪组页岩 225m（未完），发现页岩含气
松浅 1 井	2010 年	贵州省松桃县	揭示下寒武统变马冲组、牛蹄塘组页岩，见气显示
岑页 1 井	2011 年	贵州省岑巩县	揭示下寒武统牛蹄塘组、变马冲组页岩，获页岩气流
渝科 1 井	2011 年	重庆市酉阳县	揭示下震旦统南地组、下寒武统牛蹄塘组页岩，获浅层页岩气发现
酉科 1 井	2011 年	重庆市酉阳县	揭示下寒武统牛蹄塘组、高回组页岩，获得页岩气发现
长页 1 井	2011 年	浙江省长兴县	揭示上二叠统大隆组页岩，获相关地质参数

续表

井号	钻井时间	钻点位置	钻探结果
城浅1井	2011年	重庆市城口县	揭示下寒武统水井沱组页岩851m，获页岩气发现
巫浅1井	2011年	重庆市巫溪县	揭示下志留统龙马提组页岩49m，见页岩气显示

2010年9月，美国国务院主办了全球页岩气大会，主题是"倡导全球开发利用页岩气"，时任国务卿希拉里致辞，中国政府派员参加了会议。2012年2月，中国国家能源局组织召开了中美页岩气资源工作组第四次会议，双方专家就美国地质调查局（USGS）完成的辽河东部凹陷页岩气资源评价项目进行了讨论。

图2-3 国土资源部钻探的岑页1井页岩岩心照片

二、石油企业的前期评价研究

石油企业长期对页岩气资源与勘探开发实践进行了跟踪评价（表2-2）。1982年《石油实验地质》发表的《多种天然气资源的勘探》一文，首先向我国介绍了页岩气资源这一非常规天然气。文中指出："非常规气主要有5种：致密砂岩气、页岩气、煤层气、低压气、深源气。据1980年的统计，美国常规天然气探明储量$5.4 \times 10^{12} m^3$，而非常规天然气地质储量致密砂岩气$17 \times 10^{12} m^3$、页岩气15×10^{12} ~ $3000 \times 10^{12} m^3$、

表 2-2　1982—2000 年页岩气研究首现时间统计表

序号	年份	学者	文章
1	1982 年	张义纲	《多种天然气资源的勘探》
2	1986 年	罗蛰潭	《展望我国天然气资源的开发前景》
3	1990 年	宋岩	《美国天然气分布特点及非常规天然气的勘探》
4	1995 年	关德师等	《中国非常规油气地质》
5	1996 年	Charles D. Masters，张友联	《世界天然气资源综述》
6	1997 年	殷德智	《世界油气资源潜力分析》
7	1999 年	戴金星	《中国天然气资源及其前景》
8		宋庆祥	《美国天然气资源展望》
9			《未来 20 年美国天然气资源展望》
10	2000 年	钱凯	《21 世纪初叶中国天然气勘探方向的选择》
11		马新华	《关于 21 世纪初叶中国天然气勘探方向的初步认识》
12		张金川	《美国落基山地区深盆气及其基本特征》
13		史斗	《我国能源发展战略研究》

煤层气 $2 \times 10^{12} \sim 24 \times 10^{12} m^3$、低压气 $85 \times 10^{12} m^3$ 以上。尽管非常规气地质资源量大，但经济因素却限制了对它们的开采。美国 1980 年天然气总产量为 $5675 \times 10^8 m^3$，预计在 1990—1995 年期间，致密砂岩气可年产 $2180 \times 10^8 m^3$、页岩气年产 $227 \times 10^8 m^3$、煤层气年产 $14 \times 10^8 m^3$、低压气估计尚不会大规模生产"。文章说："页岩气赋存在有机质十分丰富（含量达 4% 以上）的暗色页岩中。这种页岩的特点是层理发育，为富含有机质和富含矿物质的黏土互层，形成数毫米厚的纹层。所含的气体一部分是生物气，另一部分是热成因气，或由二者混合而成。它们保存在微小的粒间孔隙中或吸附在有机质和黏土矿物上。因此，在钻探过程中不一定出现气显示。美国起初也把这些气体漏掉了，后来经井下爆破（现在已用水力

压裂法或生物—化学法代替），使这些气体脱附并沿着层理和裂隙冒出来，聚集成工业气流。页岩气的采收率较低，仅 10%；产量也低，每天单井为 300 ~ 15000m³，但产量十分稳定，寿命可达 35 ~ 70 年。常规气井的投资一般不到两年就可收回，而页岩气井要五年半。在美国，主要是美国东部地区的三个盆地的泥盆纪页岩，目前开采页岩气的只是一小块地区，那里由于基底断裂的活动，派生了一系列向上尖灭的裂隙系统，从而提高了页岩气的工业价值。这种富气页岩在岩性、岩相和有机质类型上与生物气源岩近似，大致平行于海（湖）岸线分布。中国在以往的勘探中，类似的页岩屡见不鲜，今后应加强研究和勘探。"

迄今，中国石油、中国石化、中国海油和延长石油以及其他一些能源企业和地方能源公司等数十家企业已投资页岩气勘探开发。

（一）中国石油初期在油气区块内开展的页岩气区域评价

中国石油的页岩气勘探开发以四川盆地古生界寒武系和志留系为重点。迄今，中国石油在四川盆地及周缘拥有页岩气矿权 11 个，面积 5.1 × 10⁴km²，筇竹寺组和五峰组—龙马溪组页岩气总资源量 19.7 × 10¹²m³，主要分布在四川省、重庆市和云南省三个行政区境内。

2005 年，中国石油率先在四川盆地寻找并研究页岩气富集区，历经评层选区、先导试验和示范区建设等阶段，实现了起步就锁定四川盆地及周缘为重点区域、古生界海相页岩为重点领域，开展页岩气勘探开发工作，快速实现工业突破，快速跨入工业化规模开发新时期。以四川盆地古生界海相页岩为重点，开展了富有机质页岩区域排查、页岩气资源估算、页岩气勘探开发技术攻关、装备研制、钻探评价与开发先导试验工作。从 2008 年钻探第一口地质评价井，至 2013 年，在四川盆地及邻区完成二维地震 5641km、三维地震 358km²、完钻页岩气井 33 口（其中水平井 13 口，3 口水平井初期日产页岩气超过 10 × 10⁴m³），累计实现页岩气商业产量 6000 × 10⁴m³。

2005 年，中国石油勘探开发研究院设立了第一个页岩气院级科研项目"北美页岩气勘探开发形势调研与分析"。当年在中国石油高层研讨会上，就首次提出了勘探开发页岩气等非常规油气资源的设想。随后组团考察了美国页岩气开采现场，并翻译出版了页岩气相关技术资料和文献报告。以四川盆地古生界筇竹寺组、五峰组—龙马溪组为重点，开展了老井复查与露头地质调查，初步评价了两套页岩地层发育情况及钻井页岩气显示特征。

2006 年底，中国石油与美国新田石油公司在北京香山举办了我国第一次页岩气勘探开发技术国际研讨会。

2007 年，中国石油与美国新田石油公司联合开展了第一个页岩气国际研究项目——四川盆地威远气田寒武系九老洞组和志留系龙马溪组页岩气资源潜力研究，在威远气田钻探的注水井——威 001-2 井在寒武系九老洞组页岩层段取心，开展页岩气共同研究，对川南地区钻遇上述两套页岩层段的井进行系统研究。

2008 年，中国石油勘探开发研究院，经四川盆地周缘及南部滇黔北地区页岩露头地质调查和研究，在四川盆地南缘长宁构造北翼钻探了中国第一口页岩气地质评价井——长芯 1 井（图 2-1），由此确立了五峰组—龙马溪组页岩气主力勘探层系地位。同时，在四川盆地周边建立了第一批共三条页岩地层露头地质标准数字化剖面，为页岩气源岩研究、储层评价、甜点段识别奠定了良好基础。在四川盆地及周缘优选出了中国第一批页岩气勘探开发有利区带——威远、富顺—永川、长宁、滇东北（昭通）和黔北道真等。

2009 年，中国石油在川南和滇黔北拉开了"川南、昭通"两个页岩气勘探开发示范区建设序幕。同年，首次参加在挪威召开的页岩气国际研讨会，开始了真正意义上的页岩气勘探开发探索。2009 年，中国石油申请了我国第一个页岩气探矿权区块——云南昭通区块，开钻了我国第一口页岩气工业评价井——威 201 井，2010 年经压裂在筇竹寺和龙马溪组获工业页岩气流。

2010 年，中国石油与壳牌公司合作开发页岩气，签署了我国第一个国际页岩气合作勘探开发项目协议——四川盆地富顺—永川区块页岩气联合评价项目协议。2010 年 5 月，中美两国发表了能源安全合作联合声明，就页岩气资源评价、勘探开发技术及相关政策等方面开展合作。

2010 年，国家能源局在中国石油勘探开发研究院设立国家能源页岩气研发（实验）中心，中国石油钻探我国第一口页岩气水平井——威 201-H1 井，分段压裂获工业页岩气流。

2011 年，中国石油在长宁和昭通区块钻探宁 201 井等 3 口直井、壳牌在富顺—永川合作区钻探了阳 101 井等 3 口井，压裂均获工业页岩气流。

2012 年，中国石油在长宁区块钻探宁 201-H1 井、壳牌在富顺—永川合作区钻探阳 201-H2 井等 4 口水平井，采用分段压裂获得高产工业页岩气流，成为我国第一批具有商业价值的页岩气水平井。

2012 年，国家能源局在中国石油首先设立了两个国家级海相页岩气勘探开发示范区——长宁—威远页岩气勘探开发示范区和云南昭通页岩气勘探开发示范区，从此中国的页岩气勘探开发走上了工业化发展之路。

（二）中国石化初期在油气区块内开展的页岩气区域评价

2009—2014 年，受美国页岩气革命快速发展和成功经验的影响，中国石化启动了页岩气勘探评价工作，将发展非常规资源列为重大发展战略，加快了页岩气勘探步伐。

2009 年，中国石化着手页岩气勘探前期评价和开发技术攻关，经历了选区评价、钻探评价、产能评价和商业开发几个阶段。一开始选区评价依据的标准，是照搬，把美国的页岩厚度、有机质含量、热演化程度和埋藏深度等参数引用过来，在中国南方地区，包括四川盆地及周缘进行评价应用。2009 年，中国石化勘探公司南方分公司成立了专门的研究管理机构，按照"立足盆内、突破周缘、准备外围"的总体思路，以四川盆地及周缘为重点，开展页岩气勘探选区评价研究。

（1）选区评价：2010 年至 2012 年，中国石化开展了"上扬子及滇黔桂区页岩气资源调查评价与选区""勘探南方探区页岩气选区及目标评价""南方分公司探区页岩油气资源评价及选区研究""四川盆地周缘区块下组合页岩气形成条件与有利区带评价研究"等多个重大科研项目研究，逐步形成了中国南方复杂地区海相页岩气富集理论认识与选区评价体系，为南方复杂区海相页岩气选区评价提供了地质理论支撑。

2010 年 5 月，首先在安徽宣城针对下寒武统筇竹寺组钻探了宣页 1 井，2011 年陆续钻探河页 1 井、黄页 1 井和湘页 1 井，在页岩层段见到了一些气流，但产气量并不高。评价论证认为中国南方一些地区热演化程度较高，地下页岩气已经演化成炭了，有些地方保存程度差。分析认为整个南方地区只有四川盆地保存条件较好，随即将页岩气有利勘探方向转向四川盆地。

（2）钻探突破：2011 年，中国石化对前期优选出来的焦石坝—綦江—五指山区块开展深入评价，落实了四川盆地内焦石坝、南天湖、南川、丁山及林滩场—仁怀等 5 个有利勘探目标。在明确有利目标后，2012 年以来，在四川盆地开展了两方面工作。一开始以四川盆地侏罗系—三叠系陆相页岩为目标，在涪陵、元坝等地区实施钻探。利用四川盆地常规天然气老井，先对这些老井进行普查，普查后钻探了一批新井，包括建页 1 井和建页 2 井等，这些井陆续完钻，普遍见到 2000 ～ 6000m³/d 低产气流，个别井获得高产，日产上万立方米，元坝 21 井日产达 $50 \times 10^4 m^3$。二针对海相页岩，一方面开展老井测试，一方面钻探了焦页 1 井、彭页 1 井等一批新井。2012 年初，在彭水钻探的彭页 1 井压裂获日产气量 $2.5 \times 10^4 m^3$，实现了中国石化 2010 年钻探页岩气井以来取得的最好效果，后来该井转入试采阶段，稳定产量约 $1.5 \times 10^4 m^3/d$。根据彭页 1 井成果，钻探的彭页 2 井和彭页 3 井产量基本稳定在 $2 \times 10^4 m^3/d$ 左右。至 2012 年底，焦页 1 井实现了重大突破。2012 年初在涪陵地区焦石坝构造上部署了焦页 1 井，2012 年 11 月 28 日，焦页 1 井对五峰组—龙马溪组页岩层段分 15 段压裂试气，测试产量达 $20.3 \times 10^4 m^3/d$，稳定产量 $11 \times 10^4 m^3/d$，与焦页 1 井相邻的丁页 2 井水平井段 1000m 左右分 12 段压裂获得 $10 \times 10^4 m^3/d$，上述钻探成果是中国石化页岩气的勘探成果，也进一步证实中国页岩气勘探的重大突破。

2012 年，在最有利的焦石坝目标区钻探的第一口海相页岩气探井——焦页 1 井，2012 年 11 月 28 日焦页 1 井实现重大突破后，选择 2395 ~ 2415m 优质页岩层段作为侧钻水平井段靶窗，实施侧钻水平井——焦页 1HF 井。焦页 1HF 井突破后，迅速在其南部甩开钻探了焦页 2 井、焦页 3 井和焦页 4 井三口评价井。3 口评价井评价不同水平井段长和埋藏深度的页岩气产能，3 口井测试分别获得日产页岩气流 $33.69 \times 10^4 m^3$，$11.55 \times 10^4 m^3$ 和 $25.83 \times 10^4 m^3$，实现了涪陵页岩气田焦石坝区块主体的控制。焦石坝主体勘探区埋深小于 3500m，整体部署了 $594.50 km^2$ 三维地震，开展构造精细解释、优质页岩气层厚度预测、压力预测、TOC 分布预测、页岩气甜点预测等，为整体开发建产奠定了扎实资料基础。

2013 年初，在焦石坝构造部署了一个实验井组一共 18 口井，2013 年底完井 13 口。13 口井合计日产气 $180 \times 10^4 m^3$，建成页岩气产能 $5 \times 10^8 m^3/a$，2013 年实现页岩气产量 $1.43 \times 10^8 m^3$。其后，优选出 $28.7 km^2$ 有利区，进行开发试验和产能评价，共部署钻井平台 10 个，钻井 26 口，利用探井 4 口，单井产能 $7 \times 10^4 m^3/d$，新建产能 $5.0 \times 10^8 m^3/a$。产能评价主要内容包括：水平井段长度 1000m 和 1500m 以及水平井轨迹方位开发试验；开展压裂改造工程工艺技术试验，评价不同压裂段数、压裂规模对单井产能的影响，确定合理的单井产能。

2013 年 9 月，经国家能源局批复设立了涪陵国家级海相页岩气示范区，涪陵页岩气田正式启动国家级示范区建设。2013 年 11 月，中国石化通过了《涪陵页岩气田焦石坝区块一期产能建设方案》。涪陵页岩气田焦石坝区块一期将建成页岩气产能 $50 \times 10^8 m^3/a$。

2014 年国土资源部通过相关评审，再次授予涪陵"页岩气勘查开发示范基地"称号。国土资源部组织的评审认定涪陵页岩气田储层厚度大、丰度高、分布稳定、埋深适中，是典型的优质海相页岩气田，新增探明地质

储量 $1067.5 \times 10^8 m^3$。

2013 年涪陵页岩气田进入商业开发，2014 年加快了页岩气田建设步伐，2015 年建成产能 $50 \times 10^8 m^3/a$。

2010 年到 2014 年，中国石化还在南方、渤海湾、泌阳等盆地及地区开展大量页岩气勘探评价工作，共完钻页岩气评价井 23 口，其中海相 13 口，陆相 10 口。四川盆地及周缘重点区块是页岩气重点勘探评价区域，完钻页岩气评价井 16 口，包括海相 13 口，陆相 3 口，兼探、复试井 11 口，实施二维地震 448.85km，三维地震 999.496km²（表 2-3）。

表 2-3　中国石化在四川盆地及周缘重点区块页岩气勘探开发工作量统计表

区块		目的层	二维地震（km）	三维地震（km²）	钻井		进尺（m）	兼探、复试井（口）
					井型	数量（口）		
中国石化勘探分公司所属区块			448.85	999.496		16	46567.69	11
海相页岩气区块	涪陵	下志留统	200.73	594.496	水平井、直井	9	20487.69	
	綦江	下志留统			水平井、直井	1	5700	
	綦江南	下志留统	125.88	405	水平井、直井	1	3336	
	五指山—美姑	下志留统				1		
	镇巴	下志留统、下寒武统	122.24					
	南江	下寒武统				1		
陆相页岩气区块	川东北元坝	下侏罗统			水平井	1	4982	6
	川东南涪陵	下侏罗统			水平井、直井	2	12062	5

（三）延长石油在油气区块内开展的页岩气区域评价

延长石油页岩气勘探开发工作主要在鄂尔多斯盆地延安地区开展。自 2008 年，延长石油开始进行页岩气调研研究与评价，优选了页岩气勘探有利目标层系及有利区，在此基础上，开展钻完井及大规模压裂技术探索，

2011 年 4 月，成功压裂了中国第一口陆相页岩气井——柳评 177 井，获日产气 2350m^3，实现了中生界延长组长 7 段陆相页岩出气关。通过水平井钻探，试气获日产气 8000 ~ 16000m^3，展示出中生界良好的页岩气勘探潜力。上古生界山西组海陆过渡相页岩气层钻井现场解析含气量 1.8 ~ 5.7m^3/t，水平井段长 1000m，测井综合解释气层 852m/4 层。2012 年，经国家能源局批准在延安建设国家级陆相页岩气勘探开发示范区。

截至 2013 年，延长石油在鄂尔多斯盆地累计实施三维地震 50km^2、完钻页岩气井 39 口，其中，直井 32 口（中生界 28 口、上古生界 4 口）、丛式定向井 3 口，水平井 4 口；共压裂页岩气井 34 口，其中直井 28 口、丛式定向井 3 口、水平井 3 口，均获页岩气流。在下寺湾柳评 177- 延页 12 井区钻探页岩气井 22 口，通过精细地层对比，明确了以长 7 富有机质页岩为主的页岩气勘探目的层，厚度 40 ~ 55m，有机质类型以 II$_1$ 型和 II$_2$ 型为主，热演化程度 R$_o$ 为 0.56% ~ 1.42%，处于成熟阶段，微观储集空间主要为原生孔隙及孔缝、粒间粒内溶蚀孔、有机质内微孔等。页岩层温度 48 ~ 54℃，平均压力系数为 0.68。直井压裂日产气 1779 ~ 2413m^3，气体组分甲烷含量 62% ~ 88.93%。初步评价，确定延长组长 7 段页岩含气面积 130km^2，页岩气地质储量约 290 × 10^{8}m^3。

（四）中国海油在油气区块内开展的页岩气区域评价

相对而言，中国海油在页岩气勘探开发上的工作不多，但初期也在安徽芜湖地区开展了一些页岩气勘探评价工作。在芜湖近 5000km^2 的页岩气矿权区内，实施了二维地震 500km、三维地震 100km^2，钻地质浅井 5 口。

（五）其他企业在油气区块内开展的页岩气区域评价

实际上，除上述石油企业外，在我国页岩气勘探开发初期，还有许多地方政府和企业都对页岩气勘探开发做了许多有益工作。中联煤层气有限责任公司在沁水盆地钻探 3 口页岩气勘探井，河南煤层气公司中标秀山页岩气勘查区块，实施二维地震 524km，钻地质浅井 1 口。2011 年，重庆市在黔江地区钻探黔页 1 井和黔页 2 井两口页岩气井，其中黔页 1 井压裂试气最高日产气量 3000m^3。2012 年，贵州省和湖南省与中国华电集团有限公司成立页岩气公司，开展页岩气勘探开发。江西省、湖南省、贵州省和重庆市等省市也成立了页岩气勘探开发相关机构。除传统油气企业以外，中国非油气企业也纷纷对页岩气的勘探开发表现出极大热情，尤其是在国土资源部第二次页岩气矿权区块招标时，众多非油气企业，如电力、煤炭、投资和设备制造等企业，纷纷以各种方式参加到页岩气勘探开发招投标区块中，其中主要方式包括与地方政府签署战略合作协议、与国内实体公司合作开发或独立开发等。

三、页岩气香山科学会议

页岩气在国内外受到广泛的关注和重视，页岩气国际学术研讨会作为能源新宠，北美、欧亚和澳洲分别展开了页岩气勘探开发研究并取得了一系列成果。中国是开展页岩气研究较早的国家之一，在页岩气成藏机理、分布预测、资源评价、战略选区及先导试验等方面取得了一系列重要进展。为及时研讨页岩气领域中存在的理论与实践问题，加强国内外学术交流与合作，2010 年 6 月初，赵鹏大、戴金星、贾承造、康玉柱及金之钧等 60 多位专家、学者，参加了第 376 次香山科学会议——"中国页岩气资源基础及勘探开发基础问题"学术研讨，系统研讨了中国页岩气地质基础、资源潜力及勘探有利方向、勘探开发基础、勘探开发发展趋势及应对策略等问题，与会专家经过研讨认为，中国页岩特征南北差异大，南方型以分布面积大、单层厚度大、有机碳含量高、埋深大、有机质热演化程度高的古生界海相黑色页岩为主，是中国有望最早实现页岩气勘探开发突破的首选区域。中国页岩层系有机质富集规律、富有机质页岩生气机理与吸附机理、页岩气聚集条件与富集机理是最为关键的科学问题。目前传统的实验室测试、储层分析、资源预测和选区、钻完井开发技术难以满足页岩气勘探开发的需要，亟待结合具体地区页岩的特点进行改进和提高。美国页岩气工业的快速发展得益于政府税收政策的大力支持、众多中小公司的持续投入和积极实践以及高校等研究机构为领头雁的研究联合体的技术攻关，三者共同构成了美国页岩气工业快速发展主体因素。我国页岩气发展可以适度借鉴美国管理、产业和科研结合模式，积极稳妥地推进页岩气工业快速发展。将页岩气的勘探开发推至国家行为层面，对于中国页岩气发展来说，这场国内科技界以探索前沿科学为目标的高层会议的召开无疑具有划时代意义。

页岩气的成功开发，主要基于两项关键工程技术：水平井钻井技术和水力压裂技术。中国力学界对参与页岩气的开发工作，特别是水力压裂，有一种特别的责任感和亲近感，普遍认为在这一领域内力学界可以大有作为。例如：力学可以提供基于观测数据的、描述含随机分布的天然裂纹的页岩力学性质的统计模型；提供包括射孔弹作用在内的静态与动态裂纹裂开与压裂液跟进的全程模拟计算，其真实性可通过现场微地震测量加以验证；提供包括吸附气释放在内的渗流模型，其可靠性可通过产气量测量加以验证。另外，对页岩的力学性质，特别是对其断裂行为认识甚少，亟需加强研究。建议在地质、地球化学和力学领域三方面合作，共同研究页岩气形成的历史过程，探讨成熟度、储量、天然裂纹的形成机理、地震和构造运动的作用以及可采量等，并以此为契机，形成多学科的长期合作。

水力压裂固然有效，但耗水量很大并带来不少环境问题，这正是当前引发争论的问题。中国是一个水资源缺乏的国家，必须要问这种在国外形成的技术在中国是否具有可持续发展的前景。

未雨绸缪，及早着手研究其他可供选择的方案。世界已进入遥控机器人、无人地下工厂和绿色生产的时代，在钻岩和破岩技术方面也有其他技术可供参考，如何组织有望达成这个目标的多学科研究队伍，给予稳定和持续的政策与经费支持，是摆在我们面前的重要任务。

2014年12月10—11日第517次香山科学会议在北京召开，其主要目的旨在倡导和发展钱学森工程科学，充分发挥工程科学家的作用，明确中国页岩气开发研究的方向和技术路线；探讨页岩气开发主体学科与工程技术瓶颈，促进学科交叉，集中优势资源，开展页岩气开发基础理论研究、页岩气开发技术瓶颈与基础理论研究成果交流，缩短基础研究成果与技术开发的进程。加快微观破裂机理、宏观本构关系、致密介质中的渗流理论、工程尺度数值模拟、监测新方法等成果转化为页岩气开发技术的理论依据的进程。

香山科学会议专题报道了第 517 次香山科学会议报告中的一部分成果，集中在页岩气开发中的力学问题方面的讨论，主要包括页岩气开发中页岩体的破坏与本构关系、渗流理论与方法、破裂理论研究方向以及钱学森关于工程科学思想的讨论。

《页岩气储层改造的体破裂理论与技术构想》（谢和平等，2016）简要阐述了中国页岩气储层压裂改造面临的难题和挑战，提出了储层改造的体破裂力学理论的框架与技术构想，分析了实现体破裂技术有待研究的关键科学问题和技术难点。

《页岩气开发中的几个关键现代力学问题》（李世海等，2016）将钱学森介绍的现代力学概念赋予了新的内涵，概括了新时期下现代力学的研究主体、研究方法和主要研究方向，探讨了页岩气开发中的几个关键现代力学问题，并阐述了借助现代力学打破水力压裂技术局限、探索新技术方案的思路。

《页岩气开发机理和关键问题》（张东晓等，2016）总结了页岩气开采中纳米级孔隙微观流动、流—固耦合、裂缝模型刻画等机理问题及其研究进展，分析了页岩储层实验测试、数值模拟和开发环境风险等关键问题，讨论未来的研究方向和热点，为页岩气开发提供参考。

《页岩水力压裂的关键力学问题》（庄茁等，2016）针对页岩气开采中的关键力学问题，阐述理论、计算和实验的研究进展及技术难点，包括：水力压裂大型物理实验模拟平台、考虑时间相关性的各向异性本构、流场压力创造缝网的有限元模型和裂缝簇稳定扩展的力学条件。

《低渗透非均质砂砾岩的三维重构与水压致裂模拟》（鞠杨等，2016）运用 CT 成像和 X 射线衍射等方法，构建了非均质砂砾岩的三维重构模型，采用数值模拟和物理模型实验，分析了不同地应力水平下砂砾岩压裂裂缝在三维空间中的起裂和扩展行为。通过与均质砂岩结果的对比，探讨了水平应力比变化和砾石颗粒对低渗透砂砾岩三维压裂裂缝的起裂、扩展和展布规律的影响。

《页岩气组分模型产能预测及压裂优化》（卢德唐等，2016）以非结构 PEBI 网格描述多段压裂水平井，组分模型描述复杂流动机理，通过数值模拟进行吸附、滑脱效应、组分比例和裂缝对产能影响研究，重点对我国某页岩气藏水平井压裂优化设计进行了研究。

第三节　中国页岩气资源调查评价

2009—2011 年，国土资源部组织实施的全国页岩气资源调查评价和勘查示范专项项目，按照页岩气地质理论和评价方法研究、页岩气资源调查评价（包括潜力评价、重点远景区调查评价、重点有利目标区调查评价）和勘查示范三个方面统筹部署和开展。

一、川、渝、黔、鄂页岩气资源战略调查先导试验区建设

国土资源部在全国页岩气资源调查评价和勘查示范专项项目中，开展了川、渝、黔、鄂页岩气战略调查先导试验区工作，获取了页岩气资源潜力调查评价关键参数，建立了页岩气资源评价方法体系及有利区优选标准，完成了全国页岩气资源潜力评价及有利区优选。

2010 年，国土资源部设立"川渝黔鄂页岩气资源战略调查先导试验区"，在以海相地层为主的上扬子地区，包括四川省（川）、重庆市（渝）、贵州省（黔）和湖北省（鄂）的部分地区，面积约 $20 \times 10^4 km^2$，进行页岩气资源战略调查先导性试验。根据中国页岩分布和页岩气富集的地质条件，在全国范围内开展页岩气地质调查。充分利用已有的地质资料，有针对性地部署实物工作量，通过调查进一步查明中国页岩气基础地质背景和条件，

预测富含有机质页岩发育区，预测页岩气资源潜力与分布。同时，获取系统的资料数据，编制系列图件，建成页岩气地质调查数据资料集成系统，形成系列调查研究成果。

优选页岩气富集有利目标区和勘探开发区。重点选择中国南方海相页岩地层，特别是上扬子地区作为战略突破区，针对四川盆地及其周缘的下寒武统、下志留统和二叠系等页岩地层，开展页岩气地质和富集条件调查，力争率先实现重大突破。选择中国海陆交互相和湖相页岩地层，作为战略准备区，针对滇、黔、桂下扬子和华北海陆交互相、松辽盆地下白垩统、渤海湾盆地古近系、鄂尔多斯盆地上三叠统等湖相泥页岩地层，开展页岩气地质综合调查和资源前景分析，力争实现新发现。在川、渝、黔、鄂地区建立第一个页岩气资源战略调查先导试验区。力争 1～2 年取得突破，获得页岩气工业气流；2～5 年实现重大突破，提交一批页岩气富集有利目标区和勘探开发区，提交页岩气可采储量千亿立方米左右，形成中国首个页岩气大气区。同时，着力解决页岩气重大地质问题和关键技术方法，形成页岩气资源技术标准和规范。

南方海相页岩地层、北方湖相页岩地层和广泛分布的海陆交互相地层等将是今后页岩气勘探的主要领域。四川盆地、鄂尔多斯盆地、渤海湾盆地和松辽盆地等八大盆地页岩气富集条件优越，是未来页岩气勘探的主要对象，含油气盆地之外广泛分布的页岩也是重要的勘查目标。近期应以川南、川东南、黔北、渝东南、渝东北、川东、渝东鄂西为重点，加大勘探力度，加快勘探步伐，争取获得重大进展，提交页岩气储量，发现大气田。

2010 年，中国页岩气勘探开发刚起步初期，还不具备规模建产的资源基础，从勘探准备和可能提交储量区块情况分析，四川盆地及其周缘是近期页岩气勘探开发主阵地，将川、渝、黔、鄂页岩气资源战略调查先导试验区作为近期重要的勘探开发阵地；鄂尔多斯盆地、渤海湾盆地、松辽盆地等现有含油气盆地和盆地外广泛分布的页岩区作为第二梯次勘探开发阵地，作为接替资源进行评价调查。对主阵地应做好探明储量开发评价和建产目标区优选、建产方案编制研究工作，力争 2020 年实现页岩气产能 $150 \times 10^8 \sim 300 \times 10^8 m^3/a$。

在分析中国页岩气地质理论研究现状的基础上，开展页岩发育和页岩气形成条件、富集类型研究，重点研究中国页岩气富集模式及特点，系统研究中国页岩气资源分布规律、资源潜力和评价方法与参数体系等。通过近些年的不断探索，中国页岩气基础地质理论研究取得了一定进展。当然，严格地说，针对中国地质特点的页岩气地质理论和认识处在探索中，尚未形成体系。未来几年，还将结合目前已经起步的页岩气基础地质、勘探开发理论研究，尽快启动钻井、完井地质等方面的研究，可望在不远的将来，构建适合于中国地质条件、且对中国页岩气资源战略调查和勘探开发具有指导意义的、较为完整的中国页岩气地质理论体系。

全力推进页岩气勘探开发技术创新。完善和创新页岩气地质、地球物理、地球化学、钻探完井和压裂等技术方法，形成多学科、多手段的综合勘探技术方法体系，确保勘探目标的落实和顺利完成。针对页岩气特点，引进、吸收、提高、创新页岩气储层评价技术、射孔优化技术、水平井技术和压裂技术，逐步形成一批适合中国页岩气地质特点的自主创新关键技术。确定中国页岩气勘探开发技术攻关方向和重点，瞄准国际先进或领先水平，强化科技攻关，建立页岩气勘探开发关键技术、核心技术、重大先导试验、推广技术、引进技术等分层次的技术研发与应用保障体系。积聚力量，攻克难关，逐步由技术引进为主向自主创新为主转变，推进原始创新，力争跨越关键技术和核心技术门槛，提高页岩气勘探开发技术水平和市场竞争力。规范页岩气地质资料采集与汇交。依法开展页岩气原始地质资料和实物地质资料的汇交，严格规范新形成的页岩气地质资料的汇交工作。建立页岩气地质资料数据采集、加工、处理和存储机制，推进页岩气地质资料的数字化，实现页岩气地质资料数据的统一、协调和规范管理。建设页岩气地质资料信息共享和社会化服务体系。建立健全页岩气地质资料数据管理和服务工作新机制，形成完善的页岩气地质资料汇交、交换和服务等相关技术标准体系。依法强化对页岩气地质资料的管理和公共服务。建立页岩气地质资料管理与社会化服务体系，提高页岩气地质资料社会化利用效益，为政府资源管理和企业及社会提供服务。

加强人才培养，择优选拔具有实际工作经验、组织管理能力和业务能力较强的中青年专家担任项目负责人，通过页岩气资源战略调查和勘探开发，在全国培养一批领军人才和业务骨干。建立页岩气资源战略调查多学科交叉的科技创新团队，在全国逐步形成众多的页岩气战略调查和勘探开发队伍。开展页岩气资源战略调查和勘探开发业务培训。采取多种形式，开展页岩气地质理论和技术交流，提高理论技术水平和业务能力。依托页岩气资源战略调查项目和勘探开发工程，积极开展形式多样的页岩气技术和业务培训。

在认真分析世界页岩气勘探开发的态势和中国页岩气发展现状的基础上，科学评价和分析中国页岩气资源潜力，进行页岩气探明储量趋势预测研究，对中国页岩气资源战略调查和勘探开发目标、重点和发展阶段作出科学预测及合理预测及合理规划，明确发展定位，编制中国页岩气资源战略调查和勘探开发中长期发展规划。

在对美国和加拿大两国页岩气发展中给予的优惠政策进行专题研究的基础上，结合中国实际情况，参照煤层气勘探开发优惠政策，编制页岩气勘探开发优惠政策。国家财政加大对页岩气资源战略调查的投入，鼓励社会资金投入页岩气资源战略调查；减免页岩气探矿权和采矿权使用费；对页岩气开采企业增值税实行先征后退政策，企业所得税实行优惠；页岩气勘探开发关键设备免征进口环节增值税和关税；对页岩气开采给予定额补贴；对关键技术研发和推广应用给予优惠等，积极引导和推动页岩气产业化、规模化发展。

加快制定页岩气相关技术标准和规范。加强政府引导，依托页岩气资源战略调查重大项目和勘探开发先导试验区的实施，加快页岩气资源战略调查和勘探开发相关技术标准和规范体系建设，促进信息资料共享和规范管理。同时，加强知识产权保护，积极参与页岩气国际标准制定。

二、全国页岩气资源潜力评价及有利区优选

2009 年 11 月 15 日，美国奥巴马总统首次访问中国，中美签署了《中美关于在页岩气领域开展合作的谅解备忘录》，把中国页岩气基础研究的迫切性上升到了国家层面。2010 年 5 月 30 日，中美在 2009 年备忘录的基础上，进一步签署了《美国国务院和中国国家能源局关于中美页岩气资源工作行动计划》，商定运用美方在开发非常规天然气方面的经验，在符合中国有关法律法规的前提下，就页岩气资源评价、勘探开发技术及相关政策等方面开展合作，以促进中国页岩气资源开发。中美宣布第 5 次中美能源政策对话和第 10 届中美油气工业论坛将于 2010 年 9 月在美国召开。此次油气论坛的议程将以开发页岩气为主，包括到美国页岩气田参观调研。国土资源部油气资源战略研究中心是中国具体从事油气资源战略政策研究、规划布局、选区调查、资源评价以及油气资源管理、监督、保护和合理利用等基础建设、支撑工作的部门，2009 年起致力于页岩气的勘探开发研究工作，组织有关石油企业、高校及相关科研力量进行资源调查与资源前景评价，解决勘探开发的基础性、战略性问题，开展了先行性的资源调查研究、资源调查示范推广。2010—2011 年，国土资源部油气资源战略研究中心从川渝鄂、苏浙皖及中国北方部分地区共 $40 \times 10^4 km^2$ 范围内开展调查、勘查示范研究，在全国部署页岩气资源潜力调查，开展勘查基本理论、方法和产业政策研究，力争在 2012 年初拿出初步评估成果，为页岩气勘探开发规划、政策制定、矿业权招标出让、资源勘查提供基本依据。同时，按照国土资源部"调查先行，规划调控，招标出让，多元投入，加快突破"的找矿机制，国土资源部油气资源战略研究中心还积极开展相关政策、矿业权招标出让研究，促进页岩气资源的勘探开发。中国地质大学（北京）、中国石油大学（北京）等高校作为较早参与页岩气资源调查与研究的高校，

先后参加了全国油气资源战略选区调查与评价等国家专项、国家自然科学基金项目以及国家科技重大项目等中的研究任务，在基础理论创新研究上取得了一定成果。

2012年3月2日，国土资源部发布了全国页岩气资源评估报告。这次评价和优选，将中国陆域划分为"上扬子及滇黔桂区、中下扬子及东南区、华北及东北区、西北区、青藏区"5大区，范围涵盖了41个盆地和地区、87个评价单元、57套含气页岩层段。初步评价认为，中国陆域（不含青藏区）页岩气地质资源潜力为 $134.42 \times 10^{12} m^3$、可采资源潜力为 $25.08 \times 10^{12} m^3$。其中，已获工业气流或有页岩气发现的评价单元面积约 $88 \times 10^4 km^2$、地质资源量为 $93.01 \times 10^{12} m^3$、可采资源量为 $15.95 \times 10^{12} m^3$。该评价结果第一次系统阐述了中国页岩气资源潜力，意义重大。

三、贵州省和重庆市等省市级页岩气资源调查评价

国土资源部于2012年公布的《全国页岩气资源潜力评价》结果表明，贵州省页岩气地质资源量为 $10.48 \times 10^8 m^3$，占全国的12.79%，在全国排名仅次于四川省、新疆维吾尔自治区和重庆市。2012—2013年，由贵州省国土资源厅立项，率先在全国启动了贵州省页岩气资源勘探调查评价，按照"黔北突破、带动两翼、兼顾黔南"的战略思路，投资1.5亿元，实施了资源调查井26口，开展了二维电法、音频大地电磁测深等部分物探工作。由省财政出资对全省范围内的页岩气资源调查评价，这一做法对全国页岩气资源调查、勘探和开发具有示范意义。

初步评价认为，贵州省页岩气层位为可能有震旦系、下古生界（寒武系、志留系）、上古生界（泥盆系、石炭系、二叠系）、中生界等。根据贵州省区域地质背景及地质构造单元，全省具体划分为"黔北区、黔西北区、黔南区、黔西南区"4个工作区。页岩气资源调查的主要任务：地质构造特征、沉积特征、层系剖面特征、平面分布特征等；有机质页岩发育地质特征、

分布规律、页岩含气条件；页岩气资源评价和有利目标区优选，资源评价参数分析、资源评价、可能的"甜点"等。

经过一年多的调查评价，基本查明贵州省有利页岩层系 7 个，页岩气地质资源量 $13.54 \times 10^{12} m^3$、可采资源量 $1.95 \times 10^{12} m^3$。

黔北试验区位于贵州省北部，行政区域以遵义市为主，是国土资源部首批"全国页岩气战略调查先导实验区建设"重点战略调查区之一。区内共实施调查井 13 口（含调查评价井）、探井 4 口、参数井 1 口、压裂试气与排采井 1 口（丁页 2HF 井）。试验区除实施 19 口钻井外，仅开展了少量的地质调查、二维地震，目前勘查程度仍较低。

在黔北试验区内，第二轮中标区块有 4 个，自 2012 年以来，开展了少量地质调查、二维地震，实施钻井 7 口。总体上，4 个区块的勘查工程布置少、投入低，至 2015 年，累计投入资金 2.52 亿元。

其中，试验区北部正安—务川地区的页岩气调查评价，完成二维地震 121km，龙马溪组页岩钻井 1 口。2013 年，中国石化还在试验区北部綦江南区块习水丁山钻探了以龙马溪组为目的层系的丁页 2HF 井（图 2-4），该井压裂测试，日产气 $7.72 \times 10^4 m^3$，试采稳定日产气

图 2-4 丁页 2HF 井压裂现场

$0.5 \times 10^4 \sim 1.5 \times 10^4 m^3$，累计产气 $1052 \times 10^4 m^3$。丁页 2HF 井是黔北试验区，也是贵州省龙马溪组获工业气流的首口页岩气井。

重庆市也于 2009 年率先启动了全国首个页岩气资源勘查项目，国土资源部将重庆市列为国家页岩气资源勘查先导区，拉开了页岩气勘探开发序幕。2012 年 11 月，中国石化在重庆市涪陵区焦石坝构造钻探的焦页 1HF 井在龙马溪组获得高产页岩气流，2013 年 9 月，国家能源局批准设立重庆市涪陵国家级页岩气示范区。2014 年 6 月，国土资源部、重庆市、中国石化联合设立重庆涪陵页岩气勘查开发示范基地。

重庆市页岩气资源调查评价初步估算重庆辖区页岩气地质资源量为 $12.75 \times 10^{12} m^3$、可采资源量 $2.05 \times 10^{12} m^3$，位居全国第三。页岩气有利区 29 个、目标区 5 个。

2010 年国土资源部设置的川、渝、黔、鄂页岩气资源战略调查先导试验区，重庆市的渝东南和渝东北两个区块被列入首批全国页岩气资源战略选区调查评价范围。2010 年 10 月，国家油气资源与探测重点实验室与重庆市地方政府合作成立了"重庆页岩气研究中心"。2013 年 3 月，中国国际页岩气勘探开发暨市场高峰论坛在重庆市召开，与会专家论证评估认为，中国陆域页岩气地质资源量达 $36 \times 10^{12} m^3$（不含青藏地区），其中重庆地区页岩气资源丰富。根据国土资源部油气中心的评价，重庆綦江、武隆、彭水、秀山等区县是页岩气资源最丰富的地带。

至 2012 年底，重庆市页岩气资源调查评价项目累计完成 1：10 万页岩气路线地质调查 2376km，1：1000 地层剖面 104.29km，1：500 目的层剖面测量 33.20km，二维地震 726.8km，音频大地电磁和大地电磁测深 252km，钻井 18 口，黔页 1 井测试龙马溪组获瞬时流量 308m³/h。

重庆市页岩气勘探开发自 2009 年拉开序幕以来，到 2015 年底，吸引了中国石化和中国石油等 5 家企业先后完成了页岩气井近 200 口，在涪陵、彭水、綦江、梁平、永川、酉阳、黔江等区块具有不同程度页岩气流发现，其中涪陵、彭水、綦江、永川投产页岩气井 94 口，日产能力突破

$600 \times 10^4 m^3$，建成产能 $25 \times 10^8 m^3/a$，初步形成了规模化、商业化生产格局。按照规划，重庆市页岩气产业实施"勘探开发、管网建设和综合利用"纵向一体化战略，装备制造与纵向产业链各环节配套，推进横向一体化战略，实现页岩气全产业链集群式发展，打造国家级页岩气开发利用综合示范区。

2012 年后，涪陵页岩气田的发现，使重庆一举成为中国页岩气勘探开发"主战场"之一，编制的页岩气产业发展规划预计到 2020 年建成页岩气产能 $300 \times 10^8 m^3/a$，产量有望达到 $200 \times 10^8 m^3$，并在勘探开发、管网建设、装备制造、综合利用全产业链上形成产值上千亿元。

重庆涪陵页岩气田是中国首个大型的商业化勘探开发的页岩气田，主力产层为上奥陶统五峰组—下志留系龙马溪组页岩，埋深小于 4000m 范围页岩气地质资源量约 $4800 \times 10^8 m^3$，规划一期建设 $50 \times 10^8 m^3/a$ 产能，二期建设 $50 \times 10^8 m^3/a$ 产能，累计建成 $100 \times 10^{12} m^3/a$ 产能。

第四节　中国页岩气勘探开发实现零突破

一、页岩气有利区 / 层评价优选

中国各地质历史时期富有机质页岩都很发育，古生界有海相、海陆过渡相页岩，中—新生界有海相、陆相页岩。不同时代页岩的发育和分布受塔里木、华北和华南三个板块的影响。海相富有机质页岩主要分布在南方、华北、塔里木三大克拉通区块；海陆过渡相富有机质页岩主要分布在南方二叠系、华北石炭系—二叠系、河西走廊和新疆地区石炭系—二叠系；陆相富有机质页岩主要分布在松辽盆地、渤海湾盆地、鄂尔多斯盆地、准噶尔盆地、吐哈盆地、四川盆地等六大含油气盆地。中国海相富有机页岩地质特征与美国产气页岩有类似性，其含气性在四川盆地得到证实。针对页

岩气形成富集机理和中国地质特点，以页岩气地质资源和可采资源条件为依据，在统计分析中国页岩气相关参数的基础上，提出了中国页岩气有利选区方法和选区标准，分别优选了适合于现阶段勘探的海相、海陆过渡相和陆相页岩气有利区带。

（一）全国页岩气资源量分布

2013—2015 年，国土资源部油气战略中心根据 2010 年以来勘探开发成果和研究取得的认识，对中国页岩气资源进行动态评价。结果认为，中国页岩气资源主要分布在元古界的震旦系，下古生界的寒武系、奥陶系、志留系，上古生界的泥盆系、石炭系、二叠系，中生界的三叠系、侏罗系、白垩系和新生界的古近系（表 2-4，图 2-5）。其中，元古界地质资源量 $2.97 \times 10^{12}m^3$，占全国总量的 2.44%，可采资源量 $0.59 \times 10^{12}m^3$，占全国总量的 2.71%；下古生界地质资源量 $62.28 \times 10^{12}m^3$，占全国总量的 51.11%，可采资源量 $12.22 \times 10^{12}m^3$，占全国总量的 56.03%；上古生界地质资源量 $33.29 \times 10^{12}m^3$，占全国总量的 27.32%，可采资源量 $5.31 \times 10^{12}m^3$，占全国总量的 24.35%；中生界地质资源量 $22.36 \times 10^{12}m^3$，占全国总量的 18.35%，可采资源量 $3.52 \times 10^{12}m^3$，占全国总量的 16.14%；新生界地质资源量 $0.95 \times 10^{12}m^3$，占全国总量的 0.78%，可采资源量 $0.17 \times 10^{12}m^3$，占全国总量的 0.78%。

（二）全国页岩气资源有利区划分

按资源评价结果，依据中国页岩气勘探阶段特征、有利区地质条件和工作程度，把页岩气资源有利区归为 Ⅰ 类、Ⅱ 类和 Ⅲ 类三个等级。

Ⅰ 类有利区：为地质条件优越，已获工业页岩气流的区域。

Ⅱ 类有利区：为地质条件好，钻井、录井或岩心解析，发现丰富页岩气显示或钻井已获页岩气流的区域。

Ⅲ 类有利区：为地质条件有利，根据地质、地球化学、地球物理等资料综合评价，预测可能会有页岩气存在的区域。

表 2-4 全国页岩气资源量层系分布统计表

层系			资源量	不同概率分布下的资源量（$10^{12}m^3$）		
				P25	P50	P75
新生界	古近系		地质资源量	1.29	0.95	0.73
			可采资源量	0.23	0.17	0.13
中生界	白垩系		地质资源量	2.52	2.06	1.65
			可采资源量	0.44	0.34	0.26
	侏罗系		地质资源量	11.69	8.29	6.35
			可采资源量	1.94	1.40	1.06
	三叠系		地质资源量	22.37	12.01	7.89
			可采资源量	3.26	1.78	1.16
上古生界	二叠系		地质资源量	44.29	28.28	19.69
			可采资源量	7.02	4.46	3.04
	石炭系		地质资源量	6.51	4.52	3.46
			可采资源量	1.06	0.77	0.59
	泥盆系		地质资源量	0.64	0.49	0.39
			可采资源量	0.11	0.08	0.06
下古生界	志留系		地质资源量	52.66	37.41	26.45
			可采资源量	10.64	7.56	5.33
	奥陶系		地质资源量	1.83	1.36	0.90
			可采资源量	0.34	0.26	0.17
	寒武系		地质资源量	29.98	23.51	18.48
			可采资源量	5.61	4.40	3.45
元古界	震旦系		地质资源量	3.80	2.97	2.16
			可采资源量	0.76	0.59	0.43
合计			地质资源量	177.58	121.85	88.15
			可采资源量	31.41	21.81	15.68

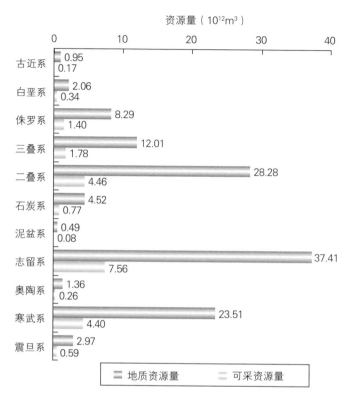

图2-5　全国页岩气资源量层系分布图（P50）

　　针对页岩气地质及勘探开发特点，对有利区评价优选参数的相关性开展分析。结合有利区评价模板，从页岩气资源富集、资源品质等方面，考虑页岩生烃、页岩气赋存、页岩气资源可采等三个关键因素，优选影响页岩气富集、体现页岩气资源价值的有效参数组合，结合勘探程度、地质认识程度的不同，建立页岩气有利区评价优选参数指标体系和标准（表2-5）。

　　具体评价时，根据评价单元页岩参数，如深度、面积、TOC、成熟度、孔隙度、脆性物质含量、资源规模等，依照参数标准的概率取值、赋值，计算评价单元的页岩气富集概率及资源价值，将计算结果进行分类，并结合相关专家意见，划分成Ⅰ类、Ⅱ类和Ⅲ类页岩气有利区。

表2-5 中国页岩气有利区评价优选参数与标准表

参数		I类	II类	III类
黑色页岩系统厚度（m）		>50	30～50	<30
富有机页岩厚度（m）		>30	20～30	<20
地化指标	TOC（%）	>3	2～3	<2
	R_o（%）	1.1～3	3～4	>4
	有机质类型	I～II$_1$	II$_2$	III
储层指标	脆性矿物含量（%）	>55	35～55	<35
	孔隙类型	基质孔隙和裂缝	基质孔隙为主，少量裂缝	基质孔隙
	孔隙度（%）	>4	2～4	<2
	裂缝孔隙度（%）	>0.5	0.1～0.5	<0.1
	含气量（m^3/t）	>3	1.5～3	<1.5
构造与保存条件		稳定区，存在区域盖层，无通天断层	较稳定区，区域盖层部分剥蚀，通天断层不发育	改造区，页岩地层出露，通天断层发育
压力系数		>1.4	1.2～1.4	<1.2
电阻率（Ω·m）		>20	2～20	<2
埋深（m）		1500～3500	500～1500 或 3500～4500	<500 或 3500～4500
地表		平原，丘陵	山间平坝	高山深谷区湖泊，沼泽
管网		区内有管网	距离管网较近	距离管网远

中国海相页岩气有利区评价，取决于5项关键指标：一是有机质含量大于2%、有机质成熟度大于1.1%、地层超压可保证页岩中有足够含气量；二是脆性矿物含量大于40%、黏土矿物含量小于30%，具有

低水敏性，可保证容易压裂形成缝网系统；三是有效孔隙度大于 2%、孔喉直径大于 5nm，渗透率大于 100nD，可保证有足够储集空间及可流动性；四是构造较稳定、保存条件有利，页岩地层具有异常超压，含气页岩厚度大于 30m、埋藏深度 1500 ~ 3500m、面积大于 50km²，保障有足够资源实现工业开采，具有管网设施可保证能进行工业化作业；五是地表条件相对好、水资源较丰富，保证页岩气开采能够实现经济效益。

按国土资源部 2015 年页岩气资源评价结果，I 类页岩气有利区地质资源量 $27.25 \times 10^{12} m^3$，占全国总量的 22.4%，可采资源量 $5.50 \times 10^{12} m^3$，占全国总量的 25.2%；II 类页岩气有利区地质资源量 $35.29 \times 10^{12} m^3$，占全国总量的 29%，可采资源量 $5.40 \times 10^{12} m^3$，占全国总量的 25%；III 类页岩气有利区地质资源量 $59.31 \times 10^{12} m^3$，占全国总量的 49%，可采资源量 $10.91 \times 10^{12} m^3$，占全国总量的 50%（图 2-6）。

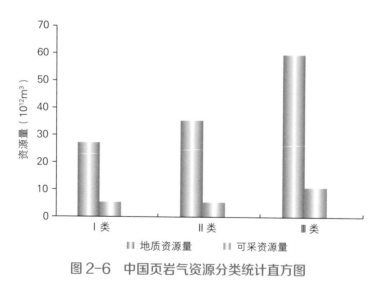

图 2-6 中国页岩气资源分类统计直方图

全国 I 类页岩气有利区资源统计表见表 2-6。

表2-6　全国I类页岩气有利区资源统计表

层系	有利区块	地质资源量 （$10^8 m^3$）	可采资源量 （$10^8 m^3$）
寒武系	井研—犍为九老洞组	5025.48	804.08
志留系	涪陵五峰组—龙马溪组	19469.82	4671.2
	荣昌—永川五峰组—龙马溪组	728.19	124.52
	威远—荣县五峰组—龙马溪组	465.56	60.52
	赤水五峰组—龙马溪组	2136.46	326.88
	綦江南五峰组—龙马溪组	6681.73	1465.84
	彭水五峰组—龙马溪组	10230.85	2557.71
	五指山五峰组—龙马溪组	1049.56	229.71
	綦江五峰组—龙马溪组	416.91	94.3
	美姑东部五峰组—龙马溪组	7809.47	1709.14
	南川向斜五峰组—龙马溪组	2785.81	529.3
	金山向斜五峰组—龙马溪组	1284.43	244.03
	长宁五峰组—龙马溪组	17412.5	3482.5
	威远五峰组—龙马溪组	10992	2198.4
	富顺—永川五峰组—龙马溪组	72517.5	14503.5
	内江—大足五峰组—龙马溪组	18995	3799
	璧山—江津五峰组—龙马溪组	27600	5520
	丰都五峰组—龙马溪组	2548	509.6
三叠系	延长地区延长组	14470.9	2604.7
	绵阳—绵竹须五段	8611.28	1550.68
	温江—中江须五段	18615.37	3313.07
侏罗系	涪陵大安寨段	5355.23	1191.89
	元坝—通南巴千二段	8727.75	1699.95
	涪陵大安寨段	5355.23	1191.89
合计		269285.03	54382.41

二、页岩气发现和产量零的突破

（一）四川盆地海相页岩气勘探发现和产量突破

在我国，中国石油率先针对四川盆地及其周缘的下寒武统、上奥陶统—下志留统海相页岩开展页岩气地质研究和勘探钻井评价。2009年，在四川盆地威远构造钻探了中国第一口页岩气工业评价井——威201井。2010年8月完钻、压裂试气、成功采气。威201井是中国第一口页岩气生产井，页岩气产层为龙马溪组和筇竹寺组。威201井第一次实现了中国页岩气勘探发现和页岩气生产产量零的突破。

2010年底，中国石油与壳牌公司合作的中国首个页岩气合作项目——"富顺—永川区块页岩气项目"完钻页岩气评价井4口，阳101井井深3577m，经压裂测试，龙马溪组获得日产页岩气$5.8 \times 10^4 m^3$，进一步证实中国页岩气勘探开发具有良好前景。

（二）海陆过渡相—陆相页岩气勘探发现和产量突破

在中国石油探索、评价海相页岩气的同时，中国石化对页岩气的探索始于陆相页岩。2010年，在南阳油田泌阳凹陷钻探的泌页1井，在古近系核桃园组页岩段发现良好页岩油显示，2011年2月17日压裂后日产油76m³。2010年，在建南气田钻探的建111井在下侏罗统自流井组东岳庙页岩段压裂测试，获日产气$1.1 \times 10^4 m^3$。贵州黄平区块钻探的黄页1井在下寒武统九门冲组钻遇黑色页岩150m，见到了良好气测显示。2011年12月，湖南湘中凹陷钻探的湘页1井二叠系龙潭组获日产气2300m。

陕西延长石油对中国页岩气的地质研究和勘探评价，以鄂尔多斯盆地三叠系延长组陆相页岩气为重点，2011年在该盆地东南部下寺湾地区钻探了柳评177井、柳评179井和新57井等多口井（图2-7）。2011年4月，经压裂测试，在三叠系延长组长7页岩段获日产气流1530~4000m³。

2012年1月，陕西延长石油在鄂尔多斯盆地三叠系延长组长7页岩段钻探的第一口页岩气水平井——延页平1井完钻，水平段长605m（图2-8），分7段压裂，最高日产页岩气9785m³。延页平1井成功后，在该平台相继完钻、压裂了 2 口水平井——延页平 2 井和延页平 3 井。延页平 2 井井深 2756m，水平段长 1050m。延页平 3 井井深 3275m，水平段长 1200m。两口水平井分段压裂测试，日产页岩气 $1.5 \times 10^4 \sim 2.5 \times 10^4 m^3$。

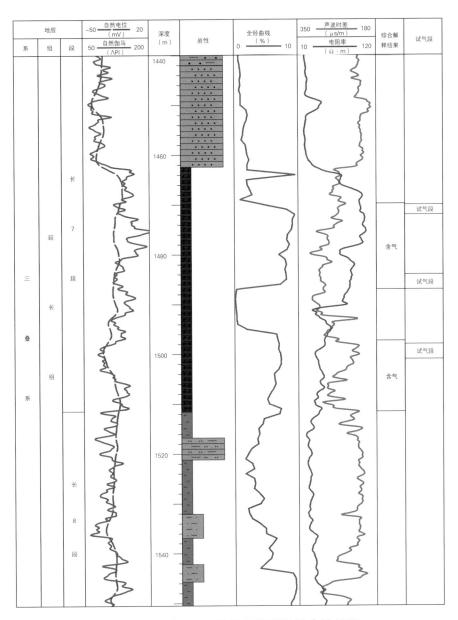

图 2-7 柳评 177 井长 7 页岩段综合柱状图

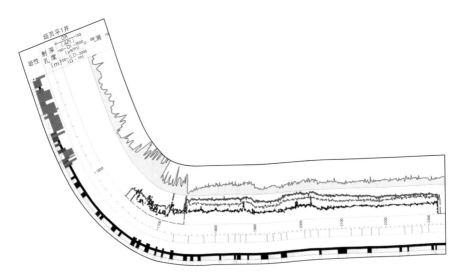

图 2-8　鄂尔多斯盆地延长组延页平 1 井钻井轨迹剖面图

　　2017 年，陕西延长石油基于对上古生界页岩储层甜点识别与评价成果，钻探了云页平 3 井，井深 3715.00m，水平段长 1000m（图 2-9），在二叠系山西组山 1 段见气显示 477m/17 层，气测全烃最高达 29%。2018 年，采用自主研发的超临界 CO_2 混合体积气体压裂工艺对 1000m 水平井段分 10 段压裂，测试日产气 $5.3 \times 10^4 m^3$。

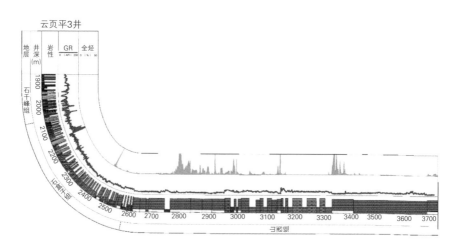

图 2-9　鄂尔多斯盆地二叠系云页平 3 井钻井轨迹图

三、高产页岩气井和落实建产区

至 2011 年底，全国累计钻探页岩气井 45 口，主要为中国石油和中国石化所钻。2011 年，中国第一口页岩气水平井先导试验井——威 201-H1 井在威远构造威 201 井区钻探成功，分段压裂试气获日产气 $1.31 \times 10^4 m^3$。2012 年 4 月，中国石油在长宁区块钻探的水平井—— 宁 201-H1 分段压裂测试，地层压力系数大于 2.0，日产气 $15 \times 10^4 m^3$ 以上，实现了页岩气单井第一次高产。由此取得了地层压力系数高、就能获得单井高产页岩气的认识，成为指导页岩气井位部署、开发方案设计的重要认识。

2012 年 5 月，中国石化在位于四川盆地之外的湘鄂西隔槽式褶皱带桑柘坪向斜钻探的彭页 HF-1 井，经 12 段大型水力压裂获日产气 $2.5 \times 10^4 m^3$，实现了四川盆地外复杂构造区页岩气勘探的重要突破。

2012 年 11 月，中国石化在四川盆地川东隔挡式褶皱带焦石坝构造钻探的焦页 1HF 井（图 2-10）在上奥陶统五峰组—下志留统龙马溪组页岩段，分段压裂测试，获日产页岩气 $20.3 \times 10^4 m^3$，发现了涪陵页岩气田，进一步证实五峰组—龙马溪组具有高产页岩气井形成条件。2014 年 4 月，焦页 1HF 井被重庆市政府命名为"页岩气开发功勋井"，以往籍籍无名的焦石坝小镇从此因页岩气开发而一举名声大噪。

2013 年 3 月，中国石油在召开的页岩气勘探开发技术研讨会上，初步建立了中国页岩气勘探开发中页岩气区块要求的基本条件：埋深 1500 ~ 3000m（深度与产量、成本的关系），厚度 30m 以上（满足页岩气成藏基本条件及压裂改造条件），总有机质含量（TOC）大于 2%（不能小于 1.5%，越高越好），成熟度大于 1.1%（烃源岩成熟度高才能成气、低则为油），压力系数高（大于 1.2，越大越好），勘探开发的重点是寻找超压富气区，渗透率高（大于 100nD，越高越好，能高至毫达西或微达西级别最好），孔隙度高（总孔隙度大于 4%），资源丰度高（大于 $1 \times 10^8 m^3/km^2$ 以上）。

图 2-10　重庆涪陵页岩气田焦页 1HF 井照片

第五节　中国页岩气布局初见端倪

一、页岩气区块探矿权招标出让

为加快中国页岩气勘探开发，国土资源部对页岩气探矿权获取方式做了重大改革，采取公开招投标方式竞争取得。"十二五"期间，国土资源部于 2011 年 6 月进行的第一轮页岩气探矿权出让采用邀请招标方式，首批优选出了 4 个区块邀请了 6 家石油或煤层气国企投标，其中中国石化和河南省煤层气开发利用有限公司各中标一区块，其余两块被放弃。

2012 年 5 月，国土资源部再次启动了第二轮页岩气探矿权招标投标工作。2012 年 9 月，国土资源部在官方网站发布公告，面向社会各类投资主体公开招标出让页岩气探矿权。这次页岩气探矿权招标出让共优选出 20 个区块，总面积为 20002km²，分布在重庆市、贵州省、湖北省、湖南省、江西省、浙江省、安徽省、河南省等 8 个省（市）。2012 年 10 月，国土资源部在北京举行了 2012 年页岩气探矿权招标出让开标。83 家企业竞争 20 个页岩气区块的探矿权，除其中一个区块投标人不足规定的 3 家公司而流标外，其余 19 个区块全部得到招标出让。2012 年 12 月，国土资源部向社会公示了 2012 年页岩气探矿权出让招标各区块前三名中标候选企业。19 个中标区块中，2 个区块由民营企业中标，17 个区块由国有企业中标。两家民营企业——华瀛山西能源投资有限公司和北京泰坦通源天然气资源技术有限公司分别中标贵州凤冈页岩气二区块和凤冈页岩气三区块。中煤地质总公司、华电煤业集团有限公司、神华地质勘查有限责任公司、国家开发投资公司等国有企业及重庆市能源投资集团公司、铜仁市能源投资有限公司等地方投资能源集团中标了其余 17 个区块的探矿权。

经过几年的勘探开发实践，除中国地质调查局油气调查中心在贵州的安场构造、湖北宜昌的黄陵隆起有探井发现页岩气流外，在南方全部 21 个招标区块中，中标企业积极开展了页岩气勘探工作，较好地完成了地面地质勘探、地震勘探工程、地质调查井和参数井等实物工作量投入，在页岩气评价标准、页岩气富集规律及钻井压裂工程工艺体系等方面取得了重要认识和成果，但在四川盆地外的复杂构造区的页岩气勘探开发仍整体进展不大，只有临近四川盆地的贵州岑巩、湖南龙山和保靖、重庆黔江、河南中牟，以及湖北来凤、咸丰和鹤峰等区块钻井在页岩层段见到零星气显示。

根据中标企业三年勘探周期的数据显示，所有中标企业都没能够在承诺的投入期内完成勘查投入，没有能够在探矿权到期时取得实质性的收获。第二轮招标区块实施结果表明，南方复杂构造区页岩气藏形成条件，尤其是保存条件面临极大挑战。究其原因在于前期工作程度低，对勘探开发难度认识不足，中标企业无从下手。从地质条件看，除重庆外，湖南、湖北、江西等地都不是过去认为的天然气资源富集区。此外，中标企业无一例外地都是第一次涉足有关油气（页岩气）勘探开发，在油气（页岩气）勘探开发技术和经验的影响也不容忽视。南方复杂构造区页岩气勘探开发遭遇的地质和技术难题，制约了南方地区页岩气勘探工作的持续推进。

二、页岩气地质调查和勘探发现

2017 年 8 月，经过 200 余轮的竞买人叫价，中国页岩气探矿权拍卖全国"第一槌"在贵州敲响（图 2-11），贵州产投集团以 12.9 亿元的价格成功竞得贵州正安页岩气勘查区块探矿权（含已钻探的安页 1 井）。这是

图 2-11 正安县安场镇（含安页 1 井）页岩气勘查
区块探矿权拍卖现场

国土资源部 2011 年和 2012 年两轮探矿权区块招标后，首宗以拍卖方式出让的页岩气勘查区块探矿权，是按照《中华人民共和国矿产资源法》和《中华人民共和国拍卖法》等有关法律、法规和有关规定，通过公开拍卖方式

确定贵州省正安页岩气勘查区块探矿权人。本次拍卖共有4家单位参加竞买，拍卖起始价为4236万元，探矿权设立期限为3年，从勘查许可证有效期开始之日起算。买受人在3年内完成勘查实施方案设计的工作量，达到"三年落实储量、实现规模开发"目标的，可申请延续，每次延续时间为2年，延续时须提交新的勘查实施方案，延续期间，最低勘查投入每年每平方千米不低于5万元。

2015年以来，为贯彻落实党中央关于保障国家能源安全、优化能源结构的要求，在中华人民共和国财政部（简称财政部）的大力支持下，在国土资源部的统一领导下，按照中国地质调查局统一部署，中国地质调查局油气调查中心以实现南方油气重大突破为目标，瞄准久攻未克的复杂地质构造区，优选贵州安场向斜页岩气有利区，联合贵州省国土资源厅、贵州黔能页岩气开发有限责任公司，实施了安页1井钻探，发现4个含油气层段，包括五峰组—龙马溪组页岩气（图2-12）。其中在石牛栏组致密泥晶灰岩、泥质灰岩及黑色的灰质泥岩、泥岩薄互层段，发现致密灰岩气

图2-12　安页1井测试照片

层两层，埋藏深度2105～2206m，测试初产气16.9×10⁴m³/d，稳定日产气10.22×10⁴m³，开辟了油气勘查的新区、新层系和新类型。

2017年3月，中国地质调查局武汉地质调查中心在湖北宜昌黄陵背斜东南斜坡钻探的下寒武统水井沱组页岩气参数井——鄂宜页1HF井（图2-13），井深2332m，水平段优质页岩穿行率90.2%。2017年

图 2-13 鄂宜页 1HF 井钻井井场照片

5 月，经压裂测试，在水井沱组获页岩气 $6.02 \times 10^4 m^3/d$、无阻流量 $12.38 \times 10^4 m^3/d$。

　　鄂宜页 1 井页岩气调查井的突破填补了中扬子地区寒武系油气勘探的空白，发现了寒武系水井沱组页岩气勘查开发新层系，对南方复杂构造区页岩气及油气勘探具有示范引导作用，实现了我国页岩气勘查从四川盆地向盆地外的拓展，对形成南方页岩气勘查开发新格局、支撑长江经济带战略发展和我国油气体制改革具有重要意义。一是开辟了长江中游页岩气勘查新区。首次在长江中游获得高产页岩气流，圈定 1200km² 有利区，预测资源量超 $5000 \times 10^8 m^3$，有望形成新的页岩气资源基地。打破了我国页岩气勘查开发均集中在四川盆地及周缘的局面，实现了从长江上游到中游的战略拓展。二是发现 5 套含气地层，在古老地层寒武系、震旦系获页岩气调查重大成果。首次在四川盆地外寒武系水井沱组钻获高产气流，证实该层系是页岩气勘探的又一主力地层；在距今约 6 亿年前的震旦系陡山沱组，发现迄今全球最古老的页岩气藏，拓展了新的勘查层系，具有巨大勘查开发潜力和重大科学意义。三是创新提出了古隆起边缘斜坡带页岩气成藏新模式。传统认为该地区古老地层生油生气早，历经多期改造难以成藏。经长期研究攻关，提出了"有利相带是基础，有机质含量是保障，基底隆升及演化是关键"的新模式，突破了传统认识，有效指导了勘查部署，丰富了页岩气成藏理论，具有重要的指导意义。四是自主研发了复杂地质条件下页岩气储层改造新技术。针对该区地层高钙低硅、低温、常压、水平应力差大，储层难以改造的特点，创新压裂液配方和改造模式，成功实现了页岩气运移通道的充分疏导，为获得高产气流提供了技术保障。

第六节　中国页岩气开发蓄势待发

一、政府高度重视页岩气勘探开发

中国政府多次做出重要批示和指示，将页岩气资源勘探与开发摆到了能源勘探开发重要位置。2009年11月，美国总统奥巴马访华，中美两国签署了《中美关于在页岩气领域开展合作的谅解备忘录》，此后，两国政府间一直持续开展的相关交流，促进了中国页岩气资源的调查、评价和开发工作。

2010年8月，国家能源页岩气研发（实验）中心落户中国石油勘探开发研究院，目的是加快推进中国页岩气资源的勘探开发。同时，在"十二五"国家"大型油气田及煤层气开发"科技重大专项中专门设立了"页岩气勘探开发关键技术"攻关项目，以突破页岩气勘探开发核心技术。在国民经济和社会发展"十二五"规划中也明确要求"推进页岩气等非常规油气资源开发利用",国土资源部相继出台了一系列措施以支持中国页岩气发展,简列如下:

(1)将页岩气确定为独立矿种(172号新矿种),鼓励多种投资主体进入页岩气勘查开发领域,并出台了价格、财税补贴及专项资金等政策,以促进页岩气行业快速发展。

页岩气勘探开发前,按照《中华人民共和国矿产资源法》规定,开采石油、天然气、放射性矿产等特定矿种,都需由国务院授权的有关主管部门审批,并颁发采矿许可证。目前的油气采矿许可证主要集中在中国石油、中国石化、中国海油等三大国有石油企业手中。

(2)开展页岩气探矿权招标出让,页岩气探矿权采用竞争方式招标取得。在页岩气区块评价优选基础上,2011年完成了第一批2个页岩气探矿权区块的招标出让,2012年完成了第二批19个页岩气探矿权招标出让。

(3)将页岩气纳入找矿突破战略行动主要矿种范围,由中华人民共和国国土资源部、发展与改革委员会、财政部和科学技术部共同编制,国务院批准的《找矿突破战略行动纲要(2011—2020年)》中,将页岩气作为重点能源矿产,进行重点部署,全面推进页岩气战略调查和重点地区的勘探开发。

(4)政府为页岩气勘探开发提供社会服务,有利于各企业加快页岩气勘探开发和地方政府掌握页岩气资源情况,为相关科研院所、高等院校和社会公众了解页岩气资源提供了基础资料和重要信息。

与此同时,天然气价格实现了改革破冰。国家发展和改革委员会发出通知,自2011年12月起,在广东省、广西壮族自治区开展天然气价格形成机制改革试点,我国天然气价改最终目标是放开天然气出厂价格,由市场竞争形成,政府只对具有自然垄断性质的天然气管道运输价格进行管理。对于页岩气、煤层气、煤制气三种非常规天然气的出厂价格实行市场调节,由供需双方协商确定，进入长途管道混合输送的，执行统一的门站价格。

（5）2012 年，财政部、国家能源局联合出台页岩气开发利用补贴政策，即 2012 年至 2015 年，中央财政按 0.4 元 /m³ 的标准对页岩气开采企业给予补贴；2015 年，财政部、国家能源局两部门明确"十三五"期间页岩气开发利用继续享受中央财政补贴，补贴标准调整为前 3 年 0.3 元 /m³、后 2 年 0.2 元 /m³。2013 年 10 月，国家能源局公布《页岩气产业政策》，将页岩气纳入国家战略新兴产业，对页岩气开采企业提供减免矿产资源补偿费、矿权使用费等激励政策。国家能源局印发的《页岩气发展规划（2016—2020 年）》提出，2020 年我国页岩气产量力争达到 $300 \times 10^8 m^3$，如果按照 2020 年天然气消费量预计达到 $3200 \times 10^8 m^3$ 来计算，2020 年页岩气产量将占消费量比例的 9.3%。

二、石油企业拉开商业开发序幕

除国家发展和改革委员会、能源局、国土资源部等有关部委外，各级地方政府、有关石油企业及非油气企业、勘查单位、高等院校、科研院所等，积极投身到我国页岩气资源勘探开发和研究中。至 2010 年底，中国石油、中国石化、中国海油等石油企业先后开展了页岩气勘探工作，以老井复查起步，实施页岩地质浅井 20 余口，实施页岩气探井直井 7 口，实施水平井 2 口。页岩气勘查工作在四川省和湖北省等地取得了良好的勘查效果，4 口探井获得了工业气流。

国内许多高校关注页岩气研究，相继成立了相关研究机构。中国地质大学（北京）成立了油气资源实验室和页岩气研究基地；中国石油大学（北京）成立了新能源研究所；长江大学成立了长江大学 Harding Shelton 页岩气研究中心，建立了专门的页岩气实验室；东北石油大学将非常规油气领域作为未来的重要发展方向；西安石油大学成立了石油天然气地质研究所；西南石油大学重点研究非常规气藏的开发技术（钻井技术）；北京大学与国外合作侧重于页岩气开发；西北大学和成都理工大学等院校都设立了页岩气研究组织，开展了大量相关工作。

国土资源部油气资源战略研究中心作为早期国家层面从事油气资源战略与政策研究、规划布局、选区调查、资源评价及油气资源管理、监督、保护和合理利用等基础建设、支撑工作的部门之一，2009 年以来致力于页岩气资源战略调查与评价研究，组织有关力量进行攻关，解决页岩气勘探开发的基础性、战略性问题，开展了先行性的资源调查研究、资源评价示范推广。2009—2010 年，国土资源部油气资源战略研究中心从在川渝鄂、苏浙皖及中国部分北方地区共 $40 \times 10^4 km^2$ 范围内开展页岩气资源调查、勘查示范研究。在示范研究的基础上，2011 年，国土资源部油气资源战略研究中心在全国部署页岩气资源潜力调查，开展勘查基本理论、方法和产业政策研究，2011 年底完成了全国页岩气资源初步评估，为页岩气勘探开发规划、政策制定、矿业权招标出让、资源勘查提供了基本依据。同时，按照国土资源部"调查先行，规划调控，招标出让，多元投入，加快突破"的找矿机制，国土资源部油气资源战略研究中心还积极开展相关政策、矿业权招标出让研究，推动了页岩气资源的勘探开发进程。

2013 年 12 月，中国石油与四川省联合成立了四川长宁天然气开发有限公司。2014 年 9 月，中国石化与重庆市联合成立涪陵页岩气开发公司。我国油气企业纷纷拉开了页岩气商业勘探开发序幕。

三、中国页岩气发展准备就绪

自 2008 年，中国石油钻探第一口页岩气地质评价井，2009 年国土资源部设立全国页岩气战略选区评价项目，2011 年国务院批准将页岩气设置为独立矿种，放开页岩气勘查开采市场，发布《关于加强页岩气勘查开采和监督管理有关工作的通知》，颁布《页岩气资源／储量计算与评价技术规范》，编制《页岩气发展规划（2011—2015 年）》，出台《页岩气产业政策》，明确"十三五"期间中央财政继续实施页岩气财政补贴政策，发布《页岩气发展规划（2016—2020 年）》，对"十三五"中国页岩气发展指明了方向和目标。

我国页岩气勘探工作起步较晚，科技工作者抓住时机、坚定前行、迎头赶上。通过赴美学习参观、交流与培训，对比中美页岩气地质条件，扎实开展我国页岩气地质调查评价，在较短时间里取得了长足进步，总结我国富有机质页岩类型、分布规律及页岩气富集特征，确定了页岩气主要领域及重点层系，创新使用页岩气勘探开发地球物理、钻完井、水平井压裂改造等技术，探索形成具有中国特色的页岩气勘探开发理论体系和技术系列，实现我国页岩气勘探开发的重大突破和迅速崛起。

第三章

破题与调控

中国页岩气新矿种的诞生和
调控政策出台

　　通过前期的评价，中国的页岩气资源丰富，也钻获了具有商业开发价值的页岩气井，展示了国内页岩气行业良好的发展前景。美国页岩气的发展得益于政府的支持、众多公司的参与，但中国能源行业的体制机制与美国完全不同，美国页岩气的发展模式是否适用于国内，我国政府如何出台配套的支持政策，都是急需解决的问题。

第一节 中国确立页岩气新矿种

一、页岩气新矿种论证申报和确立

在国土资源部的统一部署下，国土资源部油气资源战略研究中心在2004年与中国地质大学（北京）开始合作，跟踪美国页岩气发展动态。2005年至2007年，重点研究我国海相、海陆过渡相和陆相页岩的发育特征及其聚集地质条件。2008年在上扬子地区优选出页岩气富集远景区。2009年启动实施了"中国重点地区页岩气资源潜力及有利区优选"项目，钻探了国家财政出资的第一口页岩气调查井——渝页1井，获得页岩气发现。2010年设置了"川渝黔鄂页岩气资源战略调查先导试验区"，这些都为确立页岩气新矿种奠定了基础，开始进行页岩气新矿种申报的准备工作。

（一）阐明页岩气作为新矿种的基本依据

1. 页岩气成藏具有特殊性

页岩中的烃类气体有吸附、游离和溶解多种赋存状态；页岩储层发育有机质孔隙、岩石粒间、粒内孔隙和裂隙等多种类型；页岩储层基质渗透率一般为纳米级，渗透率极低；页岩气的分布主要受富有机质页岩层系分布的影响，具有区域性分布的特点。这些特征有别于常规油气和煤层气，为新类型天然气资源。

2. 页岩气开发的技术要求特殊

页岩气的开发高度依赖于技术进步，主要是页岩层系水平井钻完井技术和水平井分段压裂技术。水平井分段压裂技术的关键是实现页岩层系的体积压裂，这种压裂要求尽量在页岩层系中形成网状裂缝，增加泄气面积。这与常规油气储层改造中要求尽量造长缝的理念完全不同，具体压裂的技术细节差别较大。

3. 要求在高技术条件下实现低成本规模开发

页岩气的开发要求在高技术广泛应用的前提下大幅度降低成本。首先，通过水平井组方式开发，在一个井场实施6～10口水平井，集约用地，降低钻井、压裂和开采成本；其次，通过页岩气、页岩油等多类型资源综合开发，降低成本；再次，引进竞争机制，通过竞争降低成本。

（二）实施国家财政出资的页岩气调查井——渝页1井（李玉喜等，2012）

2009年，依托"中国重点地区页岩气资源潜力及有利区优选"项目，由国家财政出资，实施了渝页1井。该井位于七曜山背斜带郭厂坝背斜核部，地表出露地层为下古生界龙马溪组下段第6小段地层，岩性为灰色—黄绿色页岩，推测龙马溪组下段第2小层和第1小层富含有机质页岩埋深为80～100m，厚度在120m左右。该井从100m开始钻遇下志留统龙马溪组富有机质页岩层系，完钻井深325m（未穿），钻遇的富有机质页岩厚度远大于预测厚度。

该井获取岩心300m，通过岩心解析获取了页岩气气样（图3-1）。在9个气样中，7个气样的主要成分为甲烷、乙烷和一定数量的二氧化碳及氮气，在206.75～209.18m深度的样品中还发现了丙烷的存在。样品中甲烷含量一般变化于61%～88%，乙烷含量一般变化于5%～15%，丙烷含量一般变化于0～5%。渝页1井取得了页岩气发现。

通过对渝页1井岩心的等温吸附模拟（图3-2），研究了该层段富有机质页岩的吸附能力；经分析测试，获取了系统的页岩气资源潜力评价参数数据。该井数据揭示了中国南方台隆地区古生界页岩气的广阔前景，为在区域范围内进一步实施中国页岩气资源战略部署和勘查开发提供了重要基础，也为页岩气新矿种的确立提供了基本依据。

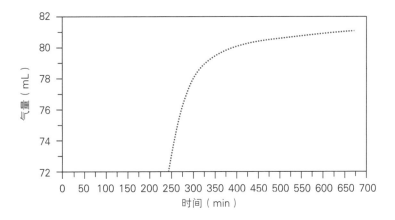

图 3-1　渝页 1 井 287.5m 岩心样品累积解吸气量

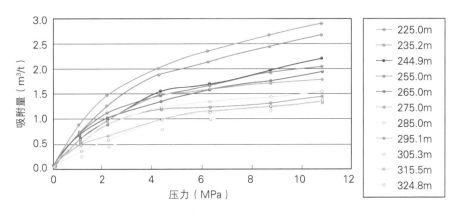

图 3-2　渝页 1 井 225.0 ～ 324.8m 页岩的甲烷等温吸附线

（三）申报页岩气新矿种获国务院批准

2011 年，由国土资源部油气资源战略研究中心牵头，联合中国地质大学（北京）、重庆市国土资源和房屋管理局、重庆市地质矿产研究院，以国土资源部油气资源战略研究中心在重庆市彭水县莲湖乡实施的第一口页岩气资源战略调查井——渝页 1 井页岩气发现为依据，在充分分析页岩气特点及其与常规天然气、煤层气区别的基础上，研究并形成了页岩气新矿种申报报告。2011 年 9 月 6 日，经 11 位院士专家论证后，国土资源部向国务院正式申报页岩气新矿种。

2011年12月3日，国土资源部发布2011年第30号公告："根据《中华人民共和国矿产资源法实施细则》的有关规定，经国务院批准，现将我国新发现的页岩气予以公告"，新发现矿种公告包括矿种名称、发现单位、发现时间、主要用途、产地名称、产地地理坐标等内容。至此，确立了页岩气新矿种的地位。

二、确立页岩气新矿种的意义（李玉喜等，2012）

将页岩气确定为新矿种不仅是为我国矿种增加了新成员，其最大意义还在于，为多种投资主体平等进入页岩气勘查开发领域创造了机会，符合国家利益和企业利益。确立页岩气的独立矿种地位，对油气和非油气企业，特别是资金实力雄厚的非油气企业从事页岩气勘查开发提供了相同的条件，对放开市场、引入竞争、科技攻关、促进勘查开发、提高清洁能源保障能力具有重要意义。

（一）有利于放开页岩气矿业权市场

确定页岩气为独立的新矿种，与常规天然气区分开来，开放页岩气矿业权市场，是油气领域的一项重大创新，其意义是空前的。有利于推进页岩气勘查开发投资主体多元化，鼓励国内具有资金、技术实力的多种投资主体进入页岩气勘查开发领域。同时，为国外企业以合资、合作等方式参与页岩气勘探开发，也为民营资本、中央和地方国有资本等以独资、参股、合作、提供专业服务等方式参与页岩气投资开发提供了平等、相同的机会，可以极大地激发市场的活力。

（二）有利于促进油气勘查理论创新和技术进步

确定页岩气为独立的新矿种，就要加大科技攻关力度，用无限的科技潜力改变有限的资源状况，通过加大科技攻关和对外合作，引进、消化、吸收先进技术，掌握页岩气勘查开发的核心技术，最终形成适合中国地质条件的页岩气地质调查与资源评价技术方法、页岩气勘查开发关键技术及配套装备。同时，有利于开拓其他非常规油气资源勘查开发技术的思路，并应用到其他非常规油气的勘探开发中，进而促进油气资源领域技术的全面进步。

（三）有利于推动油气资源管理制度创新

确定页岩气为独立的新矿种，就要加快页岩气矿业权管理制度的改革创新，这不仅是页岩气本身的问题，也是关系整个油气资源管理体制和能源供应安全的问题。以页岩气矿业权管理制度改革为切入点，先行先试，不断探索，总结成功经验，进而促进整个能源管理体制实现创新，最终实现导向变革，不仅可以促进页岩气自身的勘查开发，尽快落实储量，形成产能，还将对中国常规油气改革起到重要的先导示范作用。

（四）有利于增加清洁能源供给

确定页岩气为独立的新矿种，加大勘查开发力度，尽快实现产业化，可以促进改善能源结构，增加气体能源供给，缓解中国天然气供需矛盾，降低温室气体排放；也可以带动基础设施建设，改善页岩气产地基础设施建设，促进管网、液化天然气（LNG）、压缩天然气（CNG）的发展；同时，拉动钢铁、水泥、化工、装备制造、工程建设等相关行业和领域的发展，增加就业和税收，促进地方经济乃至国民经济的可持续发展。

第二节　编制页岩气发展规划

一、国家页岩气发展规划

（一）国家页岩气发展规划（2011—2015 年）

2012 年 3 月 16 日，国家发展和改革委员会、国土资源部、财政部、国家能源局共同发布了《页岩气发展规划（2011—2015 年）》。这是我国第一个页岩气发展规划，是指导我国"十二五"期间页岩气勘探开发的重要文件。《页岩气发展规划（2011—2015 年）》的发布实施是我国能源领域的一件大事，在油气资源领域具有里程碑意义。

1. 规划基础和背景

第一，阐述了发展基础。一是页岩气资源潜力。我国富有机质页岩分布广泛，资源潜力较大。据专家预测，页岩气可采资源量为 $25 \times 10^{12} \mathrm{m}^3$，超过常规天然气资源。二是页岩气发展现状。启动和实施了页岩气资源战略调查项目，初步摸清了我国部分有利区富有机质页岩分布，确定了主力层系，初步掌握了页岩气基本参数，建立了页岩气有利目标区优选标准，优选出一批页岩气富集有利区。经国务院批准，将页岩气作为独立矿种加强管理，明确了"调查先行、规划调控、竞争出让、合同管理、加快突破"的工作思路；编制了页岩气探矿权设置方案；引入了市场机制，创新了页岩气资源管理，开展了页岩气探矿权出让招标工作。我国页岩气勘探工作主要集中在四川盆地及其周缘、鄂尔多斯盆地。截至 2011 年底，我国石油企业开展了 15 口页岩气直井压裂试气，其中 9 口见气，初步掌握了页岩气直井压裂技术，证实了我国具有页岩气开发前景。完钻 2 口页岩气水平井威 201-H1 井和建页 HF-1 井。2009 年，与美国签署了《中美关于在页岩气领域开展合作的谅解备忘录》，就联合开展资源评估、技术合作和政策交流制订了工作计划。我国石油企业与壳牌公司签订富顺—永川联合评价协议。三是存在的主要矛盾和问题：（1）资源情况尚不清楚。我国具有页岩气大规模成藏的基本条件，但尚未系统开展全国范围内页岩气资源调查和评价，对资源总量和分布尚未完全掌握；（2）关键技术有待突破。页岩气勘探开发需要水平井分段压裂等专门技术，目前我国尚未完全掌握相关核心技术；（3）资源管理机制有待完善。页岩气作为一种非常规天然气资源，需研究制定资源勘探开发准入资质和门槛，以加快其发展；（4）地面建设条件较差。我国页岩气藏普遍埋藏较深，页岩气富集区地表地形复杂，人口密集，工程作业困难，经济性较差；（5）基础设施需要加强。页岩气资源富集区很多集中在中西部山区，管网建设难度大、成本高，不利于页岩气外输利用和下游市场开拓；（6）缺乏鼓励政策。页岩气开发具有初期投入高、产出周期长、投资回收慢的特点，需要制订页岩气开发的鼓励政策，加快页岩气产业化。

第二，阐述了发展形势。一是面临的机遇，包括：北美页岩气开发技术基本成熟，为我国发展页岩气提供了借鉴；天然气需求旺盛，为页岩气发展提供了良好的环境；天然气储运设施不断完善，有利于页岩气的规模开发。二是主要挑战，包括：落实资源基础任务重；突破关键技术尚需时日；大规模、多元化投资机制尚未形成。

2. 指导方针和目标

（1）指导思想。以邓小平理论和"三个代表"重要思想为指导，深入贯彻落实科学发展观。创新理念和方法，依靠政策支持、技术进步、体制创新，加大页岩气勘探开发力度，加快攻克页岩气勘探开发核心技术，尽快落实资源，形成规模产量，推动页岩气产业健康快速发展，缓解我国天然气供需矛盾，促进能源结构优化，提高我国天然气供给安全和能源保障能力，促进经济社会又好又快发展。

（2）基本原则。一是坚持科技创新；二是坚持体制机制创新；三是坚持常规与非常规结合；四是坚持自营与对外合作并举；五是坚持开发与生态保护并重。

（3）发展目标。

①总体目标。到2015年，基本完成全国页岩气资源潜力调查与评价，掌握页岩气资源潜力与分布，优选一批页岩气远景区和有利目标区，建成一批页岩气勘探开发区，初步实现规模化生产。页岩气勘探开发关键技术攻关取得重大突破，主要装备实现自主化生产，形成一系列国家级页岩气技术标准和规范，建立完善的页岩气产业政策体系，为"十三五"页岩气快速发展奠定坚实基础。

②具体规划目标。"十二五"期间实现以下规划目标：基本完成全国页岩气资源潜力调查与评价，初步掌握全国页岩气资源量及其分布，优选 30 ~ 50 个页岩气远景区和 50 ~ 80 个有利目标区；探明页岩气地质储量 $6000 \times 10^8 m^3$、可采储量 $2000 \times 10^8 m^3$。2015 年页岩气产量 $65 \times 10^8 m^3$；形成适合我国地质条件的页岩气地质调查与资源评价技术方法，页岩气勘探开发关键技术及配套装备；形成我国页岩气调查与评价、资源储量、试验分析与测试、勘探开发、环境保护等多个领域的技术标准和规范。

3. 重点任务

第一，页岩气资源潜力调查评价在全国油气资源战略选区专项中，设置"全国页岩气资源潜力调查评价及有利区优选"项目，将全国陆域划分为上扬子及滇黔桂、中下扬子及东南、华北及东北、西北和青藏 5 个大区，开展页岩气资源和潜力调查评价工作。

第二，科技攻关。一是页岩气资源评价技术；二是页岩气有利目标优选评价方法；三是页岩储层地球物理评价技术；四是页岩气水平井钻完井技术；五是页岩储层改造及提高单井产量技术；六是产能预测、井网优化与经济评价技术；七是编制页岩气勘探开发技术规范和储量标准；八是培育专业化技术服务公司。

第三，页岩气勘探开发布局。页岩气勘探开发以四川省、重庆市、贵州省、湖南省、湖北省、云南省、江西省、安徽省、江苏省、陕西省、河南省、辽宁省和新疆维吾尔自治区为重点，建设长宁、威远、昭通、富顺—永川、鄂西渝东、川西—阆中、川东北、安顺—凯里、济阳、延安、神府—临兴、沁源、寿阳、芜湖、横山堡、南川、秀山、辽河东部、岑巩—松桃等 19 个页岩气勘探开发区。

第四，2020 年远景展望。在基本摸清页岩气资源情况、勘探开发技术取得突破的基础上，在"十三五"期间进一步加大投入，大幅度提高 19 个勘探开发区的储量和产量规模。同时，大力推进两湖、苏浙皖、鄂尔多斯、南华北、松辽、准噶尔、吐哈、塔里木、渤海湾等勘探开发，建成新的页岩气勘探开发区。力争到 2020 年产量达到 600×10^8 ~ $1000 \times 10^8 m^3$。

4. 规划实施

第一，保障措施。一是加大国家对页岩气资源调查评价的资金投入；二是加大页岩气勘探开发技术科技攻关；三是建立页岩气勘探开发新机制；四是落实页岩气产业鼓励政策；五是完善页岩气利用配套基础设施。

第二，实施机制。一是加强统筹协调；二是强化规划实施监管；三是建立滚动调整机制，及时调整发展目标和科研攻关及勘探开发任务，研究制订新的保障措施。

5. 社会效益与环保评估

第一，社会效益。页岩气的开发对推动我国科技进步、带动经济发展、改善能源结构和保障能源安全具有重要的意义。一是推动油气勘探理论创新和技术进步；二是促进改善能源结构；三是带动基础设施建设；四是拉动国民经济发展。

第二，环境评估。一是开发利用页岩气有利于减少二氧化碳排放，保护生态环境；二是页岩气开发环境保护措施。在页岩气开发各个环节采取有针对性的措施，主要包括：工厂化作业减少地表植被破坏、压裂液循环利用减少用水量、严格钻完井规程杜绝污染地下水、加强环保监测实现压裂液无污染排放等。

（二）国家页岩气发展规划（2016—2020 年）

2016 年 9 月 30 日，国家能源局公布了《页岩气发展规划（2016—2020 年）》（以下简称《规划》），在论证发展基础、分析发展形势的基础上，描绘了我国未来 5 年乃至更长时间页岩气发展的基本愿景，确定了未来 5 年页岩气发展的指导方针和原则、重点任务和保障措施等。《规划》为指导性规划，期限为 2016 年至 2020 年，展望到 2030 年。

1. 规划背景

第一，阐述了发展基础。《规划》认为通过"十二五"攻关和探索，南方海相页岩气资源基本落实，并实现规模开发；页岩气开发关键技术基本突破，工程装备初步实现国产化；页岩气矿权管理、对外合作和政策扶持等方面取得重要经验。总体上，我国页岩气产业起步良好，基本完成了"十二五"规划预期目标。主要表现在4个方面：

一是资源评价。页岩气基础地质调查评价取得重要进展，基本查明南方下古生界是近期我国页岩气开发主力层系。根据2015年国土资源部资源评价最新结果，全国页岩气技术可采资源量 $21.8 \times 10^{12} m^3$，其中海相 $13.0 \times 10^{12} m^3$、海陆过渡相 $5.1 \times 10^{12} m^3$、陆相 $3.7 \times 10^{12} m^3$。

二是勘探开发。通过近年勘探开发实践，四川盆地及周缘大批页岩气井在志留系龙马溪组海相页岩地层勘探获得工业气流，证实了良好的资源及开发潜力；鄂尔多斯盆地三叠系陆相页岩地层也勘探获气。2012年，中华人民共和国国家发展和改革委员会、国家能源局批准设立了长宁—威远、昭通、涪陵等3个国家级海相页岩气示范区和延安陆相国家级页岩气示范区，集中开展页岩气技术攻关、生产实践和体制创新。中国石化和中国石油率先在涪陵、长宁—威远和昭通等国家级示范区内实现页岩气规模化商业开发。

三是科技攻关。国家加大页岩气科技攻关支持力度，设立了国家能源页岩气研发（实验）中心，在"大型油气田及煤层气开发"国家科技重大专项中设立"页岩气勘探开发关键技术"研究项目，在"973"计划中设立"南方古生界页岩气赋存富集机理和资源潜力评价"和"南方海相页岩气高效开发的基础研究"等项目，在"863"计划中设立"页岩气勘探开发新技术"研究项目。加强各层次联合攻关，在山地小型井工厂、优快钻完井、压裂改造等方面进行技术创新，并研制了3000型压裂车等一批具有自主知识产权的装备。我国已经基本掌握3500m以浅海相页岩气勘探开发主体技术。

四是政策机制。2012年，中华人民共和国财政部和国家能源局出台页岩气开发利用补贴政策，2015年，两部门明确在"十三五"期间页岩气开发利用继续享受中央财政补贴政策。2013 年，国家能源局发布《页岩气产业政策》，从产业监管、示范区建设、技术政策、市场与运输、节约利用与环境保护等方面进行规定和引导，推动页岩气产业健康发展。

第二，分析了发展形势。我国页岩气产业发展仍处于起步阶段，不确定性因素和挑战也较多。

一是发展机遇。国家发展战略和政策引导为页岩气发展提供广阔空间。国务院办公厅《能源发展战略行动计划（2014—2020 年）》明确提出，到 2020 年天然气占我国一次能源消费比重将达到 10% 以上，大力开发页岩气符合我国能源发展大趋势；丰富的资源基础和良好的产业起步为页岩气发展提供坚实保障。"十二五"期间我国南方海相页岩气开发获得突破，四川盆地页岩气实现规模化商业开发，我国已基本掌握 3500m 以浅海相页岩气高效开发技术，将为"十三五"页岩气产业加快发展提供有力技术支持；体制、机制不断理顺，为页岩气发展提供强大动力。随着油气体制改革的全面推进，市场准入进一步放宽、基础设施实现公平接入、价格市场化机制建立和行业监管不断完善等，都将为页岩气发展提供公平竞争、开放有序的外部环境。

二是面临挑战。（1）建产投资规模大。页岩气开发投资规模较大，实施周期长，不确定因素较多，对页岩气开发企业具有较大的资金压力和投资风险。（2）深层开发技术尚未掌握。埋深超过 3500m 页岩气资源的开发对水平井钻完井和增产改造技术及装备要求更高。（3）勘探开发竞争不足。页岩气有利区矿权多与已登记常规油气矿权重叠，常规油气矿权退出机制不完善，很难发挥页岩气独立矿种优势。（4）页岩气技术服务市场不发达，市场开拓难度较大。随着我国经济增长降速，以及石油和煤炭等传统化石能源价格深度下跌，天然气竞争力下降，消费增速明显放缓。页岩气比常规天然气开发成本高，市场开拓难度更大。

2. 指导方针和目标

（1）指导思想。贯彻落实国家能源发展战略，创新体制机制，吸引社会各类资本，扩大页岩气投资。以中上扬子地区海相页岩气为重点，通过技术攻关、政策扶持和市场竞争，发展完善适合我国特点的页岩气安全、环保、经济开发技术和管理模式，大幅度提高页岩气产量，把页岩气打造成我国天然气供应的重要组成部分。

（2）基本原则。一是加强资源勘探；二是坚持体制机制创新；三是强化市场竞争；四是加强政策扶持；五是注重生态保护。

（3）发展目标。完善成熟 3500m 以浅海相页岩气勘探开发技术，突破 3500m 以深海相页岩气、陆相和海陆过渡相页岩气勘探开发技术；在政策支持到位和市场开拓顺利情况下，2020 年力争实现页岩气产量 $300 \times 10^8 m^3$，2030 年力争实现页岩气产量 $800 \times 10^8 \sim 1000 \times 10^8 m^3$。

3. 重点任务

一是推进科技攻关。紧跟页岩气技术革命新趋势，攻克页岩气储层评价、水平井钻完井、增产改造、气藏工程等勘探开发瓶颈技术，加速现有工程技术的升级换代。

二是分层次布局勘探开发。对全国页岩气区块按重点建产、评价突破和潜力研究三种不同方式分别推进勘探开发。

三是加强国家级页岩气示范区建设。"十三五"期间，进一步加强长宁—威远、涪陵、昭通和延安 4 个国家级页岩气示范区建设，通过试验示范，完善和推广页岩气有效开发技术、高效管理模式和适用体制机制等。

四是完善基础设施及市场。根据页岩气产能建设和全国天然气管网建设及规划情况，支持页岩气接入管网或就近利用。鼓励各种投资主体进入页岩气销售市场，逐步形成页岩气开采企业、销售企业及城镇燃气经营企业等多种主体并存的市场格局。

4. 保障措施

一是加强资源调查评价。进一步加强页岩气资源调查评价工作，落实页岩气经济可采资源量，掌握"甜点区"分布，提高页岩气资源探明程度。同时，积极推进页岩气勘查评价数据库的建立。

二是强化关键技术攻关。通过国家科技计划（专项、基金等）加强支持页岩气技术攻关，紧密结合页岩气生产实践中的技术难题，开展全产业链关键技术攻关和核心装备研发，同时，加强页岩气勘探开发前瞻性技术的研究和储备。

三是推动体制机制创新。竞争出让页岩气区块，并完善页岩气区块退出机制，放开市场，引入各类投资主体，构建页岩气行业有效竞争的市场结构和市场体系，完善页岩气市场监管和环境监管机制。

四是加大政策扶持力度。落实好页岩气开发利用财政补贴政策，充分调动企业积极性。在土地征用、城乡规划、环评安评、社会环境等方面给予页岩气企业积极支持。

五是建立滚动调整机制。根据国内天然气需求、页岩气技术发展水平、成本效益和具体勘探开发总体工作进度，施行滚动调整机制，及时合理调整页岩气规划目标和任务部署，保障页岩气行业持续健康发展。此外，《规划》还对社会效益与环境评估等作出了规定。

（三）对国家页岩气发展规划的解读（张大伟，2012a）

1.《规划》的必要性

国务院高度重视页岩气资源工作，将页岩气列为独立矿种（张大伟，2011a，2011b)，并要求"对页岩气资源的开发，要尽快制定规划，首先要搞好资源调查，研究开采技术方法"。"加强生成机理、富集条件、技术攻关和重点靶区研究"。根据国民经济和社会发展"十二五""十三五"规划关于"推进页岩气等非常规油气资源开发利用"精神，制定《规划》，是实施我国能源战略，实现我国页岩气勘探开发重大突破和跨越式发展的重要举措，意义重大。

《规划》站在历史的新高度，以全球的视角，从我国的实际出发，描绘了我国"十二五""十三五"期间页岩气发展的蓝图，明确了我国页岩气发展的指导思想和目标、重点任务、规划措施，充分体现了深入构建稳定、经济、清洁、安全能源体系的理念；充分体现了解放思想、转变思路、创新机制的理念；充分体现了技术进步、克难攻关、对外合作的理念。《规划》是推进页岩气勘探开发，增加气体能源供应，缓解我国气体能源供需矛盾，调整能源结构，促进节能减排的重要文件。

《规划》客观分析了我国页岩气资源潜力、勘探开发现状等发展基础，也指出了面临的突出问题。《规划》对面临的机遇与挑战进行了客观、系统和科学的分析判断，从而为《规划》目标和任务的制定提供了基础支撑和重要依据。《规划》对指导和促进全国页岩气产业发展具有重要意义。

2.《规划》的主要特点

第一，具有战略性。《规划》是我国国民经济和社会发展规划体系中的重要的组成部分，是国家页岩气勘探开发和利用的综合性规划，是落实国家能源战略和重大部署的重要手段。因此，《规划》站在全局的高度，从资源国情和发展阶段出发，立足当前，着眼长远，充分体现了国家战略意图。

我国既是能源生产大国，又是能源消费大国。目前我国能源结构不尽合理。清洁的天然气能源在我国一次能源中的比重很低。页岩气这种清洁高效的化石能源，是低碳经济的重要支柱。未来我国将重点发展清洁能源，大力勘探开发和利用页岩气，提高页岩气在一次能源消费中的比重，可以改善我国能源结构，减少大气污染，并在一定程度上缓解石油及其他能源供应的压力。从长远看，我国经济社会发展对能源资源的需求是强劲的，特别是对清洁能源的需求更是旺盛的，推进页岩气勘探开发，实现页岩气跨越式发展，提高气体能源供应能力，是关系我国全面建成小康社会进程中一个全局性、战略性的重大问题。

第二，具有可操作性。《规划》在起草和编制过程中，广泛征求了国家有关部门、石油企业、相关科研单位和大学以及有关专家的意见，借鉴了其他能源规划好的做法，对《规划》目标、任务和措施等进行了反复研究和细化，提高了《规划》的可操作性。一是确定了量化的目标。《规划》在勾画了总体目标的基础上，确定了具体目标，提出了 2015 年和 2020 年页岩气产量的量化指标，使规划目标更加明确，更具有可考核性。二是强化和细化了页岩气勘探开发整体布局。《规划》根据我国页岩气地质条件和分布规律，以全国页岩气资源潜力调查评价及有利区优选工作成果为基础依据，对每个勘探开发区的具体范围、工程部署、储量和产量目标进行了具体的细致化界定，增强了规划引导和约束能力。三是制定了相对全面的《规划》保障措施和实施机制。

第三，具有前瞻性。《规划》根据全国页岩气资源潜力调查评价和有利区优选结果，即我国富有机质页岩分布广泛，具备页岩气成藏条件，页岩气可采资源潜力为 $25 \times 10^{12} m^3$ 的预测，在对"十二五""十三五"期间页岩气储量和产量目标进行科学测算的同时，对我国页岩气未来的发展趋势和目标进行了超前性的预测。

3.《规划》的重点任务明确

《规划》主要包括页岩气资源潜力调查评价、科技攻关、页岩气勘探开发布局。这既体现了页岩气勘探开发工作的先行性和基础性，又突出强调了关键技术攻关和未来我国前期形成页岩气储量、产量的整体布局要求，符合我国现阶段页岩气发展的实际。

4.《规划》的社会责任

《规划》十分重视实施中的社会效益问题，从推动我国科技进步、带动经济发展、改善能源结构和保障能源安全等方面进行了阐述。《规划》的实施可以推动油气勘探理论创新和技术进步；可以促进改善能源结构，有利于增加气体能源供给，缓解我国天然气供需矛盾，降低温室气体排放；可以带动基础设施建设，有利于改善页岩气产地基础设施建设，有利于促进地方经济乃至国民经济的可持续发展。

《规划》注重页岩气勘探开发中的环境保护问题。对可能带来的环境问题从两方面进行了评估分析。提出了在页岩气开发各个环节采取的有针对性的措施，以便有效减少或杜绝可能产生的各种环境问题。

二、部分地方（省市）页岩气利用发展规划

为加大加快页岩气产业的发展，四川省和重庆市在"十二五""十三五"期间相继出台了页岩气发展规划。

（一）四川省页岩气发展规划（2013—2015 年）

2013 年 11 月，四川省发展和改革委员会和能源局共同发布了《四川省页岩气发展规划（2013—2015 年）》。

1. 总体要求

指导思想：以邓小平理论和"三个代表"重要思想为指导，深入贯彻落实科学发展观，依靠技术进步、体制创新、政策支持，动员各方力量，加快页岩气勘探开发，落实资源，攻克核心技术，形成规模产量，缓解四川省天然气供需矛盾，加快能源结构优化，促进四川省经济社会又好又快发展。

基本原则：坚持"政府引导，有序推进，鼓励创新，注重环保"的原则，坚持科技创新，机制创新，海相、陆相页岩气并进，常规与非常规结合，自主开发与对外合作并举，开发与生态保护并重，推动四川省页岩气产业有序、快速、健康发展。

发展目标：基本完成对四川省页岩气资源的调查与评价，弄清优质页岩的分布特征，优选有利目标区域进行勘探开发，实现规模化生产。初步掌握适合四川省地质特点的页岩气勘探开发关键技术，形成适合四川省页岩气藏特点的开采工程技术与规范，为中长期页岩气产快速业健康发展奠定坚实基础。到 2015 年，基本完成全省页岩气资源潜力调查与评价，优选一批有利目标区和远景区，建成 3 ~ 5 个页岩气勘探开发区块，实现规模化生产，探明页岩气储量 $4550 \times 10^8 m^3$、可采储量 $910 \times 10^8 m^3$，页岩气产能达到 $20 \times 10^8 m^3/a$，力争达到 $30 \times 10^8 m^3/a$。

2. 重点任务

（1）页岩气资源潜力调查与评价。针对四川省地质特点，以川南、川西和川东北等地区作为重点区域开展页岩气资源潜力的调查评价工作，优选有利目标区域，积极建设页岩气产业化示范区。

（2）重点攻关技术。针对四川盆地页岩气的特点，研究页岩气成藏机理和富气规律。当前除继续加大下古生界海相页岩气成藏机理、富气特征研究外，还要重视和加强三叠系与侏罗系等陆相地层页岩气赋存条件、资源分布等地质评价研究，力争有所突破。

加强地质评价技术研究，形成测井、地震、分析实验、地质综合评价等评层选区关键技术系列。

加强页岩气井钻完井工艺技术研究，形成以提高水平井钻井速度和固井质量为核心的大规模丛式井"工厂化"钻完井作业关键技术系列。

加强页岩气储层改造技术研究，形成页岩气水平井分段压裂设计、可回收压裂液体系、微地震监测、压后评估、施工工艺技术及配套工具等增产改造关键技术系列。

加强产能评价技术研究，形成页岩气井动态监测、产能预测、开发方案优化等气藏工程关键技术系列。

加强经济评价技术研究，建立四川省页岩气开发经济效益评价方法，提出国家对页岩气开发扶持的政策建议。

加强安全环保评估技术研究，掌握合理有效解决页岩气开发过程中废弃钻井液量大、水资源消耗量大、试油返排液多等环保问题的关键技术。

（3）重点工作。研究页岩气勘探开发作业对环境的影响，建立健全页岩气开采的环境监测体系，加快制定页岩气勘探开发环境评价标准。

加快推进"长宁—威远国家级页岩气示范区"和"滇黔北昭通国家级页岩气示范区"四川省境内页岩气开发区建设。

鼓励、支持、培育四川省页岩气勘探开发专业化技术服务公司和装备制造公司，加快页岩气勘探开发关键技术和重点装备制造国产化攻关，实现自主创新和装备自主化，降低勘探开发成本，培育新的经济增长点。

鼓励、支持、推动四川省页岩气产业化研究院和四川省页岩气勘探开发重点实验室建设，突击解决国家级页岩气示范区勘探开发实践中遇到的重点、难点问题，促进科研成果迅速转化成生产力，培养和造就大批技术人才，巩固和发展四川省在全国页岩气勘探开发领域的领先地位，为我国页岩气开采技术中长期发展和核心竞争能力提升提供强有力的技术支撑和人才储备，助推中国页岩气产业的健康快速发展。

3. 保障措施

加大页岩气勘探开发技术攻关力度；建立页岩气勘探开发新机制；建立健全页岩气开发环境承载能力评估制度和监测评价体系；完善页岩气利用配套基础设施建设；研究制订鼓励页岩气勘探开发优惠政策。

（二）重庆市页岩气产业发展规划（2015—2020 年）

2015 年 3 月 19 日，重庆市人民政府办公厅印发了《重庆市页岩气产业发展规划（2015—2020 年）》。

1. 总体要求

（1）总的指导思想。以国家能源安全战略为引领，强化能源结构调整。依托页岩气资源优势，整合市内外要素，推进页岩气产业集群发展，将重庆市建设成为全国页岩气勘探开发、综合利用、装备制造和生态环境保护综合示范区。

（2）基本原则。一是坚持市场主导、央地合力推进；二是坚持就地转化与对外输出相结合；三是坚持培育和发展页岩气产业集群；四是坚持开发与安全环保并重；五是坚持体制和机制创新。

（3）主要目标。实施勘探开发、管网建设和综合利用的纵向一体化战略，将装备制造与纵向产业链上各环节配套；推进横向一体化发展，实现页岩气全产业链集群式发展。到 2017 年，累计投资 878 亿元，实现页岩气产能 $150 \times 10^8 m^3/a$，全产业链产值 730 亿元；到 2020 年，累计投资 1654 亿元，实现页岩气产能 $300 \times 10^8 m^3/a$，全产业链产值 1440 亿元。

①勘探开发。以优化能源结构、保障能源安全为指导，加大勘探开发力度。到 2017 年，累计投资 600 亿元，建成产能 $150 \times 10^8 m^3/a$，产量 $100 \times 10^8 m^3/a$，实现产值 279 亿元；到 2020 年，累计投资 1200 亿元，建成产能 $300 \times 10^8 m^3/a$，产量 $200 \times 10^8 m^3/a$，实现产值 558 亿元。

②管网建设。结合全市页岩气区块分布和产能建设情况，科学、合理规划建设一批页岩气集输管网和外输干线，确保页岩气就地接入、应产尽产。到 2017 年，累计投资 33 亿元，建成页岩气输送管道 8 条，全长 889km，输送能力 $147 \times 10^8 m^3/a$；到 2020 年，累计投资 47 亿元，建成页岩气输送管道 11 条，全长 1169km，输送能力 $194 \times 10^8 m^3/a$。

③综合利用。充分发挥页岩气低碳、清洁、高效优势作用，积极推动页岩气在工业、民用、商业、CNG、LNG 和分布式能源等行业的应用。到 2017 年，消纳页岩气 $37 \times 10^8 m^3$，累计投资 156 亿元，实现产值 255 亿元；到 2020 年，消纳页岩气 $60 \times 10^8 m^3$，累计投资 289 亿元，实现产值 520 亿元。

④装备制造。围绕页岩气全产业链涉及的核心装备研发制造、技术服务两大领域，优化投资环境，吸引各类投资，逐步形成页岩气装备本地配套能力。到 2017 年，累计投资 89 亿元，实现产值 196 亿元；到 2020 年，累计投资 118 亿元，实现产值 363 亿元。

2. 发展重点

一是勘探开发。加强页岩气地质理论和技术攻关。依托与国土资源部、中国石化共同建设的涪陵页岩气勘探开发示范基地，结合盆内稳定区和盆缘改造区不同成藏机理的页岩气资源类型，开展页岩气成藏地质理论研究、勘探开发技术攻关、相关技术规范和标准研制，建立页岩气勘探开发推广应用平台。

二是深化勘探开发的合资合作。深化与国际公司的合作，促进关键核心技术交流和优势互补。鼓励与中央或地方资源型企业合作，共享地质构造、成藏机理研究成果和勘探开发核心技术，降低前期勘探成本。

三是示范带动，全面铺开。加大中国石化涪陵、彭水，以及中国石油宣汉—巫溪、忠县—丰都等重点区块的页岩气勘探开发力度，力争在 2017 年实现产能 $135 \times 10^8 m^3/a$，产量达到 $91 \times 10^8 m^3$；2020 年实现产能 $240 \times 10^8 m^3/a$，产量达到 $165 \times 10^8 m^3$，充分发挥示范带动作用。加快丁山核心区、荣昌—永川、渝西、酉阳、黔江、城口、秀山等有利区块勘探开发进程，力争 2017 实现产能 $15 \times 10^8 m^3$，2020 年实现产能 $60 \times 10^8 m^3$。

四是注重安全环保，实现科学有序开发。积极推进页岩气开发建设规划编制，依法开展规划环境影响评价工作和建设项目环境影响评价工作，加大对开发区域的环境保护敏感目标排查，优化井场厂址和设施布局，采取有效措施控制污染物排放，最大限度减少对地下水、地表水、土壤、空气的污染和生态破坏。加大对周边群众的宣传和应急培训，实现安全、高效开发。

第三节　出台页岩气相关政策

一、国家页岩气产业政策

2013 年 10 月 22 日，国家能源局为合理、有序开发页岩气资源，推进页岩气产业健康发展，提高天然气供应能力，促进节能减排，保障能源安全，根据《页岩气发展规划（2011—2015 年）》及相关法律法规，制定了《页岩气产业政策》。

（一）产业监管

（1）从事页岩气勘探开发的企业应具备与项目勘探开发相适应的投资能力，具有良好的财务状况和健全的财务会计制度，能够独立承担民事责任。页岩气勘探开发企业应配齐地质勘查、钻探开采等专业技术人员。从事页岩气建设项目勘查、设计、施工、监理、安全评价等业务，应具备相应资质。

（2）建立健全监管机制，加强页岩气开发生产过程监管。页岩气勘探开发生产活动必须符合现行页岩气相关技术标准和规范；如无专门针对页岩气的相关管理标准和规范，参照石油天然气行业管理规范执行。

（3）鼓励从事页岩气勘探开发的企业与国外拥有先进页岩气技术的机构、企业开展技术合作或勘探开发区内的合作，引进页岩气勘探开发技术和生产经营管理经验。

（4）鼓励页岩气资源地所属地方企业以合资、合作等方式，参与页岩气勘探开发。

（二）示范区建设

（1）鼓励建立页岩气示范区。示范区应具有一定的规模和代表性，示范的理论、方法和技术应具有推广应用前景。鼓励页岩气生产企业多家联合进行示范区建设。做好示范区经验总结推广工作。

（2）支持在国家级页岩气示范区内优先开展页岩气勘探开发技术集成应用，探索工厂化作业模式，完善页岩气勘探开发利用的理论和技术体系，推动页岩气低成本规模开发，为新技术推广应用奠定基础。

（3）加快示范区用地审批，支持示范区其他相关配套设施建设。

（4）加强对示范区页岩气勘探开发一体化管理，实现安全生产和资源高效有序开发。

（三）产业技术政策

（1）鼓励页岩气勘探开发企业应用国际成熟的高新及适用技术提高页岩气勘探成功率、开发利用率和经济效益，包括页岩气分析测试技术、水平井钻完井技术、水平井分段压裂技术、增产改造技术、微地震监测技术、开发环境影响控制技术等关键技术。

（2）鼓励页岩气勘探开发技术自主化，加快页岩气关键装备研制，形成适合我国国情的轻量化、车载化、易移运、低污染、低成本、智能化的页岩气装备体系，促进油气装备制造业转型升级。

（3）发展以企业为主体、产学研用相结合的页岩气技术创新机制。加强国家能源页岩气研发（实验）中心和其他研发平台的建设，推进页岩气勘探开发理论与技术攻关。

（4）加强国家页岩气专业教学、基地建设和人才培养。鼓励企业开展全方位、多层次的职工安全、技术教育培训。

（5）为促进页岩气资源有序开发，国家能源主管部门负责制定页岩气勘探开发技术的行业标准和规范。

（四）市场与运输

（1）鼓励各种投资主体进入页岩气销售市场，逐步形成以页岩气开采企业、销售企业及城镇燃气经营企业等多种主体并存的市场格局。

（2）页岩气出厂价格实行市场定价。制订公平交易规则，鼓励供、运、需三方建立合作关系，引导合理生产、运输和消费。

（3）鼓励页岩气就近利用和接入管网。鼓励企业在基础设施缺乏地区投资建设天然气输送管道、压缩天然气（CNG）与小型液化天然气（LNG）等基础设施。基础设施对页岩气生产销售企业实行非歧视性准入。

（五）节约利用与环境保护

（1）加强节能和能效管理。页岩气勘探开发利用项目必须按照节能设计规范和标准建设，推广使用符合国家能效标准、经过认证的节能产品。引进技术、设备等应达到国际先进水平。

（2）坚持页岩气勘探开发与生态保护并重的原则。钻井、压裂等作业过程和地面工程建设要减少占地面积、及时恢复植被、节约利用水资源，落实各类废弃物处置措施，保护生态环境。

（3）钻井液和压裂液等应做到循环利用。采取节水措施，减少耗水量。鼓励采用先进的工艺、设备，开采过程逸散气体禁止直接排放。

（4）加强对地下水和土壤的保护。钻井、压裂、气体集输处理等作业过程必须采取各项对地下水和土壤的保护措施，防止页岩气开发对地下水和土壤的污染。

（5）页岩气勘探开发利用必须依法开展环境影响评价，环保设施与主体工程要严格实行项目建设 "三同时"制度。

（6）加强页岩气勘探开发环境监管。页岩气开发过程排放的污染物必须符合相关排放标准，钻井、井下作业产生的各类固体废物必须得到有效处置，防止二次污染。

（7）国家对页岩气勘探开发利用开展战略环境影响评价或规划影响评价，从资源环境效率、生态环境承载力及环境风险水平等多方面，优化页岩气勘探开发的时空布局。禁止在自然保护区、风景名胜区、饮用水源保护区和地质灾害危险区等禁采区内开采页岩气。

（六）支持政策

（1）页岩气开发纳入国家战略性新兴产业，加大对页岩气勘探开发等的财政扶持力度。

（2）依据《页岩气开发利用补贴政策》，按页岩气开发利用量，对页岩气生产企业直接进行补贴。对申请国家财政补贴的页岩气生产企业年度报告实行审核制度和公示制度。对于存在弄虚作假行为的企业，国家将收回补贴并依法予以处置。

（3）鼓励地方财政根据情况对页岩气生产企业进行补贴，补贴额度由地方财政自行确定。

（4）对页岩气开采企业减免矿产资源补偿费、矿权使用费，研究出台资源税、增值税和所得税等税收激励政策。

（5）页岩气勘探开发等鼓励类项目项下进口的国内不能生产的自用设备（包括随设备进口的技术），按现行有关规定免征关税。

这是我国首个《页岩气产业政策》，其中明确将页岩气开发纳入国家战略性新兴产业，国家将加大对页岩气勘探开发等的财政扶持力度，同时鼓励各种投资主体进入页岩气销售市场，对页岩气出厂价格实行市场定价等，对促进我国页岩气产业的发展起到了积极的作用。

二、页岩气资源勘查开采和监督管理政策

（一）页岩气资源勘查开采和监督管理的相关政策

2012年10月26日，国土资源部为了加快推进和规范管理页岩气勘查、开采，根据矿产资源法律法规及有关规定，出台了《关于加强页岩气资源勘查开采和监督管理有关工作的通知》（以下简称《通知》）。这是我国第一个关于加强页岩气资源勘查开采和监督管理的规范性文件。主要内容有：

（1）积极稳妥推进页岩气勘查开采。充分发挥市场配置资源的基础性作用，坚持"开放市场、有序竞争，加强调查、科技引领，政策支持、规范管理，创新机制、协调联动"的原则，以机制创新为主线，以开放市场为核心，正确引导和充分调动社会各类投资主体、勘查单位和资源所在地的积极性，加快推进、规范管理页岩气勘查、开采活动，促进我国页岩气勘查开发快速、有序、健康发展。

（2）全面开展页岩气资源调查评价。调查评价我国页岩气资源潜力，落实资源基础，优选页岩气远景区、有利目标区，提供勘查靶区，引导页岩气勘查、开采。建立页岩气调查评价、勘查、开采和储量估算等规范、标准体系，规范页岩气地质调查和勘查开采工作。

（3）加强页岩气勘查开采科技攻关。加强基础理论研究，加大技术攻关力度，创建我国页岩气勘查、开采理论和技术体系。加强页岩气勘查、开采科学技术国际合作，搭建企业、科研机构和高等院校的合作平台，快速提高我国页岩气勘查、开采技术水平。

（4）开展页岩气勘查开采示范。选择部分页岩气区块，充分发挥有关地方和企业的积极性，建设页岩气勘查、开采示范基地和示范工程，引导页岩气勘查开采，促进页岩气产能增长。

（5）合理设置页岩气探矿权。国土资源部根据页岩气地质条件、资源潜力、赋存状况等情况，划定重点勘查开采区，统筹部署页岩气勘查、开

采工作，综合考虑其他矿产资源勘查、开采，组织优选页岩气勘查区块并设置探矿权。省级国土资源主管部门可向国土资源部提出页岩气探矿权设置的建议。

（6）规范页岩气矿业权管理。国土资源部负责页岩气勘查、开采登记管理，主要通过招标等竞争性方式出让探矿权。从事页岩气地质调查，应当依法向国土资源部申请办理地质调查证。任何单位或个人不得以地质调查名义开展商业性页岩气勘查、开采活动。

（7）鼓励社会各类投资主体依法进入页岩气勘查开采领域。页岩气探矿权申请人应当是独立企业法人，具有相应资金能力、石油天然气或气体矿产勘查资质；申请人不具有石油天然气或气体矿产勘查资质的，可以与具有相应地质勘查资质的勘查单位合作开展页岩气勘查、开采。关于资金能力和勘查资质等的具体要求，在招标文件等竞争性出让文件中另行确定。鼓励符合条件的民营企业投资勘查、开采页岩气。鼓励拥有页岩气勘查、开采技术的外国企业以合资、合作形式参与我国页岩气勘查、开采。

（8）鼓励开展石油天然气区块内的页岩气勘查开采。石油、天然气（含煤层气）矿业权人可在其矿业权范围内勘查、开采页岩气，但须依法办理矿业权变更手续或增列勘查、开采矿种，并提交页岩气勘查实施方案或开发利用方案。

对具备页岩气资源潜力的石油、天然气勘查区块，其探矿权人不进行页岩气勘查的，由国土资源部组织论证，在妥善衔接石油、天然气、页岩气勘查施工的前提下，另行设置页岩气探矿权。 对石油、天然气勘查投入不足、勘查前景不明朗但具备页岩气资源潜力的区块，现石油、天然气探矿权人不开展页岩气勘查的，应当退出石油、天然气区块，由国土资源部依法设置页岩气探矿权。已在石油、天然气矿业权区块内进行页岩气勘查、开采的矿业权人，应当在《通知》发布之日起3个月内向国土资源部申请变更矿业权或增列勘查、开采矿种。

（9）统筹协调页岩气与其他矿产资源勘查开采。国土资源部统筹协调页岩气与石油、天然气、煤层气以及其他矿产资源的矿业权布局。申请页岩气矿业权时，对申请区块内已设置的固体矿产探矿权范围，申请人应当做出不进入其勘查范围的承诺；确需进入的，应与固体矿产探矿权人签署协议，确保施工安全，并将协议报国土资源部备案，抄报省级国土资源主管部门。有关省级国土资源主管部门依据相关规划和国土资源部的工作要求，负责具体协调页岩气与固体矿产的勘查、开采时空关系，并对协议执行情况进行监督检查。

（10）实行页岩气勘查承诺制。探矿权申请人在申请页岩气探矿权（含变更和增列申请）时，应向国土资源部承诺勘查责任和义务，包括资金投入、实物工作量、勘查进度、综合勘查、区块退出、违约和失信责任追究等。

（11）鼓励矿业权人加快页岩气勘查开采。页岩气勘查取得突破的，可以申请扩大勘查面积，经国土资源部组织论证后，依法进行变更登记。在页岩气勘查过程中可以申请试采或部分区块转入开采，但应当依法申请试采或办理采矿权登记手续。

（12）依法加强环境保护和安全生产。页岩气矿业权人在勘查、开采过程中，应当严格执行相关法律法规和国家标准，保护地下水、地表和大气环境，并确保安全施工。在勘查、开采工作结束后，必须按规定进行土地复垦。

（13）促进资源地经济社会发展。页岩气勘查转入开采阶段的，页岩气矿业权人应当采取在区块所在省（区、市）注册公司等方式，支持资源所在地经济社会发展。

（14）依法减免页岩气矿业权使用费和矿产资源补偿费。页岩气矿业权人可按国家有关规定申请减免探矿权使用费、采矿权使用费和矿产资源补偿费。

（15）保障页岩气勘查开采用地需求。地方各级国土资源主管部门应当积极支持页岩气勘查、开采，可以通过土地租赁试点等方式满足页岩气勘查、开采用地需求。

（16）加强页岩气勘查开采监督管理。省级以上国土资源主管部门依据法律法规和矿业权人的勘查实施方案、开发利用方案、承诺书等，对页岩气区块的勘查、开采活动进行监督管理，按照有关规定建立、完善页岩气监督管理体系，维护页岩气勘查、开采秩序，保护矿业权人合法权益。国土资源部负责页岩气勘查开采年度检查和督察工作，省级国土资源主管部门承担本行政区域内页岩气勘查开采年度检查和督察实施具体工作。

（17）建立部省协调联动机制。通过部省合作等方式，共同推进页岩气调查评价、勘查开采示范等有关工作，并为页岩气勘查、开采创造良好的环境。此外，还明确页岩气资源管理其他事项，参照石油天然气的有关规定执行。

（二）对页岩气资源勘查开采和监督管理相关政策的解读

（1）政策出台背景。从世界范围看，目前全球有30多个国家启动了页岩气勘查开发，美国页岩气的成功开发对全球能源格局产生了重要影响。我国页岩气勘查开发仍处在探索起步阶段，初步评价资源潜力大，加快发展有基础，通过努力有望成为能源的重要组成部分。国务院高度重视页岩气勘查开发，各类投资主体积极性高，对页岩气勘查开发投资热情高涨。因此，为了加快推进和规范管理页岩气勘查开采，确保页岩气开发快而有序，亟须出台资源管理政策。

国土资源部对页岩气资源调查评价和资源管理已开展了一系列工作：如开展了页岩气资源调查评价，组织实施了陕西延长和贵州黄平两个页岩气开发利用示范基地建设；2011年6月，国土资源部完成首次页岩气探矿权区块招标出让试点；2012年，国土资源部又启动第二次页岩气探矿权公开招标。这些工作的推进，为出台政策措施奠定了一定的实践基础。加强页岩气勘查、开采，旨在充分发挥市场配置资源的基础性作用，正确引导和充分调动社会主体的积极性，加快推进、规范管理页岩气勘查开采活动，促进我国页岩气勘查开发快速、有序、健康发展。

（2）实行"开放市场"原则，鼓励各类投资主体进入。与石油天然气资源管理相同的是，页岩气勘查、开采登记由国土资源部管理。不同的是，政策规定页岩气勘查开采实行"开放市场"的原则，鼓励社会各类投资主体依法进入页岩气勘查开采领域。明确独立企业法人，具有相应资金能力、石油天然气或气体矿产勘查资质都可以申请页岩气探矿权；申请人不具有石油天然气或气体矿产勘查资质的，可以与具有相应地质勘查资质的勘查单位合作开展页岩气勘查、开采。提出了支持页岩气勘查开发措施，包括：全面开展页岩气资源调查评价、加强页岩气勘查开采科技攻关、开展页岩气勘查开采示范、依法减免页岩气矿业权使用费和矿产资源补偿费、保障页岩气勘查开采用地需求、建立部省协调联动机制等。通过调查评价，以降低商业勘查风险；通过科技攻关，快速提高我国页岩气勘查开采技术水平；通过勘查开采示范，促进页岩气产能增长；通过部省协调联动，为页岩气勘查开采创造良好的环境。

（3）实行勘查承诺制，开发中要重视环保。政策规定，页岩气勘查实行承诺制。探矿权申请人在申请页岩气探矿权时，应向国土资源部承诺勘查责任和义务，包括资金投入、实物工作量、勘查进度、综合勘查、区块退出、违约和失信责任追究等。具体在监管上，实行部省两级监督，强化监管，确保企业的勘查承诺履行到位。省级以上国土资源主管部门依据法律法规和矿业权人的勘查实施方案、开发利用方案、承诺书等，对页岩气区块的勘查、开采活动进行监管。其中，国土资源部负责页岩气勘查开采年度检查和督察工作，省级国土资源主管部门承担本行政区域内页岩气勘查开采年度检查和督察实施具体工作。

页岩气勘查开发要高度重视环境问题，政策规定：页岩气矿业权人在勘查开采过程中，应当严格执行相关法律法规和国家标准，保护地下水、地表和大气环境；在勘查开采工作结束后，必须按规定进行土地复垦。

三、页岩气开发利用补贴政策

（一）2012—2015 年页岩气开发利用补贴政策

2012 年 11 月 1 日，中华人民共和国财政部、国家能源局为大力推动我国页岩气勘探开发，增加天然气供应，缓解天然气供需矛盾，调整能源结构，促进节能减排，中央财政安排专项资金，支持页岩气开发利用，出台了《关于出台页岩气开发利用补贴政策的通知》（财建〔2012〕847号）。主要内容包括：

（1）页岩气界定标准及补贴条件。页岩气是指赋存于富有机质泥页岩及其夹层中，以吸附或游离态为主要存在方式的非常规天然气。

① 界定标准：一是赋存于烃源岩内。具有较高的有机质含量（TOC>1.0%），吸附气含量大于 20%。二是夹层及厚度。夹层岩石粒度小于粉砂级以下，夹层岩石包括粉砂岩或碳酸盐岩等，单层厚度不超过1m。三是夹层比例。气井目的层夹层总厚度不超过气井目的层的 20%。

②页岩气补贴条件：一是已开发利用的页岩气；二是企业已安装可以准确计量页岩气开发利用的计量设备，并能准确提供页岩气开发利用量。

（2）补贴标准。中央财政对页岩气开采企业给予补贴，2012—2015年的补贴标准为 0.4 元 /m³，补贴标准将根据页岩气产业发展情况予以调整。地方财政可根据当地页岩气开发利用情况对页岩气开发利用给予适当补贴，具体标准和补贴办法由地方根据当地实际情况研究确定。

（3）补贴金额。中央财政安排的页岩气补贴资金按以下方式计算：

$$补贴资金 = 开发利用量 \times 补贴标准$$

（4）申请程序。

①每年 1 月底前，页岩气开发利用企业（包括中央直属企业）向项目所在地财政部门和能源主管部门提出资金申请报告，并提供上年页岩气开发利用数量，以及录井、岩心分析数据，测井、压裂施工数据，压后监测数据和试采数据等勘探资料。

②企业的资金申请报告，由所在地财政部门和能源主管部门核实汇总后上报省级财政部门和能源主管部门。省级财政部门和能源主管部门审核汇总后于 2 月底联合上报财政部和国家能源局。

③财政部、国家能源局将组织专家对由地方上报的资金申请报告和审核情况进行复审，对符合补贴条件的项目在财政部和国家能源局网站上予以公示（公示时间为 1 周），对无异议的下达补贴资金。

（5）监督检查。申请中央财政补贴的页岩气开发企业，必须提供真实材料。各级财政部门和能源主管部门应按有关政策要求，严格把关，认真审核，采取书面审查、现场审核、专家审核、查阅原始凭证等方式，重点审核企业所提供的资料是否真实、开发利用的页岩气是否符合政策规定等。对提供虚假材料、虚报冒领财政补贴资金的，各级财政部门应扣回相关补贴资金，情节严重的，按照《财政违法行为处罚处分条例》（国务院令第427 号）规定，依法追究有关单位和人员责任。

这次补贴政策区间为 2012 年到 2015 年，而这个区间正是国内页岩气开采的初级阶段，补贴政策有利于弥补产业初创成本，尽早形成规模。补贴政策出台的最大意义在于给页岩气未来的开发一个利好的政策，鼓励页岩气的勘探开发。因为页岩气开采成本高、回收周期长，此举主要表明了国家对页岩气开发的鼓励态度。

（二）2016—2020 年页岩气开发利用补贴政策

2015 年 4 月 17 日，财政部、国家能源局为加快推动我国页岩气产业发展，提升我国能源安全保障能力，调整能源结构，促进节能减排，"十三五"期间，中央财政将继续实施页岩气财政补贴政策，出台了《关于页岩气开发利用财政补贴政策的通知》（财建〔2015〕112 号）。主要内容包括：

（1）补贴标准。2016—2020 年，中央财政对页岩气开采企业给予补贴，其中：2016—2018 年的补贴标准为 0.3 元 /m³；2019—2020 年补贴标准为 0.2 元 /m³。财政部、国家能源局将根据产业发展、技术进步和成本变化等因素适时调整补贴政策。

（2）资金申请与拨付。补贴资金按照先预拨，后清算的方式拨付。每年3月底前，页岩气开发利用企业向项目所在地财政部门和能源主管部门提出本年度页岩气开采计划和开发利用数量，并提供上年度资金清算报告以及录井、岩心分析数据，测井、压裂施工数据，压后监测数据和试采数据等勘探资料；项目所在地财政部门和能源部门审核后逐级上报至财政部和国家能源局。

国家能源局和财政部对地方上报的材料进行复审。财政部根据复审结果拨付上年度清算资金和本年度预拨资金。

（3）其他事项。其他有关情况继续按《财政部国家能源局关于出台页岩气开发利用补贴政策的通知》（财建〔2012〕847号）执行。

在制定页岩气"十三五"补贴政策时，财政部会同国家能源局对页岩气开发利用成本进行了详细调研。从已有的气田来看，目前页岩气水平井平均单井成本已较试采初期下降25%左右，油田服务成本降低有助于页岩气勘探开发成本的下降。"十三五"末我国有望实现页岩气大规模经济开发，随着页岩气规模化生产和技术进步，成本将进一步下降。综合考虑上述因素，财政部对"十三五"页岩气开发实施补贴退坡政策，使得企业有合理利润空间，也有降低生产成本的压力，从而逐步提高其市场竞争力，逐步实现市场化。中央财政继续大力支持页岩气开发利用，将有力推动页岩气产业的发展。

四、页岩气税收政策

2018年3月29日，财政部、税务总局出台了《关于对页岩气减征资源税的通知》（财税〔2018〕26号）。主要内容：为促进页岩气开发利用，有效增加天然气供给，经国务院同意，自2018年4月1日至2021年3月31日，对页岩气资源税（按6%的规定税率）减征30%。

这是首次以减征资源税的形式送给页岩气产业的一个"大红包"，页岩气的开发资金投入巨大、技术门槛高，为鼓励行业的可持续高速发展和技术进步，补贴和税收减免政策仍然是必要的。

第四节 页岩气标准体系建设

一、页岩气资源调查评价技术标准

（一）页岩气资源调查评价及有利区优选技术规程

技术规程是进行页岩气资源调查评价及有利区优选活动所应遵循的规则。鉴于页岩气与其他类型天然气藏相比具有其自身的特点，而我国页岩气又与美国页岩气有较大差别，加之我国页岩气工作起步较晚，可借鉴的东西不多。在国土资源部的部署下，2004—2013 年，国土资源部油气资源战略研究中心开展我国海相、海陆过渡相和陆相页岩的发育特征及其聚集地质条件研究，"中国重点地区页岩气资源潜力及有利区优选"项目，"全国页岩气资源潜力评价及有利区优选"项目，以及页岩气有利区优选和有利区资源潜力评价等工作。

为保证上述工作的有序进行，国土资源部油气资源战略研究中心结合中国页岩气的地质特点和条件，组织项目参加单位和国内有关专家，编制形成了《页岩气资源调查评价及有利区优选技术规程》，主要包括：页岩气野外地质调查技术规程、富有机质泥页岩沉积相划分技术规程、页岩地球化学分析技术规程、页岩油气储层实验分析技术规程、页岩气时频电磁法勘探技术规程、页岩气可控源音频大地电磁勘探技术规程、页岩气大地电磁勘探技术规程、页岩气地震勘探资料采集技术规程、页岩气地震勘探资料处理技术规程、页岩气地震勘探资料解释技术规程、页岩气电缆测井作业技术规程、页岩气测井原始资料质量要求技术规程、页岩气测井解释报告编写技术规程、页岩气含气性分析技术规程、页岩气资源评价及选区技术规程、页岩油资源评价及选区技术规程、页岩气地质编图技术规程、页岩气勘探开发项目技术经济评价技术规程等。这 18 个技术规程在页岩气资源调查评价工作实践中试行了多年。为摸清我国页岩气资源潜力，优选有利目标区，促进我国页岩气勘探开发，更好地规划、管理、保护和合理利用页岩气资源奠定了扎实的技术基础。

这套技术规程在形成和应用中，也得到了不断完善。为了便于今后继续深入开展页岩气资源调查评价工作，供有关地质勘查机构、石油企业、科研院所、高等院校等及广大页岩气工作者参考，于2019年2月，编辑出版了《页岩气资源调查评价及有利区优选技术规程》，由地质出版社正式出版。尽管面世较晚，但早已被国家和省区市地质勘查机构、石油企业、科研院所、高等院校等普遍采用，为国家和省区市调查评价页岩气资源潜力及石油企业勘探开发页岩气起到了技术指导作用。当然，随着页岩气资源调查评价和勘探开发技术水平的不断提高，这些规程还需要进一步的补充完善。

（二）《页岩气基础地质调查工作指南（试行）》

2015年8月，中国地质调查局出台了《页岩气基础地质调查工作指南（试行）》。规定了页岩气基础地质调查评价工作的目的任务、调查内容、工作方法、成果编制、质量监控等技术要求，主要内容包括：设计编审、页岩气基础地质调查方法、页岩气资源评价、选区评价、成果报告编制、质量监控以及页岩气基础地质调查测试项目、页岩气资源可靠系数和潜力系数等。

二、《页岩气资源/储量计算与评价技术规范》（张大伟等，2014）

2014年4月17日，国土资源部以公告形式，批准发布了由全国国土资源标准化技术委员会审查通过的DZ/T 0254—2014《页岩气资源/储量计算与评价技术规范》，并从2014年6月1日起实施。这是我国页岩气的一项重要的行业标准，是规范和指导我国页岩气勘探开发的重要技术规范，也是加快和推进我国页岩气勘探开发步伐的一项重大举措。DZ/T

0254—2014 的发布实施是我国非常规油气领域的一件大事，必将对我国页岩气资源储量管理和页岩气勘探开发产生重要影响。

（一）DZ/T 0254—2014《页岩气资源／储量计算与评价技术规范》的重要意义

页岩气按独立矿种进行管理，对页岩气探矿权实行招标出让，有序引入多种投资主体，通过竞争取得探矿权，实行勘查投入承诺制和区块退出机制，以全新的管理模式，促进页岩气勘探开发，促使页岩气勘探开发企业加大勘查投入，尽快落实储量，形成规模产量，以推动我国页岩气产业健康快速发展。

继 2012 年 3 月，国家发展和改革委员会、国土资源部、财政部、国家能源局共同发布《页岩气发展规划（2011—2015 年）》之后，国家有关部门又相继出台了加强页岩气资源勘查开采和监督管理、页岩气开发利用补贴、页岩气开发利用减免税、页岩气产业政策，以及与页岩气相关的天然气基础设施建设与运营管理、油气管网设施公平开放监督管理、建立保障天然气稳定供应长效机制等一系列政策规定，为中国页岩气勘探开发创造了宽松的政策环境。与此同时，其他有关页岩气环保、用水、科技和对外合作等政策措施也正在加紧制定中。

现阶段，我国页岩气勘探开发已经进入了实质性发展阶段，重庆涪陵、四川长宁等地区开始转入页岩气商业性开发。中国石化在重庆涪陵焦石坝、中国石油在四川长宁地区已率先形成产能，并将形成大规模的开发，具备了提交页岩气储量的条件。页岩气储量作为产量的基础，在我国页岩气勘探开发进入到现在这个阶段，如何评价计算已是当务之急。为了促进页岩气科学合理的勘探开发，做好页岩气储量估算和评审工作，规范不同勘探开发阶段页岩气资源／储量评价、勘探程度和认识程度等标准，为页岩气产能建设提供扎实的储量基础，出台和发布 DZ/T 0254—2014 就显得十分必要。

DZ/T 0254—2014 借鉴国外成功经验，根据我国页岩气的成藏特点和页岩气勘探开发实践成果，尊重地质工作规律和市场经济规律，参考相关技术标准规范，实现了与不同矿种间规范标准的衔接。同时，鼓励采用科学适用的勘查技术手段，注重勘查程度和经济性评价，适应了我国页岩气勘探开发投资体制改革，比较切合我国页岩气勘探开发的实际，体现了页岩气作为独立矿种和市场经济的要求。必将对按照油气勘探规律和程序作业，提高勘探投资效益，避免和减少页岩气勘探资金的浪费，促进页岩气勘探开发进程起到重要的指导和推动作用。

DZ/T 0254—2014 是页岩气储量计算、资源量预测和国家登记统计、管理的统一标准和依据，有利于国家对页岩气资源的统一管理、统一定量评价，更准确地掌握页岩气资源家底，制定合理的页岩气资源管理政策，促进页岩气资源的合理开发和利用。DZ/T 0254—2014 也是企业投资、产能建设、开发生产以及矿业权流转中资源 / 储量评价的依据，有利于企业自主行使决策权，确定勘探手段、进度安排以及进一步勘探的部署，以减少勘探开发投资风险，提高投资效益。有利于企业按照统一的标准估算页岩气储量，并向国家提交页岩气储量，进而确定开发投资和产能规模，为矿业权转让提供统一的尺度，有利于市场经济条件下的页岩气勘探开发投资体制运行和页岩气产业经济的发展。

（二）DZ/T 0254—2014《页岩气资源 / 储量计算与评价技术规范》的主要特点

（1）体现了页岩气特点，与国内页岩气勘探实践结合紧密。

我国页岩气地质特点和富集规律独特。富有机质页岩发育层系多、类型多、分布广。从下古生界至新生界 10 个层系中形成了数十个含气页岩层段。寒武系、奥陶系、志留系和泥盆系主要发育海相页岩，其中上扬子及滇黔桂区海相页岩分布面积大，厚度稳定，有机碳含量高，热演化程度高，页岩气显示广泛，目前已在川渝、滇黔北获得页岩气工业气流。石炭系—二叠系主要发育海陆过渡相富有机质页岩，在鄂尔多斯盆地、南华北和滇黔桂地区最为发育，页岩单层厚度较小，但累计厚度大，有机质含量高，热演化程度较高，页岩气显示丰富。中新生界陆相富有机质页岩主要发育在鄂尔多斯盆地、四川盆地、松辽盆地、塔里木盆地和准噶尔盆地等含油气盆地中，分布广、厚度大，有机质含量高、热演化程度偏低，页岩油气显示层位多。根据大地构造格局和页岩气发育背景条件，将中国页岩气划分为南方（包括扬子板块和东南地块）、华北—东北及西北三大页岩气地质区。

我国对油气源岩的系统研究已经进行了几十年，对其分布规律的了解较为深入。国内近年来的页岩气资源调查评价和勘探实践成果，也基本确定了含气页岩层段的含义，并对海相、海陆过渡相和陆相含气页岩层段进行了划分，但也存在着不同的认识。对此，DZ/T 0254—2014 对页岩层段的定义没有采取定量化，而是采用了定性处理。这样既符合我国页岩气的特点，也与我国目前正在进行的页岩气勘探开发生产实践相适应。

（2）参考了石油天然气储量计算规范，实现不同矿种间规范标准的协调。

页岩气属烃类矿产，与天然气、煤层气等既有相类似之处，也有自身的不同特点。DZ/T 0254—2014 在定义页岩气、页岩层段、脆性矿物等术语及内涵时，充分考虑并实现了与不同矿种间规范法规的协调。在页岩气资源／储量分类分级中，沿用了现行的常规油气的分类分级体系，类别分为勘探、评价、先导试验和产能建设等 4 个阶段，分阶段进行储量计算、复算、核算、结算和动态更新。页岩气地质储量级别分为探明地质储量、控制地质储量和预测地质储量，并规定了各级地质储量计算参数的划定原则、测定方法和取值要求。同时，规定了探明、控制和预测的探明技术可采储量的计算条件和方法，以及探明与控制的页岩气经济可采储量的计算条件。

DZ/T 0254—2014 与常规油气技术规范一样，重视基本井距和地震勘探测线距密度，规定了地震、钻井、测井勘探等工作量，按照 DZ/T 0217—2005《石油天然气储量计算规范》中有关天然气的要求执行。这样规定有利于鼓励页岩气技术攻关和创新，推动页岩气勘探开发技术的发展。

（3）强调了页岩气勘探开发经济评价，把页岩气的经济意义作为一个重要因素予以考虑。

页岩气勘探投资的目的是为了获取有开采价值、有经济意义的页岩气储量。这就决定了页岩气勘探不仅要查清页岩气的有效储层、品位、赋存条件及开采条件，而且还要对其进行可行性经济评价，从而确定页岩气开发的经济意义。

鉴于目前我国页岩气勘探开发还处在试验和探索阶段，大规模开发才刚刚开始，加之开发条件复杂多样，开发技术还不够普遍成熟，初期勘探开发成本较高的情况，考虑到页岩气勘探开发的自身特点，同时根据国外页岩气开发投产初期6个月以上的单井递减迅速，6个月后递减变缓，一般将试采6个月以上的单井平均产气量作为开发方案配产依据的经验，DZ/T 0254—2014参照国内外产量数据预测，规定页岩气探明储量起算的下限标准，即单井日产试采6个月的单井平均产气量。

页岩气勘探开发经济评价是在页岩气勘探过程中进行的，每一个页岩气区块在其勘探过程中不同的勘探阶段都要做经济评价工作，只有获得预期经济效益，才有可能转入下一阶段的勘探工作。目前，我国页岩气开发有的经济效益较好，但有的还达不到常规油气的效益指标，内部收益率较低。因此DZ/T 0254—2014允许企业对页岩气开发制订内部收益率指标，经济评价结果净现值大于或等于零，内部收益率达到企业规定收益率，即可进行经济可采储量的计算。这样规定，比较客观地反映了页岩气的本质特征。

（4）具有较强的操作性，便于页岩气储量估算和评审。

DZ/T 0254—2014在起草和编制过程中，广泛征求了国家有关部门、页岩气企业、相关科研单位和院校以及有关院士专家的意见，并在网上公开征求社会的意见。该标准规定了页岩气资源/储量分类分级及定义、储量估算方法、储量评价技术要求，适用于页岩气估算、评价、资源勘查、开发设计及报告编写等，为企业勘探开发页岩气适用各种技术和估算储量、为储量评审机构评审页岩气储量报告提供了依据。

（三）DZ/T 0254—2014《页岩气资源／储量计算与评价技术规范》所涉及的重点问题

（1）明晰了页岩气及页岩层段的概念及其界定。

DZ/T 0254—2014 对页岩气的定义是"页岩气是指赋存于富含有机质的页岩层段中，以吸附气、游离气和溶解气状态储藏的天然气，主体是自生自储成藏的连续性气藏；属于非常规天然气，可通过体积压裂改造获得商业气流"，并对页岩层段也进行了定义"页岩层段是指富含有机质的烃源岩层系，以页岩、泥岩和粉砂质泥岩为主，含少量砂岩、碳酸盐岩或硅质岩等夹层。夹层中的致密砂岩气或常规天然气，按照天然气储量计算规范进行估算，若达不到单独开采价值的，作为页岩气的共伴生矿产进行综合勘查开采"。以上定义包括以下几个方面含义：

①页岩层段是烃源岩层系的油气富集段。也就是说，页岩气为烃源岩层系内富集的天然气，富集层位明确。我国油气勘探开发史已有上百年，对烃源岩的研究也有几十年，对我国自元古界至新生界的烃源岩发育层位和分布地区十分了解。以烃源岩层系为目标，确定页岩气发育潜在地区是有把握的。

②页岩层段由富含有机质的细粒岩石为主组成，包括泥岩、页岩、粉砂质泥页岩、粉砂岩、白云质泥岩等富含有机质岩石。页岩气在我国起步前，对烃源岩的研究主要侧重在有机地球化学研究方面，对其岩石学研究很少，将富含有机质的烃源岩一律归为泥页岩类，没有进一步深入研究。近几年页岩气的调查评价、勘探开发和研究逐步深入，对页岩层段岩石学和矿物学的研究也不断深入，并取得了许多新成果新认识，其中最为突出的是对页岩层段岩石学研究的新认识：a. 富含有机质岩石除泥岩和页岩外，还有粉砂质泥岩、页岩、白云质泥页岩和白云岩，甚至部分粉砂岩，上述岩石的有机质含量都很高，均属于油气源岩；b. 页岩层段为一套复杂岩性段，岩石组成一般超过 6 种，除富含有机质的泥岩、页岩、粉砂质泥岩、页岩和白云质泥页岩等富含有机质细粒岩石外，还有砂岩和碳酸盐岩等夹层，

多种岩石组成复杂的岩性段；c. 页岩层段的矿物成分包括石英、长石和碳酸盐岩等脆性矿物，也包括伊利石、蒙皂石、高岭石等黏土矿物，还包括一定比例的有机质，其中脆性矿物含量一般大于30%；d. 页岩层段孔隙度一般介于1% ~ 10%，孔隙度并不是很低，而渗透率则很低，不经压裂一般不会形成商业产能。

③定义也给出了页岩气与致密气的区别：a. 页岩气中有一部分是以吸附状态存在于页岩层段中，而致密气不存在吸附状态赋存的天然气；b. 页岩气储层（即页岩层段）的岩性复杂多样，主要由石英等脆性矿物、伊利石等黏土矿物及有机质为主组成，而致密气储层主要为砂岩和碳酸盐岩等，以石英、长石、岩屑、碳酸盐岩等脆性矿物为主组成，岩性相对单一；c. 组成页岩气储层的多数岩石都富含有机质，仅有砂岩、碳酸盐岩等夹层不含有机质，而构成致密气储层的砂岩、碳酸盐岩等则均不含有机质。

（2）将先导试验阶段划归为页岩气勘探开发的特有阶段。

DZ/T 0254—2014将页岩气勘探开发阶段划分为勘探阶段、评价阶段、先导试验阶段、产能建设和生产阶段。其中将先导试验阶段划归为页岩气勘探开发所特有的阶段，是考虑页岩气勘探开发具体特点而设置的。由于页岩层段的纵向和横向非均质性强，部分专家甚至认为页岩气具有"一井一藏"的特点，页岩气的勘探开发阶段很难分开，仅有几口评价井是难以全面认识开发区的页岩气产能特征的，需要进一步通过页岩气直井或水平井井组进行开发试验，进一步获取页岩气小规模开发相关资料，为制订页岩气开发方案提供翔实的参数。

（3）明确了页岩气储量起算标准。

DZ/T 0254—2014规定了页岩气单井平均产气量下限由试采6个月的单井平均产气量资料求取。页岩气单井产量特征曲线与开采方式有关，美国典型单井产量特征曲线为第一年快速下降，降到产量峰值的25% ~ 35%，之后产量下降速度明显放缓，长期低产。另一种生产曲线为控压生产，如我国的焦石坝页岩气区块、美国鹰滩的必和必拓页岩气区块等，产量一般控制在无阻流量的 1/5 ~ 1/3，以保持储层压力，页岩气产量缓慢下降，稳产时间较长，成本回收时间也延长，研究认为这种控压生产方式会提高页岩气采收率 5% 左右。从这点看，《规范》所规定的单井平均产气量下限为 6 个月为最短的试采时间，主要考虑我国页岩气开发刚刚起步，缺少连续试采时间较长的页岩气试采井。

DZ/T 0254—2014 明确了页岩气储量计算标准，试采 6 个月的单井平均日产气量下限为进行储量计算应达到的最低经济条件，根据埋深、开发特点分为 5 档：日产气量直井 500m^3、水平井 5000m^3（埋深 500m 以浅）；日产气量直井 1000m^3、水平井 1 × 10^{4}m^3（埋深 500 ~ 1000m）；日产气量直井 3000m^3、水平井 2 × 10^{4}m^3（埋深 1000 ~ 2000m）；日产气量直井 5000m^3、水平井 4 × 10^{4}m^3（埋深 2000 ~ 3000m）；日产气量直井 1 × 10^{4}m^3、水平井 6 × 10^{4}m^3（埋深 3000m 以深）。

（4）按照技术可采储量的大小，将页岩气田规模划分为 5 种类型。

DZ/T 0254—2014 将页岩气田规模，按照技术可采储量的大小划分为 5 种类型，见表 3-1。

表 3-1　页岩气田规模划分表

页岩气田规模	技术可采储量（10^{8}m^3）
特大型	≥ 2500
大型	250 ~ 2500
中型	25 ~ 250
小型	2.5 ~ 25
特小型	< 2.5

注：范围值数据，前者为大于等于数值，后者为小于数值。

DZ/T 0254—2014 虽已公布实施，但特别需要强调的是，由于页岩气勘探开发属于地质科学范畴，是一个探索性强、理论和实践紧密结合的科学技术性工作，页岩气地质条件的千变万化，必然导致页岩气勘探开发的多解性、复杂性和艰巨性。在全国范围内每一个页岩气区块都有各自的特点。因此，DZ/T 0254—2014只能在现阶段对页岩气地质理论和认识的基础上，做出原则性的规定，对页岩气勘探开发的控制程度和研究程度也只能做出最低限度的要求。在实践工作中，要按照客观地质规律，因地制宜，实事求是地执行DZ/T 0254—2014，以保证我国的页岩气勘探开发工作更加科学化、系统化。

三、页岩气勘探开发技术标准

为了规范我国页岩气行业发展，石油地质勘探专业标准化委员会、能源行业页岩气标准化委员会等制定了系列国家标准和行业标准，在此基础上，中国石油、中国石化和延长石油等企业也制定了相应的地方和企业标准。

（一）页岩含气量测定方法

2013年11月28日，国家能源局发布了SY/T 6940—2013《页岩含气量测定方法》。规定了页岩岩心的含气量测定方法，适用于页岩钻井过程中获取的页岩岩心样品的含气量测定。这是我国发布的第一项页岩气行业标准。

（二）页岩气地质评价方法

2015年5月15日，国家质量监督检验检疫总局、国家标准化管理委员会发布了GB/T 31483—2015《页岩气地质评价方法》。规定了页岩气定义、地质评价内容、方法和参数。适用于页岩气勘探开发中的地质评价。

（三）页岩气技术要求和试验方法

2016年12月13日，国家质量监督检验检疫总局、国家标准化管理委员会发布了GB/T 33296—2016《页岩气技术要求和试验方法》。规定了页岩气产品的技术要求、分析测试方法。适用于经过处理的页岩气产品。

（四）石油企业探索和制定页岩气技术要求

中国石油西南油气田公司、中国石油浙江油田公司、中国石化重庆涪陵页岩气勘探开发有限公司、陕西延长石油（集团）有限责任公司等企业在页岩气生产实践中，探索和制定了《页岩气开发方案编制规范》《页岩气资源/储量计算方法》《页岩气田建设项目环境管理要求》《页岩气田钻井和试气环保技术要求》《页岩气田固体废物管理规范》《页岩气田工业废水管理规定》《页岩气田含油污泥综合处理控制要求》等页岩气的企业标准、规定，以规范页岩气开采行为。

第四章

示范与亮点

中国页岩气示范区建设和页岩气工业化规模生产

美国通过页岩气革命改变了世界能源格局,我国通过政府、企业的全面推进,页岩气资源基本落实,配套了独立矿权制度、完善了配套标准体系,出台了相关的税费补贴政策,技术层面突破了工业气流、商业气流的关键瓶颈,具备了设立中国典型的示范区,带动产业的全面发展,优化中国能源结构的条件。

第一节　中国页岩气示范区建设

一、设立页岩气示范区的目的和意义

为加快页岩气勘探开发技术集成和突破，形成相应的开采工程技术系列标准和规范，探索页岩气勘探开发的经济政策和更有效的环境保护方法，实现我国页岩气规模效益开发，国家发展和改革委员会和国家能源局在2012—2013年期间，先后批复设立"长宁—威远国家级页岩气示范区""昭通国家级页岩气示范区""延安国家级陆相页岩气示范区""涪陵国家级页岩气示范区"（表4-1）。通过4个示范区的建设，发展完善页岩气勘探开发主体技术，形成特色管理模式，培养锻炼页岩气技术和管理人才队伍，实现页岩气规模有效开发，推动我国页岩气产业的发展。

表4-1　国家级页岩气示范区设立时间和承建单位

示范区名称	设立时间	承建单位
长宁—威远国家级页岩气示范区	2012年3月	中国石油西南油气田公司
昭通国家级页岩气示范区	2012年3月	中国石油浙江油田公司
延安国家级陆相页岩气示范区	2012年9月	陕西延长石油（集团）有限责任公司
涪陵国家级页岩气示范区	2013年9月	中国石化江汉油田公司

二、示范区基本概况

设立的4个国家级页岩气示范区中有海相页岩气示范区3个，其中中国石油负责承建2个，中国石化承建1个；陆相页岩气示范区1个，由延长石油负责承建。3个海相页岩气示范区分布在四川盆地及周缘，根据构造特征按照4种类型进行设置，涪陵为典型的背斜型，长宁为向斜型，威远为单斜型，昭通为盆缘复杂构造型，勘探开发层系均为奥陶系五峰组—志留系龙马溪组海相页岩地层；陆相页岩气在鄂尔多斯盆地，目的层为二叠系和三叠系。

（一）中国石油长宁—威远国家级页岩气示范区

长宁—威远国家级页岩气示范区（以下简称"长宁—威远示范区"）位于川南地区，总面积为 6534km²，其中长宁区块 4230km²，威远区块 2304km²。

1. 长宁区块

1）地理位置及自然条件

长宁区块位于四川盆地西南部，横跨四川省宜宾市长宁县、珙县、兴文县、筠连县境内，属于水富—叙永矿权区。区内地表属于山地地形，地貌以中低山地和丘陵为主，地面海拔一般在 400 ~ 1300m，最大相对高差约 900m。该区属中亚热带湿润型季风气候，四季分明，年平均气温 17 ~ 18℃，雨量充沛，发育有长江、金沙江和南广河等水系。

区内交通条件相对较好，主要包括连通云、贵、川三省的叙高公路以及宜珙铁路、金筠铁路等。示范区及周边社会、经济条件相对较好，具有较好的市场潜力，为页岩气的规模开发提供了有利条件。区内及周边的天然气目标市场好，用气量大，主要是宜宾市筠连县、高县、长宁县、珙县、兴文县和泸州市叙永县，周边城市居民用气由地方天然气公司投资的中低压燃气管道和配气站供应，企业用气主要为云南云天化股份有限公司（简称云天化）、贵州赤天化股份有限公司（简称赤天化）和四川天华股份有限公司等大型化工企业。

2）基本地质条件

（1）构造及断层特征。

区域构造上，长宁区块位于川南低陡构造带和娄山褶皱带交界处。

长宁区块发育向斜构造及多个不同规模的背斜构造，其中建武向斜为一近东西向宽缓向斜，为目前主力建产区；背斜构造中长宁背斜构造规模最大，其核部在喜马拉雅期遭受剥蚀而出露中寒武统，背斜轴向整体呈北西西—南东东向，南西翼较平缓，北东翼较陡（图4-1）。受多期构造影响，长宁区块五峰组—龙马溪组主要发育北东—南西、近东西向两组断裂体系，均为逆断层，断层规模以中小断层为主，多数消失在志留系内部。

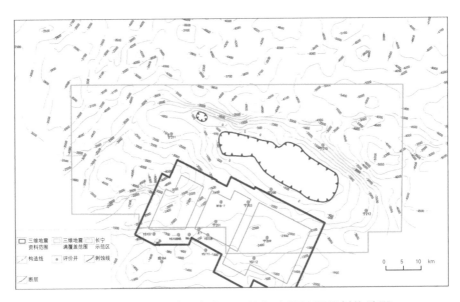

图4-1　长宁示范区奥陶系五峰组底界地震反射构造图

（2）地层及沉积特征。

① 地层层序。长宁区块除缺失泥盆系和石炭系外，其余地层层序正常，主要钻遇侏罗系—奥陶系。其中，上奥陶统五峰组—下志留统龙马溪组为连续沉积地层，是现阶段页岩气勘探开发的目标层系。

长宁背斜受喜马拉雅运动影响遭受剥蚀，其核部出露中寒武统，现今龙马溪组残余厚度主要为200～350m，五峰组厚度一般介于2～13m。

② 目的层埋深。长宁区块五峰组底界埋深主要介于1500～4000m，长宁背斜及南翼地区埋深普遍小于3500m，背斜以北和以西埋深逐渐增大（图4-2）。

③ 沉积特征与小层划分。川南地区在五峰组—龙马溪组沉积期处于乐

山—龙女寺古隆起和黔中古陆所夹持的钙质—粉砂质深水泥棚相沉积环境。依据沉积旋回可将龙马溪组自下而上分为龙一段和龙二段，按照次级旋回和岩性特征将龙一段细分为龙一$_1$和龙一$_2$等两个亚段，龙一$_1$亚段进一步划分为龙一$_1^1$、龙一$_1^2$、龙一$_1^3$、龙一$_1^4$等4个小层（表4-2），五峰组—龙一$_1$亚段是目前开发的目的层段。

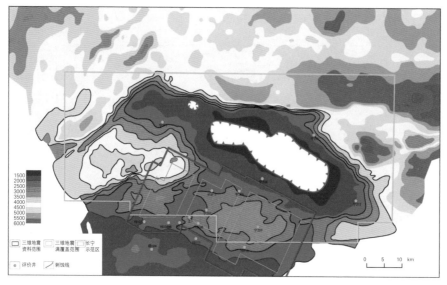

图4-2　长宁区块五峰组底界埋深图

表4-2　五峰组—龙马溪组小层划分方案

地层				特征	厚度范围（m）
系	组	段	小层		
志留系	龙马溪组		龙二段	龙二段底部灰黑色页岩与下伏龙一段黑色页岩—灰色粉砂质页岩相间的韵律层分界	100～250
		龙一段	龙一$_2$亚段	岩性以龙一$_2$亚段底部深灰色页岩与下伏龙一$_1$亚段灰黑色页岩分界，GR、AC整体低于五峰组—龙一$_1$亚段，DEN整体高于五峰组—龙一$_1$亚段，TOC进入五峰组—龙一$_1$亚段整体高于2%	100～150

续表

地层				特征	厚度范围（m）
系	组	段	小层		
志留系	龙马溪组	龙一段	龙一$_1$亚段 龙一$_1^4$小层	厚度大，GR 为相对龙一$_1^3$小层低平的箱型，GR 介于 140～180 API，AC、CNL 和 TOC 低于龙一$_1^3$小层，DEN 高于龙一$_1^3$小层	6～25
			龙一$_1^3$小层	标志层，黑色碳质、硅质页岩，GR 陀螺型凸出于龙一$_1^4$小层和龙一$_1^2$小层，GR 介于 160～270 API，高 AC，低 DEN，TOC 与 GR 形态相似	3～9
			龙一$_1^2$小层	厚度较大，黑色碳质页岩，GR 相对龙一$_1^3$小层、龙一$_1^1$小层呈低平类箱形特征，与龙一$_1^4$小层类似，GR 为 140～180 API，TOC 分布稳定，低于龙一$_1^1$小层、龙一$_1^3$小层	4～11
			龙一$_1^1$小层	标志层，黑色碳质、硅质页岩，GR 在底部出现龙马溪组内最高值，在 170～500 API，GR 最高值下半幅点为龙一$_1^1$小层底界	1～4
奥陶系	五峰组			顶界为观音桥段介壳灰岩，厚度不足 1m，以下为五峰组碳质硅质页岩；界限为 GR 指状尖峰下半幅点，高 GR 划入龙马溪组	0.5～15

（3）储层特征。

①岩石矿物特征。五峰组—龙一$_1$亚段主要为呈薄层或块状产出的暗色或黑色细颗粒的泥页岩，在化学成分、矿物组成、古生物、结构和沉积构造上丰富多样。储层岩石类型主要为含放射虫碳质笔石页岩、碳质笔石页岩、含骨针放射虫笔石页岩、含碳含粉砂泥页岩、含碳质笔石页岩以及含粉砂泥岩。

页岩矿物组成以硅质矿物（石英、长石）为主，含量介于10.2%～89.9%，平均占 50.9%；其次是方解石和白云石，平均含量分别为 16.2% 和 10.4%；黄铁矿含量小于 5%；黏土矿物平均含量 20.5%，以伊利石和伊蒙混层为主，其次为绿泥石，不含蒙皂石。

脆性矿物主要包括石英、长石和碳酸盐矿物（方解石、白云石），其含量直接关系到泥页岩的可改造性，脆性矿物含量越高，页岩脆性越强，越容易在外力作用下形成裂缝，利于压裂改造。长宁区块五峰组—龙一$_1$亚段各小层脆性矿物含量均值介于 65.5% ~ 80.4%。整体而言，脆性矿物含量均呈现自上而下逐渐增高的特点，五峰组、龙一$_1^1$小层和龙一$_1^2$小层含量较高，龙一$_1^3$小层和龙一$_1^4$小层含量较低。

② 有机地化特征。五峰组—龙一$_1$亚段各小层 TOC 均值介于 2.7% ~ 5.8%。页岩干酪根类型以 I 型为主，组分以腐泥组和沥青组为主，其中腐泥组含量为 78% ~ 90%，沥青组含量 10% ~ 22%，不含壳质组、镜质组和惰质组。

有机质成熟度指标镜质组反射率 R_o 分布在 2.6% ~ 3.2%，达到高—过成熟阶段，以产干气为主。

③储集物性特征。五峰组—龙一$_1$亚段页岩储层储集空间可划分为孔隙和微裂缝两大类。通过大量岩心、薄片及扫描电镜的观察分析，区内五峰组—龙马溪组页岩裂缝较发育，根据其成因可分为构造缝、成岩缝、溶蚀缝及生烃缝。孔隙按其成因可分为有机孔和无机孔（粒间孔、粒内溶孔、晶内溶孔、晶间孔、生物孔）等。长宁地区有机孔发育，孔径主要分布在 15 ~ 400nm，龙一$_1^1$小层介孔—宏孔均衡发育，且不同孔径有机孔彼此连通性较好，孔隙网络发育；龙一$_1^2$小层有机孔和无机孔均不发育，孔隙网络不发育，连通性较差；龙一$_1^3$小层有机孔发育，且以大宏孔为主，孔隙网络发育，连通性较好；龙一$_1^4$小层有机孔不发育。

五峰组—龙一$_1$亚段各小层孔隙度均值介于 4.8% ~ 5.7%，龙一$_1^1$小层和龙一$_1^3$小层孔隙度较高。单井五峰组—龙一$_1$亚段实测平均基质渗透率介于 0.714×10^{-4} ~ 1.48×10^{-4} mD，平均 1.02×10^{-4} mD。五峰组—龙一$_1$亚段各小层含气饱和度均值介于 54.2% ~ 64.6%，龙一$_1^1$小层含气饱和度最高。

④含气性特征。五峰组—龙一$_1$亚段各小层总含气量均值介于 4.1 — 5.5m^3/t，其中，龙一$_1^1$小层总含气量最高。

⑤岩石力学特征。三轴抗压强度分布范围为 181.73 ~ 321.74MPa，平均值为 238.648MPa；杨氏模量分布范围 1.548×10^4 ~ 5.599×10^4MPa，平均值为 2.982×10^4MPa；泊松比分布范围 0.158 ~ 0.331，平均值为 0.211，总体显示较高的杨氏模量和较低的泊松比特征，具有较好的可压性。

⑥储层厚度。结合 DZ/T 0254—2014《页岩气资源／储量计算与评价技术规范》和北美优质页岩划分标准，中国石油充分结合四川盆地海相页岩地质特征，完善了储层分类评价标准，将页岩储层由好到差分为Ⅰ类、Ⅱ和Ⅲ类储层，其中Ⅰ类和Ⅱ类为优质页岩储层，Ⅲ类为一般页岩储层（表4-3）。Ⅰ类＋Ⅱ类储层钻遇率，尤其是Ⅰ类储层钻遇率高，可以为实现页岩气井高产奠定坚实地质基础。

表4-3　页岩储层分类标准

参数	页岩储层		
	Ⅰ类储层	Ⅱ类储层	Ⅲ类储层
TOC（%）	≥3	2 ~ 3	1 ~ 2
有效孔隙度（%）	≥5	3 ~ 5	1 ~ 3
脆性矿物（%）	≥55	45 ~ 55	30 ~ 45
含气量（m^3/t）	≥3	2 ~ 3	1 ~ 2

五峰组—龙一$_1$亚段各小层Ⅰ类＋Ⅱ类储层厚度均值介于1.8 ~ 14.4m，一般大于10m，纵向Ⅰ类＋Ⅱ类储层厚度分布稳定，横向分布连续。

（4）气藏特征。五峰组—龙马溪组页岩气烃类组成以甲烷为主，平均98%以上，重烃含量低，低含二氧化碳，不含硫化氢；天然气成熟度高，干燥系数（C_1/C_{2+}）为134.65 ~ 282.98。

长宁地区实测产层中深地层压力为18.41 ~ 61.02MPa，地层温度为79.1 ~ 110.6℃。地层压力系数较高，介于1.35 ~ 2.03，表明区块内页岩气保存条件较好。

2. 威远区块

1）地理位置及自然条件

威远区块位于四川盆地西南部，行政区划属内江市威远县、资中县和自贡市荣县境内，涵盖内江—犍为矿权区。区块北部为山地地貌，中南部大部分区域为丘陵地貌，地势自北西向南东倾斜，低山、丘陵各半，海拔300 ～ 800m，S4、S11 和 G85 等多条高速公路穿越示范区。区内水系丰富，发育有威远河、乌龙河和越溪河等河流，以及长沙坝和葫芦口等水库，年平均降水量为 985.2 ～ 1618mm。

2）基本地质条件

（1）构造及断层特征。威远区块整体表现为由北西向南东方向倾斜的大型宽缓单斜构造，局部发育鼻状构造（图 4-3）。地层整体较为平缓，倾角小，断裂整体不发育。

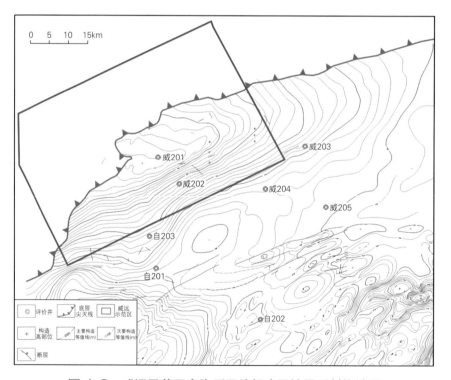

图 4-3　威远示范区奥陶系五峰组底界地震反射构造图

（2）地层及沉积特征。

① 地层层序。威远区块与长宁区块一致，整体地层层序正常，受加里东运动影响，乐山—龙女寺古隆起范围龙马溪组遭受剥蚀，工作区内龙马溪组残余厚度主要在 180 ～ 450m，五峰组厚度一般介于 1 ～ 9m。

② 目的层埋深。威远区块五峰组底界埋深为 1500 ～ 4000m，由威远背斜自北西向南东方向埋深逐渐增加（图 4-4）。

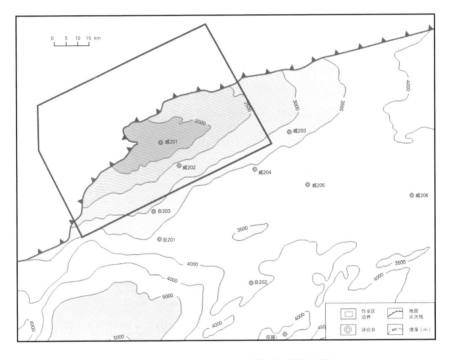

图 4-4　威远区块五峰组底界埋深图

③ 沉积特征与小层划分。四川盆地奥陶系五峰组—志留系龙马溪组均为深水陆棚相沉积，其沉积特征与长宁地区基本一致，小层划分方案与长宁地区一致。

（3）储层特征。

①岩石矿物特征。威远区块五峰组—龙马溪组页岩矿物组成与长宁类似，以硅质矿物为主，其次是方解石和白云石，含少量黄铁矿；黏土矿物

平均含量 20% 左右，以伊利石和伊/蒙混层为主。

脆性矿物含量呈现自上而下逐渐增高的特点，五峰组、龙一 $_1^1$ 小层和龙一 $_1^2$ 小层含量较高，龙一 $_1^3$ 小层和龙一 $_1^4$ 小层含量较低，各小层脆性矿物含量均值介于 59.3% ~ 73.9%，平面上变化小，主要在 60% ~ 65%。

② 有机地化特征。五峰组—龙一 $_1$ 亚段各小层 TOC 均值介于 2.7% ~ 5.6%，TOC 自上而下逐渐增大，龙一 $_1^1$ 小层 TOC 最高，龙一 $_1^4$ 小层最低。五峰组—龙马溪组页岩 R_o 分布在 1.8% ~ 2.5%，均达到高—过成熟阶段，以产干气为主。

③ 储集物性特征。五峰组—龙一 $_1$ 亚段各小层孔隙度均值介于 4.9% ~ 6.3%，龙一 $_1^1$ 小层和龙一 $_1^3$ 小层孔隙度较高；单井五峰组—龙一 $_1$ 亚段实测平均基质渗透率分布在 2.34×10^{-5} ~ 3.80×10^{-4} mD，平均 1.60×10^{-4} mD；五峰组—龙一 $_1$ 亚段各小层含气饱和度均值介于 56.2% ~ 64.7%，龙一 $_1^1$ 小层含气饱和度最高。

④ 含气性特征。五峰组—龙一 $_1$ 亚段各小层总含气量均值介于 4.5 ~ 6.6m³/t，龙一 $_1^1$ 小层总含气量最高。

⑤ 岩石力学特征。龙马溪组岩石力学实验结果表明，三轴抗压强度分布范围 97.7 ~ 281.6MPa，平均值为 213.90MPa；杨氏模量分布范围 1.1×10^4 ~ 3.3×10^4 MPa，平均值为 2.1×10^4 MPa；泊松比分布范围 0.17 ~ 0.29，平均值为 0.20。整体表现为较高的杨氏模量和较低的泊松比。其中，龙一 $_1$ 亚段 1 小层和 2 小层杨氏模量较大，泊松比最低，脆性指数最高，为最有利于储层改造的小层。

⑥ 储层厚度。五峰组—龙一 $_1$ 亚段各小层 I 类 + II 类储层厚度均值介于 2.3 ~ 16.7m。整体而言，纵向 I 类 + II 类储层厚度分布稳定，横向分布连续。

（4）气藏特征。龙马溪组页岩气为优质天然气，烃类组成以甲烷为主，占比 97% 以上，重烃含量很低，不含 H_2S，CO_2 含量为 0.22% ~ 1.5%。天然气成熟度高，干燥系数（C_1/C_{2+}）为 138.49 ~ 221.32。

实测产层中深地层压力为 13.79 ~ 73.31MPa，压力系数介于
1.4 ~ 1.99，页岩气保存条件较好，地层温度为 71.8 ~ 133.92℃。

（二）中国石化涪陵国家级页岩气示范区

1. 地理位置及自然条件

涪陵国家级页岩气示范区（以下简称"涪陵示范区"）位于四川盆
地东南部（图4-5），探矿权勘查面积7307.77km²。该示范区横跨重庆

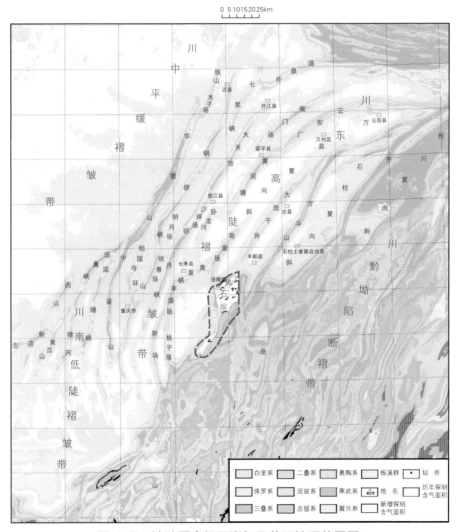

图 4-5 涪陵国家级页岩气示范区地理位置图

市南川、武隆、涪陵、丰都、长寿、垫江、忠县、梁平和万县九区县，地处四川盆地和盆边山地过渡地带，境内地势以低山丘陵为主，横跨长江南北、纵贯乌江东西两岸。地势大致东南高而西北低，海拔多分布在200～800m；示范区东部为铜矿山脉，山脉南北走向，呈"一山一槽二岭"形态。

2. 基本地质条件

1）构造及断层特征

该示范区位于四川盆地川东隔挡式褶皱带南段石柱复向斜、方斗山复背斜和万县复向斜等多个构造单元的结合部（图4-6）。受雪峰、大巴山等方向多期构造影响，气田内五峰组—龙马溪组主要发育北东向和北北西向两组断层，早期发育北东向断层，以白家断裂为界形成"东西分带、隆凹相间"的构造格局，后期发育的北北西向乌江断层则将西带分隔成"南北分块"的特征（图4-7）；气田目前的两个产建区分别位于焦石坝似箱状断背斜和平桥断背斜。

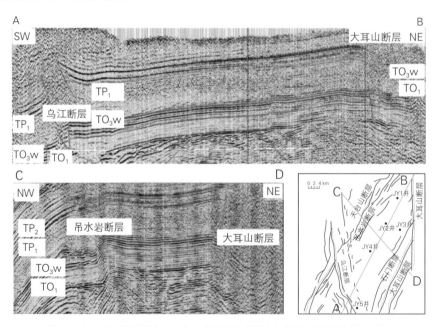

图4-6　涪陵页岩气田焦石坝似箱状断背斜构造地震剖面图

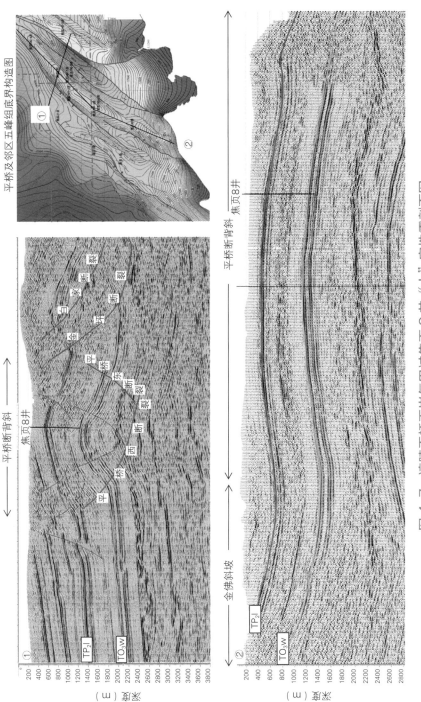

图 4-7 涪陵平桥页岩气田过焦页 8 井 "十" 字地震剖面图

2）地层及沉积特征

（1）地层层序。该示范区发育晚震旦世至三叠纪地层，自中奥陶统至上二叠统区内发育地层基本一致，但由于后期抬升剥蚀程度不同，造成不同区块二叠系以上地层发育程度有所不同。焦石坝区块二叠系以上地层主要发育下三叠统飞仙关组和嘉陵江组；江东区块二叠系以上地层发育下三叠统飞仙关组和嘉陵江组、中三叠统雷口坡组、上三叠统须家河组及下侏罗统珍珠冲组；平桥区块二叠系以上地层发育下三叠统飞仙关组和嘉陵江组、中三叠统雷口坡组、上三叠统须家河组、下侏罗统珍珠冲组和自流井组以及中侏罗统沙溪庙组。

五峰组—龙马溪组为涪陵页岩气田页岩气勘探的目的层段。五峰组厚度较薄，厚度一般为 3.5 ~ 7m。龙马溪组厚度一般为 220 ~ 360m，纵向上可进一步将其细分为三个岩性段，即自下而上为龙马溪组一段（以下简称龙一段）、龙马溪组二段（以下简称龙二段）、龙马溪组三段（以下简称龙三段）（图 4-8）。开发有利层段主要集中在五峰组—龙马溪组一段，其中，北部的江东区块和焦石坝区块五峰组—龙马溪组一段地层厚度主要介于 84 ~ 102m，南部的平桥区块主要介于 130 ~ 160m，总体具有由北向南逐渐增厚的趋势。

（2）目的层埋深。涪陵示范区五峰组底界埋深主要介于 2000 ~ 4000m，其中焦石坝主体地区目的层埋深普遍小于 3500m，向构造西北方向埋深逐渐增大；平桥地区五峰组底界埋深为 2000 ~ 4000m，向背斜两翼埋深增加（图 4-9）。

（3）沉积特征与小层划分。该示范区及邻区在晚奥陶世五峰组沉积期—早志留世龙马溪组沉积期，发育了大套的暗色碳质、碳质笔石夹薄层泥质粉砂岩，属陆棚相沉积。在前人研究的基础上，根据目前焦石坝页岩气勘探开发生产情况，基于焦页 1 井、焦页 2 井、焦页 3 井、焦页 4 井和焦页 8 井等井的钻井、测井、录井资料及岩心观察、分析化验，可将下志留统龙马溪组龙一段—上奥陶统五峰组页岩层段定为含气页岩段，是该区主要目的层段，可划分为 9 个小层，其中，涪陵地区①—⑤小层为优质页岩气层（图 4-10）。

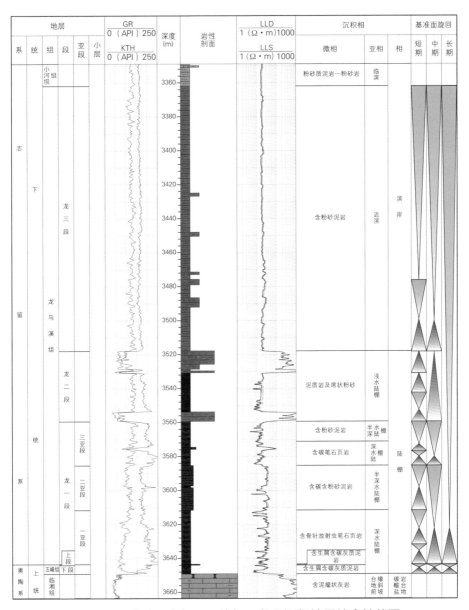

图 4-8　涪陵页岩气田五峰组—龙马溪组地层综合柱状图

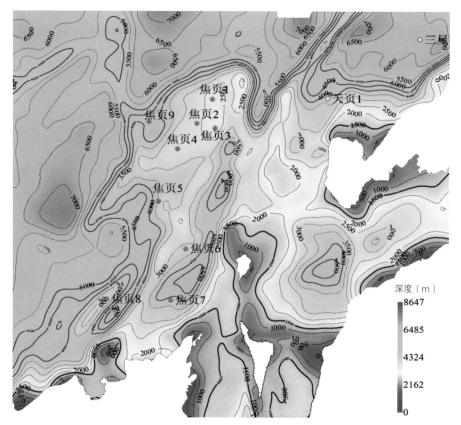

图 4-9 涪陵页岩气田五峰组底界埋深图

3）储层特征

（1）岩石矿物特征。五峰组—龙马溪组泥页岩 X 衍射实验分析表明，焦石坝气藏和平桥气藏脆性矿物总量平均值分别为 66.1% 和 54.8%，成分以硅质矿物为主，平均含量为 42.1% 和 35.8%；碳酸盐矿物平均含量分别为 9.5% 和 9.7%。黏土矿物含量平均值分别为 34.9% 和 45.2%，以伊 / 蒙混层和伊利石为主，其中伊 / 蒙混层平均含量分别为 36.5% 和 24.6%，伊利石平均含量分别为 49.1% 和 59.5%。脆性矿物和硅质矿物含量总体都具有自上而下逐渐增高的特点。

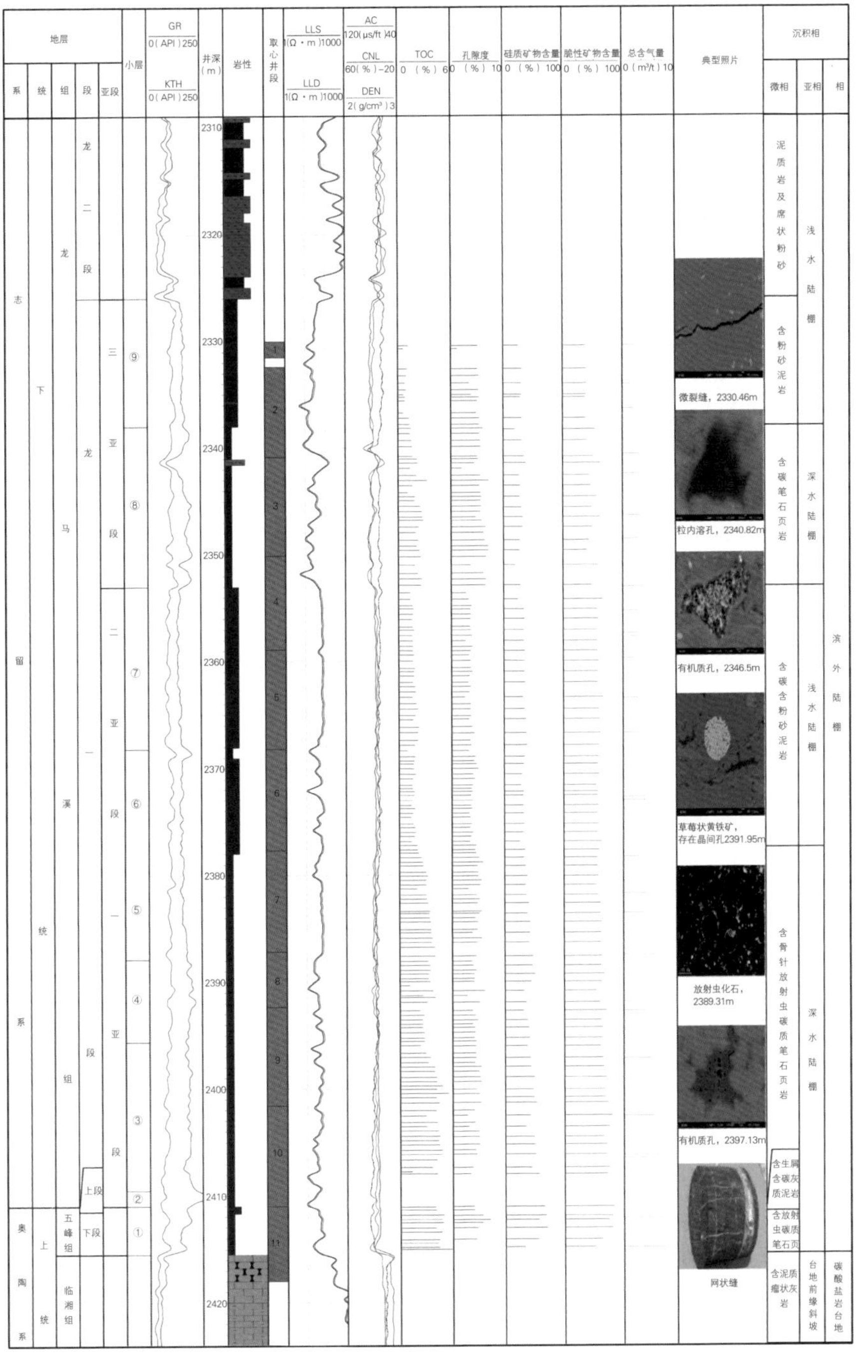

图 4-10 涪陵页岩气田焦页 1 井五峰组—龙马溪组页岩层段综合柱状图

（2）有机地化特征。涪陵页岩气田北部焦石坝气藏 9 口井页岩气层的泥页岩样品有机碳含量（TOC）分布在 0.29% ~ 6.79%，平均 2.73%；其中 TOC 不小于 1.0% 的样品达到 96.8%；南部平桥焦页 8 井等 4 口井样品 TOC 分布在 0.67% ~ 6.71%，平均 2.00%；其中 TOC 不小于 1.0% 的样品达到 92.3%。页岩 TOC 在纵向上差异明显，其中底部五峰组—龙一$_1$亚段优质泥页岩段（①—⑤小层）TOC 最高。

示范区 7 口井 50 块灰黑色碳质页岩 $\delta^{13}C_{PDB}=-30.81‰ \sim -28.50‰$；有机质显微组分测定显示，腐泥组含量最高（腐泥无定型体 36.0% ~ 71.21%，藻类体 28.79% ~ 58.0%），干酪根类型指数（TI）值介于 82.5 ~ 100，综合评价，富有机质页岩有机质类型为 I 型。热演化程度普遍较高，R_o 为 2.42% ~ 2.80%，平均为 2.59%，表明五峰组—龙马溪组有机质进入过成熟演化阶段，以生成干气为主。

（3）储集物性特征。五峰组—龙马溪组暗色泥页岩中储集空间主要发育两种类型：一种类型为泥岩自身基质微孔隙，其储集空间很小，主要表现为纳米级孔隙，按成因类型可识别出有机质孔、晶间孔、矿物铸模孔、黏土矿物间微孔、次生溶蚀孔等类型，孔径一般为 2 ~ 2000nm，主要集中在 2 ~ 50 nm；另一种类型为泥页岩储层中发育的裂隙系统，其不仅有利于游离气的富集，同时还是页岩气渗流运移的主要通道。根据裂缝的大小将裂缝划分为宏观裂缝和微观裂缝，其中能够通过岩心观察和 FMI 测井解释的裂缝统称为宏观裂缝，包括构造缝和层间缝。而需借用扫描电镜观察的裂缝统称为微观裂缝，包括微张裂缝、黏土矿物片间缝、有机质收缩缝以及超压破裂缝等。

五峰组—龙马溪组页岩气层孔隙度主要介于 3% ~ 7%，渗透率多小于 0.1mD，总体表现出低孔隙度、特低渗透—低渗透特征。其中焦石坝气藏 8 口井泥页岩孔隙度介于 0.26% ~ 8.61%，平均为 4.17%；渗透率为 0.00011 ~ 335.21mD，平均 0.857mD。平桥气藏 4 口井孔隙度分布在 1.06% ~ 5.23%，平均 3.47%，其中孔隙度 2% ~ 5% 占总样 94.5%；渗透率为 0.00001 ~ 363.9mD，平均为 0.0107mD。

（4）含气性特征。焦石坝气藏 8 口井现场含气量值主要分布在 1.10 ~ 9.63m³/t，平均为 4.51m³/t，其中含气量不小于 2m³/t 的样品频率达到 97.2%；南部平桥气藏含气量总体相对于焦石坝气藏略有偏低的现象，焦页 8 井 66 个现场含气量值主要分布在 1.88 ~ 6.89m³/t，平均为 3.1m³/t，其中含气量不小于 2m³/t 的样品频率达到 98.4%。两个气藏现场总含气量在纵向上都具有向页岩沉积建造底部层段明显增大的特征，即在五峰组—龙一₁亚段最高。

（5）岩石力学特征。焦页 1 井五峰组—龙马溪组一段岩石力学特性参数测试结果显示，页岩总体显示出较高杨氏模量以及较低泊松比的特征，其中杨氏模量为 24.49 ~ 33.00GPa，平均为 29.94GPa；泊松比为 0.13 ~ 0.23，平均为 0.20；抗压强度为 149.45 ~ 212.92MPa，平均为 175.46MPa，页岩具有较好的脆性。

该示范区地应力大小测试结果显示，水平地应力差异系数值相对较小，主要介于 0.12 ~ 0.14，有利于网状裂缝的形成。但应力大小明显随着埋深的增大而增大，其中埋深小于 3000m 的焦页 1 井和焦页 8 井最小水平地应力小于 60MPa，而埋深大于 3500m 的焦页 81-2 井等 4 口井最小水平地应力都在 70MPa 以上。

4）气藏特征

涪陵示范区页岩气相对密度 0.5593 ~ 0.5668，成分都以甲烷为主，平均含量大于 98%，低含二氧化碳；不含硫化氢，为优质干气气藏。

焦石坝气藏和平桥气藏都为连续型、中深层、低地温梯度、高压页岩气藏。其中焦石坝气藏含气面积 466.41km²，气藏含气高度 2200m，单元中部埋深为 3250m，平均地温梯度为 2.75℃ /100m，地层压力系数为 1.55（表 4-4）。平桥气藏含气面积 109.51km²，气藏含气高度 1500m，中部埋深为 3457m，平均地温梯度为 2.75℃ /100m，压力系数为 1.56，保存条件较好。

表 4-4　涪陵页岩气田焦石坝焦页 1—焦页 9 井区和平桥焦页 8 井区气藏
单元页岩气藏压力与温度统计表

构造	气藏单元	含气面积（km²）	气层中深（m）	气层中深地层压力（MPa）	压力系数	气层中深地层温度（℃）	地温梯度（℃/100m）
焦石坝构造	焦页 1—焦页 9 井区	383.54	3250	43.87	1.55	96.65	2.75
平桥构造	焦页 8 井区	109.51	3457	52.90	1.56	112.07	2.75

（三）中国石油昭通国家级页岩气示范区

1. 地理位置及自然条件

昭通国家级页岩气示范区（以下简称"昭通示范区"）跨四川省、云南省和贵州省三省，分布于四川省宜宾市筠连县、珙县、兴文县和泸州市叙永县、古蔺县，云南省昭通市的盐津县、彝良县、威信县、镇雄县，贵州省毕节市、威宁彝族回族苗族自治县、赫章县等市县境内。该示范区地表属山地地形，地貌以云贵高原山地—丘陵地貌为特征，北部云贵高原地区海拔可达 1000 ~ 3500m，北部地区海拔 400 ~ 1200m。该区属亚热带湿润季风气候，全年气温多在 3 ~ 25℃。年降水量 900 ~ 1200mm，但因地形崎岖造成地表水资源分布不均，发育有金沙江、赤水河、洛泽河及白水江等长江水系。

2. 基本地质条件

1）构造及断层特征

昭通示范区区域构造上处于滇黔北坳陷的中部，属于中上扬子地块，北接四川盆地，东与武陵坳陷相邻，南为滇东黔中隆起，西为康滇隆起，属于以前以震旦系为基底的准克拉通区域构造背景（图 4-11）。该示范区由一系列背斜与向斜组成的"背斜带平缓宽阔、向斜陡峭狭窄"的"隔槽式"褶皱带构成，褶皱整体上以北东向或北北东向展布为主。区内主要发育有

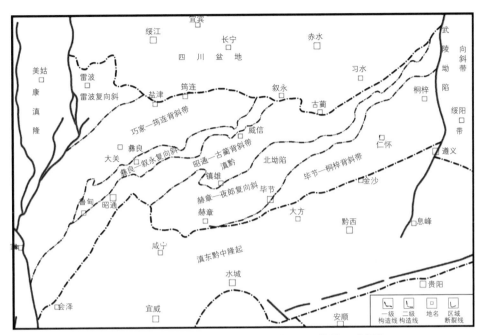

图 4-11 滇黔北坳陷区域构造位置及构造区划图

四川台坳川南低陡褶带南缘的建武向斜南翼、罗布向斜、云山坝向斜和大寨向斜构造，与长宁以及涪陵相对，构造相对复杂。断裂基本上呈北北东向、北东东向、近东西向断裂，交汇部位构造形态较复杂，褶皱幅度不等，断层较为发育。示范区主要发育逆断层和平移断层。南北向断层多为挤压性断层，东西向断层多为压扭性断层，北东向和北西向断层多为压性或压扭性断层，北北东向断层多为扭性断层。昭通页岩气田整体地层层序较为正常，缺失石炭系、泥盆系以及志留系上部地层，主要出露地层为二叠系和三叠系，部分向斜核部最老出露寒武系。区块受多期构造影响，五峰组—龙马溪组主要发育近东西向、北东、北西以及近南北向四组断裂体系，均为逆断层。

2）地层及沉积特征

（1）地层层序。昭通示范区内震旦系至三叠系发育较齐全，主要为海相沉积，以碳酸盐岩为主，岩性组合复杂，多期构造运动导致局部地层缺失。

上奥陶统五峰组—下志留统龙马溪组分布稳定、厚度大、有机质丰度高、保存较好，是该区页岩气勘探开发的主要层系。

（2）目的层埋深。五峰组—龙马溪组主要分布于示范区中部及北部，残留面积约 8700km²，主体埋深 1000 ~ 3500m。地层厚度呈"南薄北厚"特征，其中最北部筠连—上罗场—洛亥—响水滩一带最厚，达 300m 以上。由于受到黔中古隆起的影响，地层厚度向南减薄，其中芒部大湾头剖面地层厚度仅 52.95m，至彝良龙街—镇雄盐源—芒部—摩尼—威信一线地层尖灭。

（3）沉积特征与小层划分。沉积背景与长宁—威远示范区基本一致，即钙质—粉砂质深水泥棚相沉积环境。小层划分方案与长宁—威远示范区相同。

3）储层特征

（1）岩石矿物特征。五峰组—龙马溪组岩石类型以泥页岩为主，其他类型包括介壳灰岩、粉砂岩、斑脱岩及各类过渡岩性（灰质泥岩、泥质灰岩、粉砂质泥岩等）。含气岩石类型主要为碳质泥页岩及含粉砂泥页岩等。岩石矿物成分主要为石英、长石、方解石、白云石、黄铁矿和黏土矿物等，其中黏土矿物主要为伊利石、伊／蒙混层和绿泥石。

五峰组—龙一$_1$亚段脆性矿物含量整体较高，介于 54.1% ~ 93.2%。其中，龙一$_1^1$小层和龙一$_1^2$小层脆性矿物含量最高（介于 54.1% ~ 91.2%，平均 78.0%），五峰组次之（介于 49.3% ~ 93.2%，平均 75.8%），龙一$_1^3$小层和龙一$_1^4$小层脆性矿物含量相对较低（介于 48.7% ~ 79.7%，平均 66.3%）。

（2）有机地化特征。

五峰组—龙一$_1$亚段 TOC 介于 0.4% ~ 6.8%，平均为 3.4%。其中，龙一$_1^1$小层 TOC 最高（介于 2.9% ~ 6.8%，平均 5.4%），其次为五峰组（介于 0.6% ~ 4.6%，平均 3.1%）和龙一$_1^2$小层（介于 1.3% ~ 4.6%，平均 3.5%），龙一$_1^3$小层和龙一$_1^4$小层 TOC 相对较低（介于 0.4% ~ 4.4%，

平均 2.4%）。

泥页岩有机质成熟度（R_o）在 2% ~ 3.9%，全区已普遍演化至过成熟干气阶段。黄金坝气田以西地区，略高于中部及东部。

（3）储集物性特征。五峰组—龙一₁亚段储集空间以孔隙为主，镜下可识别出 7 种孔隙类型，即残余粒间孔、有机质孔、黏土矿物或黄铁矿晶间孔、粒间溶孔、粒内溶孔、生物体腔孔以及铸模孔。其中，有机质孔多以蜂窝状、串珠状、椭圆状及不规则状等形态分布于有机质中，轮廓清晰，孔径大小不一，多介于 20 ~ 800nm，个别可达微米级。龙马溪组裂缝较发育，主要为构造缝、层间缝、成岩收缩缝和异常压力缝，多被次生矿物或有机质充填（表 4–5）。

表 4-5　页岩主要裂缝成因类型划分表

裂缝类型	主控地质因素	发育特点	储集性与渗透性
构造缝（张裂缝、剪裂缝）	构造作用	产状变化大，破裂面不平整，多数被完全充填或部分充填	主要的储集空间和渗流通道
层间缝	沉积成岩、构造作用	多数被完全充填，一端与高角度张性缝连通	部分储集空间，具有较高的渗透率
层面滑移缝	构造、沉积成岩作用	平整、光滑或具有划痕、阶步的面，且在地下不易闭合	良好的储集空间，具有较高的渗透率
成岩收缩微裂缝	成岩作用	连通性较好，开度变化较大，部分被充填	部分储集空间和渗流通道
有机质演化异常压力缝	有机质演化局部异常压力作用	缝面不规则，不成组系，多充填有机质	主要的储集空间和部分渗流通道

五峰组—龙一₁亚段有效孔隙度介于 0.9% ~ 6.1%，平均 3.5%。其中，龙一₁¹小层有效孔隙度最高（介于 2.2% ~ 6.1%，平均 4.6%），其次为龙一₁²小层（介于 1.5% ~ 5.2%，平均 3.6%），龙一₁³小层（介于 1.8% ~ 5.3%，平均 3.3%）和五峰组（介于 1.1% ~ 5.6%，平均 3.2%）有效孔隙度相对较低，龙一₁⁴小层有效孔隙度最低（介于 0.9% ~ 4.9%，

平均 2.7%）。

（4）含气性特征。五峰组—龙一$_1$亚段总含气量介于 0.4 ~ 7.6m³/t，平均 3.3m³/t。其中，龙一$_1^1$小层含气量最高（介于 1.7 ~ 7.6m³/t，平均 5.0m³/t），其次为龙一$_1^2$小层（介于 1.0 ~ 6.5m³/t，平均 3.5m³/t）和五峰组（介于 0.8 ~ 6.3m³/t，平均 3.1m³/t），龙一$_1^3$小层（介于 1.1 ~ 4.5m³/t，平均 2.8m³/t）和龙一$_1^4$小层含气量较低（介于 0.4 ~ 3.4m³/t，平均 2.2m³/t）。

（5）岩石力学特征。昭通示范区地下断层、微构造及天然裂缝发育，地应力状态复杂。根据岩心实测结果，五峰组—龙一$_1$亚段页岩抗压强度为 244.67 ~ 254.16MPa，平均 249.42MPa；弹性模量为 33.1 ~ 34.1GPa，平均 33.6GPa。垂直和平行于层理面的平均杨氏模量分别为 20.89GPa 和 38.45GPa，平均泊松比分别为 0.221 和 0.193。杨氏模量比介于 1.56 ~ 2.14，均值为 1.84，即平行于层理面的杨氏模量均大于垂直于层理面的杨氏模量。各向异性指数介于 36.04% ~ 53.21%，均值为 45.67%，展示出明显的各向异性，而随着深度的增加，杨氏模量各向异性有减弱的趋势。岩石力学性质特征总体上显示为较高的杨氏模量和较低的泊松比，表明具有较高的脆性。

根据三轴应力测试结果，示范区五峰组—龙马溪组最大水平主应力为 71.7 ~ 79.6MPa，平均为 75.35MPa；最小水平主应力为 47.43 ~ 55.7MPa，平均为 52.53MPa；水平应力差为 18.6 ~ 26.5MPa，平均为 22.78MPa。主应力分布规律为 $\sigma_H > \sigma_v > \sigma_h$（$\sigma_H$ 为最大水平主应力，σ_v 垂向主应力，σ_h 为最小水平主应力），即三轴应力呈现走滑断层特征，应力差较大。

4）气藏特征

天然气组分分析结果表明，昭通示范区页岩气烃类组分以甲烷为主，重烃含量低。烃类组分中甲烷含为 96.76% ~ 98.86%，平均含量 97.62%；乙烷含量为 0.22% ~ 1.11%，平均为 0.58%；丙烷含量占比 0.01%；CO_2 含量为 0.04% ~ 0.49%，平均 0.15%；不含 H_2S。天然气成熟度高，干燥系数（C_1/C_{2+}）为 189.13 ～ 220.24。甲烷碳同位素 $\delta^{13}C_1$ 主要分布在 −28.02‰ ～ −23.9‰，平均为 −26.78‰。

地温梯度普遍介于 2.5 ～ 3.5℃/100m；五峰组—龙一,亚段压力系数在平面上变化较大，黄金坝气田压力系数约为 1.75 ～ 1.98，紫金坝气田约为 1.35 ～ 1.80，大寨地区约为 1.03 ～ 1.60，整体保存条件较好。

（四）延长石油延安国家级陆相页岩气示范区

1. 地理位置及自然条件

延长石油延安国家级陆相页岩气示范区（以下简称"延安示范区"）位于鄂尔多斯盆地陕北斜坡东南部，行政区域上主要分布于陕西省延安市。示范区西部位于直罗—下寺湾地区，目的层主要为三叠系延长组长 7 段和长 9 段，埋深 1400 ～ 1600m，位于"陕西鄂尔多斯盆地甘泉劳山地区石油天然气勘查"区内，该示范区面积为 2000km²；示范区东部位于云岩—延川地区，目的层为石炭系—二叠系本溪组和山西组，埋深 2400 ～ 2600m，位于"陕西鄂尔多斯盆地延安—延长地区石油天然气勘查"区内，示范区面积为 2000km²。

延安示范区内气候属高原大陆性季风气候，年平均气温 7.7 ～ 10.6℃，年均降水量 490.5 ～ 663.3mm。年日照时数 2300 ～ 2700h。属黄土高原地貌，海拔高度 800 ～ 1800m，地形自东北向西南渐低。黄土覆盖厚度几十米至 300m，形成特色的黄土高原特征的地形地貌，植被少，水土流失严重。境内有延河、洛河、葫芦河、秀延河和无定河等河流和中山川、王窑等数十座水库。

2. 基本地质条件

1）构造及断层特征

延安示范区位于鄂尔多斯盆地陕北斜坡东南部，构造总体为一平缓的西倾单斜，并具有继承性发育的特点，东高西低，坡降为 6.4 ～ 8.0m/km，平均倾角不超过 2°。局部发育鼻状构造，断层不发育。延长组、山西组和本溪组构造等高线均为南北走向，东高西低，延长组长 7 段顶面海

拔 −50 ~ 850m，本溪组顶面海拔 −2250 ~ −1370m，山西组顶面海拔
为 −2120 ~ −1240m。

2）地层及沉积特征

延长示范区内沉积层主要包括中新元古界和下古生界的海相碳酸盐岩
层和上古生界—中生界的滨海相、海陆过渡相及陆相碎屑岩层，新生界仅
在局部地区分布。区内地层发育状况、主要沉积相类型及与构造演化的关
系见表 4-6。

延安示范区页岩气目标层位主要位于延长组长 7 段和长 9 段，上古生
界山西组和本溪组。

延长组是在盆地坳陷持续发展和稳定沉降过程中沉积的一套以河流—
湖泊相为特征的陆源碎屑岩系。延安示范区延长组厚 918.8 ~ 1237.9m，
平均厚度为 1124.2m，根据岩性、电性及含油性，可将延长组分为 5 个岩
性段，进一步划分为 10 个油层组（自上而下为长 1—长 10）。长 7 油层
组厚度分布在 60.2 ~ 167.2m，平均厚度 97.4m，整体地层厚度具有西南
厚东北薄的趋势。根据岩性—电性组合特征可将长 7 油层组自下而上进一
步划分为长 7_3、长 7_2 和长 7_1 三个油层亚组。长 7 上部岩性主要为深灰色、
灰黑色泥岩夹泥质粉砂岩、粉砂岩，下部岩性主要为深灰色泥岩、泥质粉
砂岩、灰黑色页岩、油页岩，长 7 底部发育深湖相厚层富有机质黑色泥岩，
共叠合厚度分布在 45 ~ 130m，是该示范区主要页岩气勘探目的层。

山西组底界即为太原组石灰岩段的顶界，跨越该分界面岩性由海相石
灰岩变为陆相碎屑岩，山西组为三角洲—间湾沼泽—湖泊沉积环境。示范
区内岩性主要为深灰—灰黑色泥页岩、粉砂岩及中细砂岩，中下部夹薄煤层。
厚度变化在 100 ~ 150m，整体表现出自西向东方向增厚的趋势，地层由
北向南，埋深相应加深，地层厚度变化不大。依据旋回特征山西组内部可
划分为两段，即山 1 段和山 2 段，两者间以铁磨沟砂岩分界，主要为浅灰
色—灰色中细砂岩。山 1 段厚 33 ~ 75m，平均厚度 65m，发育厚层深灰—
灰黑色泥页岩，是示范区主要页岩气勘探目的层。

表4-6 延安示范区地层系统简表

地层					构造幕	性质	主要沉积相类型	大地构造分期
界	系	统	组	代号				
新生界	第四系	全新统		Q_4	喜马拉雅运动	右旋拉张	分割性干旱成相 河流及风成湖	盆地形成到结束时期
		更新统		Q_{1-3}				
	新近系	上新统		N_2				
	古近系	渐新统		E_3	燕山运动	左旋剪切	滨海相海陆过渡相 湖泊沼泽相	槽台统一时期
中生界	白垩系	下统	志丹组	K_1				
	侏罗系	中统	安定组	J_2a				
		中统	直罗组	J_2c				
		下统	延安组	J_1y				
		下统	富县组	J_1f				
	三叠系	上统	延长组	T_3y	印支运动	相对宁静		
		中统	纸坊组	T_2Z				
		下统	和尚沟组	T_1h				
		下统	刘家沟组	T_1l				
	二叠系	上统	石千峰组	P_2s	海西运动			
		中统	石盒子组	P_2sh				
		下统	山西组	P_1s				
		下统	太原组	C_3t				
古生界	石炭系	上统	本溪组	C_2b			海相碳酸盐岩相	槽台对立时期
	奥陶系	上统	背锅山组	O_3b	加里东运动	升降运动		
		中统	平凉组	O_2p				
		下统	马家沟组	O_1m				
		下统	亮甲山组	O_1l				
		下统	冶里组	O_1y				
	寒武系	上统	凤山组	ϵ_3f				
		上统	长山组	ϵ_3c				
		上统	崮山组	ϵ_3g				
		中统	张夏组	ϵ_2z				
		中统	徐庄组	ϵ_2x				
		中统	毛庄组	ϵ_2m				
		下统	馒头组	ϵ_1m				
		下统	猴家山组	$\epsilon 1h$				
新元古界	震旦系		罗圈组					
中元古界	蓟县系			P_jx				
	长城系			P_tch				
太古宇	桑干系							

本溪组主要以填平补齐的形式沉积在风化面较低凹的古地貌部位，沉积厚度主要受古地貌控制，厚度一般为 10 ~ 80m，总体东厚西薄。沉积岩石类型主要为风化产物的铝土岩、滨浅海相碎屑岩、潮坪相灰岩、滨海沼泽相煤岩及碳质泥页岩等，具有含黄铁矿及菱铁矿结核或条带的铁铝岩组合特征。

3）储层特征

（1）岩石矿物特征。

延安示范区延长组长 7 页岩层系岩性主要为黑色页岩、灰黑色粉砂质页岩，页理发育，含有较多的动植物化石和黄铁矿散晶，俗称"张家滩页岩"。粉砂质纹层及夹层广泛发育，纵向上分布密度变化较大，表现为黄色、白色粉砂质夹层和黏砂质纹层与深色均质页岩的互层或呈夹层。延安示范区长 7 富有机质页岩矿物成分主要为石英和黏土矿物，还有少量的长石、碳酸盐岩和黄铁矿，石英含量在 15% ~ 56%，平均为 31.1%，黏土矿物含量为 20% ~ 77%，平均为 44.5%。黏土矿物主要为伊利石和伊 / 蒙混层以及少量的绿泥石。伊利石含量为 11% ~ 48%，平均为 26%；伊 / 蒙混层矿物含量为 29% ~ 87%，平均为 52.4%，伊 / 蒙混层矿物中蒙皂石层平均占到 19.1%，绿泥石平均含量 19.2%。长 7 页岩矿物组成表明延安示范区的泥页岩具有较强的吸附能力。

山西组岩性主要为碳质或暗色泥页岩、粉砂质泥岩和粉砂岩，泥页岩颜色主要以黑色、灰黑色和深灰色为主，发育水平层理、平行层理和脉状层理。山西组泥页岩矿物分为脆性矿物和黏土矿物两大类。脆性矿物主要为石英、长石和方解石及白云石等碳酸盐等矿物，石英平均含量为 36.9%，其他脆性矿物如长石、方解石和白云石等含量相对较低，平均含量低于 5.0%；黏土矿物主要为高岭石、伊利石、绿泥石以及伊 / 蒙混层等，高岭石含量 18.0% ~ 84.0%，平均为 37.0%；伊 / 蒙混层含量在 0 ~ 63.0%，平均为 40.8%，高岭石和伊 / 蒙混层二者占黏土矿物总量的 77.8%，绿泥石含量为 4.0% ~ 25.0%，平均含量为 14.7%，伊利石含量变化较大，为

1% ~ 15%，平均含量为 7.5%，蒙皂石层含量为 0 ~ 25%，平均含量占到伊/蒙混层的 14.6%，说明伊/蒙混层中主要为伊利石层。

本溪组岩石类型主要以铝土质泥岩、石砂岩、石灰岩、煤及碳质泥页岩为主，具有含黄铁矿及菱铁矿结核或条带的铁铝岩组合特征。本溪组富有机质泥页岩储层矿物组成主要为黏土矿物、碎屑矿物石英、长石，含少量黄铁矿、菱铁矿等矿物，其中石英含量 35%。黏土矿物组成以高岭石（45.1%）、伊/蒙混层（25.1%）、伊利石（19.4%）为主，含少量绿泥石。

（2）有机地化特征。

①延长组。延长组长 7 页岩干酪根元素分析结果表明，H/C 原子比相对较高，为 0.48 ~ 1.32，平均为 0.88，多介于 0.7 ~ 1.3；O/C 原子比相对较低，为 0.02 ~ 0.16，有机质类型主要以 II_1 型为主。干酪根有机显微组分鉴定结果表明，干酪根显微组分中腐泥组最发育，平均 65%，镜质组次之，惰质组不发育，因此长 7 泥页岩具有腐泥型和混合型干酪根的特点，有机质以低等生物为主要生源。

延长组长 7 暗色泥页岩 TOC 在湖盆中心相对较高，由湖盆向周边地区延伸，TOC 逐渐降低。根据延安示范区大量测试资料表明，延长组长 7 泥页岩 TOC 主要介于 0.34% ~ 11%，其中 86% 样品的 TOC 大于 2%，长 7 泥页岩的生烃潜量为 0.12 ~ 43.32mg/g，74.8% 的样品大于 6mg/g，泥页岩氯仿沥青 "A" 为 0.31% ~ 1.15%，最高可达 2.49%，其中 77.3% 样品值大于 0.1%，属于优质烃源岩。

长 7 页岩镜质组反射率（R_o）随深度分布在 0.51% ~ 1.25%，R_o 值与埋深之间存在良好的正相关性，随着埋藏深度的增加，镜质组反射率 R_o 值逐渐增大，长 7 页岩的最高温度（T_{max}）主要分布在 440 ~ 460℃，峰值位于 450 ~ 455℃。热演化程度在盆地内部大部分地区处于成熟阶段—湿气（原油伴生气）阶段，局部向高成熟过渡，有机质具有较强的生排烃能力。

②山西组和本溪组。由延长探区山西组泥岩 74 个样品的干酪根分析结果表明，碳同位素介于 −25.61‰ ~ −23.2‰，平均 −23.71‰，其中 62

个样品点落在 III 型区域，仅有 12 个样品点分布在 II₂ 区域。由泥页岩干酪根镜检数据显示，数据点大部分集中在镜质组—惰性组一侧，而且偏向于镜质组一侧，属于典型的 III 型干酪根。由岩石热解参数分析结果表明，山西组泥页岩氢指数 I_H 介于 0.81 ~ 865.27mg/g（HC/TOC），57 个样品平均氢指数 I_H 为 101.26mg/g（HC/TOC），有 80.70% 的样品氢指数 I_H 小于 150mg/g（HC/TOC），反映的有机质类型为 III 型，而有 15.79% 的样品是 II₂ 型，II₁ 型和 I 型样品非常少，均占样品总数的 1.75%。

上古生界山西组页岩气储层非均质性较强，有机质含量纵向分布具有较大差异，分布在 0.4% ~ 2.8%，平面上，暗色泥岩、碳质泥岩有机质含量主要分布在 2.5% ~ 4.5%，延川—延长一线及志丹—甘泉一线有机质含量高，平均在 3% 以上，属于较优质烃源岩。

镜质组反射率（R_o）介于 2.04% ~ 2.85%，镜质组反射率（R_o）随埋藏深度呈逐渐增大的趋势。T_{max} 最小值为 356℃，最大值为 581℃，平均值达 507℃，普遍较高。山西组泥页岩有机质热演化均达到了高成熟—过成熟阶段，并且以过成熟阶段为主，即已经进入干气阶段。

（3）储集物性特征。

① 延长组。页岩的储集空间可以划分为孔隙和裂缝两大类，泥页岩基质孔隙分为粒间孔隙、粒内孔隙及有机质孔隙。延长组长 7 页岩储层中粒内孔隙最为发育，裂缝与有机质孔隙次之，粒间孔隙发育最差。以中孔隙为主，微孔隙不发育，中孔体积占总孔体积的 73.72%；大孔体积占 22.16%，微孔体积仅占 4.12%。延长组长 7 页岩平均孔隙直径为 23.3nm，中值半径平均为 11.7nm；总孔体积平均为 7.1×10^{-3}mL/g，比表面积平均为 1.9m²/g。

延长组陆相页岩地层中裂缝发育程度、缝宽及延伸性均较好。缝宽分布范围较大，为 10 ~ 500nm，既包括中裂缝，也包括大裂缝，缝长可达 30 ~ 200μm；裂缝大多呈平行—近平行状展布，切割刚性矿物颗粒、黄铁矿团块及黏土矿物集合体，可有效沟通不同的孔隙类型。

孔隙度和渗透率是泥页岩储层特征研究中两个重要的参数，泥页岩储层总孔隙度多数小于10%，基质孔隙度则更低。采用脉冲式物性测试分析表明，长7泥页岩储层孔隙度主要分布在0.16%～5.12%，平均值2.11%，渗透率主要分布于0.0043～0.239mD，渗透率为平均值0.0133mD。

②山西组和本溪组。扫描电镜观察结果表明，山西组泥页岩发育微孔隙和微裂缝，微孔隙可分为黏土微孔、泥质层间微孔、晶间微孔及砂质粒间微孔、溶孔；裂缝主要为构造缝，大多数被泥质、碳质、硅质与黄铁矿等部分充填或者完全充填。孔隙结构以中孔隙为主，发育一定的大孔隙，微孔隙不太发育，中孔体积占总孔体积的69.47%，大孔体积占28.03%，微孔体积占2.5%。泥页岩平均孔隙直径为18.8nm，中值半径平均为9.5nm；总孔体积 1.54×10^{-3} ～ 1.12×10^{-2} mL/g，平均为 6.91×10^{-3} mL/g。

山西组泥页岩岩心物性分析结果表明，其孔隙度总体很小，而且变化范围较大，孔隙度在0.4%～1.5%，平均值仅为0.77%，孔隙度小于0.5%的占总样品的20%，0.5%～1.0%的占总样品的50%，1.0%～1.5%的占总样品的30%。渗透率为0.0066～0.2416mD，平均为0.03999mD，其中渗透率小于0.01mD的占总样品的30%，0.01～0.05mD的占样品的40%，0.05～0.10mD的占样品的20%，0.10～0.50mD的占样品的10%。由相关性分析发现，延安示范区山西组泥页岩孔隙度与渗透率之间没有明显的相关性，说明泥页岩中孔隙连通性较差。

本溪组泥页岩孔隙类型以中孔隙为主，发育一定的宏孔隙，微孔隙不太发育。中孔体积占总孔体积的65.2%。微孔体积占4.25%；宏孔体积占30.55%。泥页岩平均孔隙直径为19.3nm，中值半径平均为9.7nm；总孔体积为 3.08×10^{-3} ～ 8.34×10^{-3} mL/g，平均为 6.00×10^{-3} mL/g。

（4）含气性特征。

①延长组。现场解吸试验结果表明，长7页岩解吸含气量分布区间为0.3～3.8m³/t，平均1.7m³/t。基于多项式回归法的计算和测井解释，含气

量为 2.57 ~ 6.93m³/t。

②山西组和本溪组。根据延安示范区内页岩现场解吸数据，采用美国矿业局（United States Bureau of Mine，USBM）损失气量计算方法对损失气量进行了估算。统计结果表明，山西组含气量为 0.52 ~ 2.67m³/t，平均为 1.20 m³/t，本溪组含气量为 0.2 ~ 1.41m³/t，平均为 0.76 m³/t。

（5）岩石力学特征。

延安示范区延长组长 7 段页岩的三轴抗压强度分布范围为 54.5 ~ 167.8MPa，平均值为 95.4MPa；杨氏模量分布范围为 0.89×10^4 ~ 2.82×10^4MPa，平均值为 1.66×10^4MPa；泊松比分布范围为 0.126 ~ 0.393，平均值为 0.221；岩石力学参数变化范围较大，总体显示出较低的杨氏模量和较高的泊松比特征。

示范区山西组山 1 段页岩的三轴抗压强度分布范围为 95.9 ~ 261.7MPa，平均值为 210.1MPa；杨氏模量分布范围为 2.51×10^4 ~ 4.04×10^4MPa，平均值为 3.48×10^4MPa；泊松比分布范围为 0.121 ~ 0.244，平均值为 0.201；岩石力学参数变化范围较大，总体显示出较高的杨氏模量和较低的泊松比特征。

延长示范区延长组长 7 段三向主应力分布规律为 $\sigma_v > \sigma_H > \sigma_h$：最小水平主应力梯度为范围 0.0160 ~ 0.0178MPa/m；最大水平主应力梯度范围为 0.0192 ~ 0.0205 MPa/m；垂向应力梯度范围为 0.022 ~ 0.0241MPa/m。该示范区山西组山 1 段三向主应力分布规律为 $\sigma_v > \sigma_H > \sigma_h$：最小水平主应力梯度为范围 0.0168 ~ 0.0188MPa/m；最大水平主应力梯度范围 0.0179 ~ 0.0211 MPa/m；垂向应力梯度范围 0.022 ~ 0.0248MPa/m。总体而言，该示范区延长组长 7 段和山西组山 1 段水平应力值差异较小，具备形成复杂缝网的地应力条件。

4）气藏特征

（1）延长组。钻井、录井、测井及岩心分析测试发现长 7 页岩连续含气，无气水边界，含气边界由页岩发育区边界控制，综合页岩含气性及页岩气赋存状态确定气藏类型为自生自储连续型页岩气藏。

页岩气甲烷含量为 63.92% ~ 94.56%，乙烷含量为 1.5% ~ 11.52%，丙烷含量为 5.19% ~ 10.73%，含少量丁烷及以上烷烃，含极少量氮气和二氧化碳，不含硫化氢和二氧化硫，天然气干燥系数为 0.6% ~ 0.8%，页岩气主要为湿气。

长 7 气藏平均温度为 56.77℃，地温梯度为 3.66℃ /100m。长 7 地层压力为 7.0MPa 左右，地层压力系数为 0.53 ~ 0.91，平均值为 0.68，页岩气田为常压低压系统。

（2）山西组和本溪组。山西组和本溪组页岩气藏天然气的组分主要为甲烷，含量均在 95% 以上，且不含 H_2S，属无硫干气。山西组和本溪组地层水为 $CaCl_2$ 型，呈弱酸性，pH 均值为 5.5。地层水矿化度为 76752.72 ~ 168319.84mg/L，矿化度自上而下不断增大。

山西组山 1 段、山 2 段和本溪组气藏的平均温度分别为 86.86℃，87.09℃和 83.69℃，平均温度梯度分别为 2.90℃ /100m，2.82℃ /100m 和 2.77℃ /100m。山西组平均压力梯度为 0.14MPa/100m，压力系数为 0.81；本溪组平均压力梯度为 0.16MPa/100m，压力系数为 0.96。本溪组页岩气藏属于常压低温异常；山 2 和山 1 气藏属于低压低温异常。

第二节　中国首个海相大型优质（涪陵）页岩气田的诞生

截至 2018 年，涪陵页岩气田已探明页岩气地质储量 $6008.14 \times 10^8 m^3$，建成 $100 \times 10^8 m^3/a$ 产能，成为我国首个探明的海相页岩气田，也是目前全球除北美以外最大的页岩气田（图 4-12）。

涪陵页岩气田的勘探开发历程分为勘探和开发两个阶段。

一、页岩气勘探阶段（2009—2012年）

受美国页岩气快速发展和成功经验的影响，中国石化于2006年正式启动了页岩气勘探评价工作，将发展非常规资源列为重大发展战略，推进页岩油气勘探。

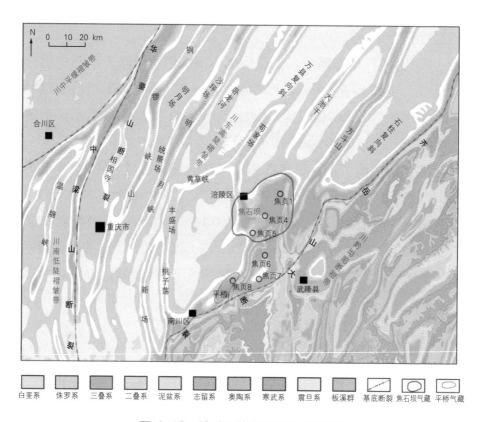

图 4-12　涪陵页岩气田构造位置图

（一）选区评价

2009年至2012年，开展了"上扬子及滇黔桂区页岩气资源调查评价与选区""勘探南方探区页岩气选区及目标评价""南方分公司探区页岩油气资源评价及选区研究""四川盆地周缘区块下组合页岩气形成条件与有利区带评价研究"等多个国家及中国石化重大科研项目的研究,逐步形成了中国南方复杂地区海相页岩气"二元"富集理论认识与选区评价体系,为我国南方复杂区海相页岩气选区评价提供了适合客观地质情况的理论支撑。

(二)钻探突破

2011 年,对前期优选的焦石坝—綦江—五指山区块开展深入评价,落实了四川盆地内焦石坝、南天湖、南川、丁山及林滩场—仁怀 5 个有利勘探目标。其后,2012 年在最有利的焦石坝目标区部署了第一口海相页岩气探井——焦页 1 井。焦页 1 井完钻后,选择 2395 ~ 2415m 优质页岩气层作为侧钻水平井靶窗,迅速实施侧钻水平井——焦页 1HF 井。

2012 年 11 月 28 日,对焦页 1HF 井完钻测试获得日产 $20.3 \times 10^4 m^3$ 页岩气,2013 年 1 月 21 日开始交由中国石化江汉油气分公司开展试采。采用定产的方式,经过一年多的试采,日产气量在 $6 \times 10^4 m^3$ 左右,套管压力基本保持在 20MPa,累计产气 $3768.79 \times 10^4 m^3$(含测试期间 $469 \times 10^4 m^3$),累计产液 $144.18 m^3$,产量压力稳定。焦页 1HF 井标志着涪陵页岩气田的发现。

(三)展开评价

焦页 1HF 井获得突破后,迅速在焦页 1HF 井以南部署了焦页 2HF 井、焦页 3HF 井和焦页 4HF 井,评价不同水平井段长和埋藏深度页岩气产能,测试分别获日产 $33.69 \times 10^4 m^3$、$11.55 \times 10^4 m^3$ 和 $25.83 \times 10^4 m^3$ 中高产气流,实现了涪陵页岩气田焦石坝主体的控制。

与此同时,在焦石坝区块主体有利勘探区(埋深小于 3500m)整体部署了 $594.5 km^2$ 三维地震,开展构造精细解释、优质页岩气层厚度预测、压力预测、TOC 平面分布预测、甜点预测等,为整体开发建产奠定扎实的资料基础。

随后在焦石坝主体以南及东侧部署实施了焦页 5 井、焦页 6 井、焦页 7 井、焦页 8 井、焦页 9 井以及开发评价井焦页 87-3 井,并积极向外围勘探和评价，取得焦石坝南和江东区块页岩气突破，焦页 5 井、焦页 6 井、焦页 7 井、焦页 8 井和焦页 87-3 井的水平井测试分别获得日产 $4.65 \times 10^4 m^3$、$6.68 \times 10^4 m^3$、$3.68 \times 10^4 m^3$、$20.8 \times 10^4 m^3$ 和 $15.37 \times 10^4 m^3$。其中焦页 8 井位于平桥区块，焦页 87-3 井位于江东区块。为取得涪陵页岩气田二期 $50 \times 10^8 m^3/a$ 产能建设打下了坚实的基础，扩大了涪陵页岩气田的勘探开发阵地。

二、页岩气开发阶段（2013 年至今）

页岩气开发阶段主要分为先导性试验阶段、一期 $50 \times 10^8 m^3/a$ 产能建设阶段、二期产能建设阶段和开发调整阶段。

（一）先导性试验阶段（2013—2014 年）

2013 年，在焦页 1 井获得商业发现的基础上，优选 $28.73 km^2$ 页岩气有利区部署开发试验井组进行产能评价，部署钻井平台 10 个，钻井水平井 18 口，利用探井 4 口，单井产能 $7 \times 10^4 m^3/d$，新建产能 $5.0 \times 10^8 m^3/a$。产能评价的主要内容：水平段长度（1000m，1500m）和方位试验；开展压裂改造工艺技术试验，评价不同压裂段数、压裂规模对单井产量的影响；确定合理单井产能。试验井 26 口，全部获工业气流。投产初期均为套管生产，套管压力 15 ~ 33MPa，日产气 5×10^4 ~ $30 \times 10^4 m^3$，效果较好。

（二）一期 50 亿产能建设阶段（2014—2015 年）

2013 年 11 月，中国石化通过了"涪陵页岩气田焦石坝区块一期产能建设方案"。涪陵页岩气田焦石坝区块一期将建成天然气产能 $50 \times 10^8 m^3/a$。

涪陵地区龙马溪组页岩气一期产建区开发方案部署：部署面积 $229 km^2$，区内储量 $1697 \times 10^8 m^3$，采用 2600m 埋深以浅"一个平台 4 口井"、2600m 埋深以深"一个平台 6 口井"两种布井模式，共部署 63 个平台 253 口井（含焦页 1HF）。新钻井 252 口，水平段长度为 1500m 为主，平均单井井深 4623.8m，单井第一年日均产能为 $6 \times 10^4 m^3$，2015 年末累计新建产能 $50 \times 10^8 m^3$。开发方案分 3 年实施。

涪陵页岩气田于 2015 年 12 月 31 日顺利完成了 $50 \times 10^8 m^3/a$ 产能建设目标：累计开钻 290 口，完井 256 口，投产 180 口，累计生产页岩气 $43.91 \times 10^8 m^3$、销售 $42.13 \times 10^8 m^3$。

涪陵页岩气田于 2015 年 12 月 31 日顺利完成了 $50 \times 10^8 m^3/a$ 产能建设目标：累计开钻 271 口，投产 65 口，累计生产页岩气 $38.88 \times 10^8 m^3$、销售 $37.30 \times 10^8 m^3$。最高日产量 $1620 \times 10^4 m^3$；在 $1500 \times 10^4 m^3/d$ 和 $54 \times 10^8 m^3/a$ 的水平下连续稳产 1 个月，提前建成 $50 \times 10^8 m^3/a$ 生产能力。

（三）二期产能建设阶段（2016—2019 年）

2015 年 12 月 29 日，中国石化在重庆举行涪陵页岩气田建成 $50 \times 10^8 m^3/a$ 产能暨二期产能建设启动媒体见面会，正式宣布：首个国家级页岩气示范区——涪陵页岩气田一期 $50 \times 10^8 m^3/a$ 产能建设顺利建成，二期 $50 \times 10^8 m^3/a$ 产能建设正式启动。

二期产能建设范围共包含江东、平桥、梓里场、白涛和白马 5 个区块。前期已实施的焦页 5 井、焦页 6 井、焦页 7 井、焦页 8 井和焦页 9 井等 5 口探井，均钻遇良好页岩气显示。其中平桥区块焦页 8HF 和 184−2HF 井分别试气获得 $20.9 \times 10^4 m^3/d$ 和 $45.79 \times 10^4 m^3/d$ 的高产工业气流，江东区块埋深大于 3500m 的焦页 87−3HF 井（埋深 4087m）获得 $15.37 \times 10^4 m^3/d$ 的中产工业气流，落实了平桥和江东两个产建区块，预计可新建产能 $31.7 \times 10^8 m^3/a$，涪陵页岩气田第二个 $50 \times 10^8 m^3/a$ 产能建设阵地得到进一步落实。

2016 年初，针对二期产建区的江东区块和平桥等区块开展了方案编制工作。

2017 年 12 月，涪陵页岩气田如期建成 $50 \times 10^8 m^3/a$ 产能建设目标。

（四）开发调整阶段（2015—2019 年）

按照整体部署、分步实施、试验先行、评建一体的思路，在焦石坝区块高效推进开发调整。2015—2016 年部署 2 口上部气层评价井，开展上部气层开发试验评价。2017 年开展整体评价，部署 12 口开发调整评价井，其中上部 8 口，加密 4 口，开发调整井获得突破。2018 年以来，开始开展产建，成为国内第一个实施开发调整的页岩气田。

从涪陵页岩气田的勘探开发历程中能够总结出以下好的经验：

（1）决策部署到位。中国石化涉足页岩气始于 2008 年，首先从页岩气基础研究入手。2009 年，中国石化成立了专门的非常规勘探处，统一组织实施商业页岩油气勘探，并与埃克森美孚公司和康菲公司等国际公司开展页岩气勘探合作。中国石油主要领导高度重视并积极推动页岩气勘探开发，2011 年 6 月明确提出"中国石化页岩气勘探开发要走在中国前列"的目标，在重庆市涪陵区等 9 个区县开展页岩气勘探评价。中国石化勘探分公司专门成立页岩气项目部和页岩气研究室，全面开展南方地区页岩油气基础地质研究工作，并与北美页岩气形成地质条件、选区评价方法对比，形成了以页岩品质为基础、以保存条件为关键、以经济性为目的的南方海相页岩气目标评价体系与标准，对南方海相页岩气进行了整体评价，优选出了涪陵焦石坝等一批有利勘探目标。

（2）重视调查评价。中国石化自 2003 年起即开始组织内部科研单位查阅、收集了大量国外页岩气勘探开发的资料和文献，同时在 2004 年设立"南方构造复杂区有效烃源岩评价"项目，通过上、中、下扬子区 100 个地面剖面、25 口探井及浅井各类样品 9909 块的分析，研究了中国南方海相烃源岩的发育、分布及控制因素；参与国土资源部"川渝黔鄂页岩气资源战略调查先导试验区"和"全国页岩气资源潜力调查评价与有利区优选"等项目，联合大专院校及研究机构，对南方地区海相页岩气进行了整体评价。之后类比北美页岩气，开展页岩气选区评价，明确了四川盆地及周缘地区下寒武统牛蹄塘组、上奥陶统五峰组—下志留统五峰组—龙马溪组、下侏罗统自流井组三套富有机质泥页岩具有页岩气勘探前景，优选了涪陵焦石坝—綦江—五指山海相以及川东北—川东自流井组湖相为页岩气勘探的有利区。

通过探索与实践，认识到相对于北美地区，中国南方页岩气地质条件更加复杂，特别是海相页岩气，具有多期构造运动叠加改造、热演化程度高、保存条件复杂的特点。因此经过扎实基础研究与整体评价，认识到四川盆地东南地区五峰组—龙马溪组富有机质页岩具有分布面积广、厚度大、有机质丰度高、保存条件总体较好的特点，并优选出了涪陵焦石坝、南川、綦江丁山等一批有利勘探目标并最终发现了我国最大的页岩气田——涪陵页岩气田。

（3）攻关核心技术。中国石化立足自主创新，在勘探开发理论、物探与井筒技术及装备研发方面取得重大突破，发现并开发了我国首个也是目前最大的海相页岩气田——涪陵页岩气田，使我国成为北美之外第一个实现规模化开发页岩气的国家，走出了中国页岩气自主创新发展之路。攻关形成了海相页岩气地球物理预测评价关键技术，突破川南地区碳酸盐岩山地地震采集处理技术瓶颈，大幅提高了页岩气层反射信噪比和分辨率；形成海相页岩气"甜点"地震预测技术，建立了多参量脆性指数预测技术、构建了含气量与有机碳含量、压力系数新的表征关系和预测技术，落实了高产富集带；形成"岩性、电性、物性、含气性、地化特性和脆性"6 性测井评价技术，实现了页岩气层参数准确计算。形成页岩气开发设计与优化关键技术，建立了页岩气流动模型，构建了两种赋存状态、三种流动机制下的页岩气流动数学模型，为产能评价、开发指标优选提供了依据；首创了山地丛式水平井交叉布井模式，相对于 1 台 6 井丛式布井，储量损失区面积由 1.26 km² 降低至 0.18 km²，减少了 85.7%；建立了页岩气分段压裂水平井产能评价方法，预测符合率 90%。形成页岩气水平井高效钻井及压裂关键工程技术，创新了页岩气水平井组优快钻井技术，平均钻井周期较初期缩短 32%，钻井成本降低 33.8%，实现了提质、提速、降本；创新形成水平井复杂缝网压裂技术，施工成功率达 98%，平均单井无阻流量为 36.73 x 10⁴m³/d；创新水平资源保护和废弃物处理技术，实现了页岩气绿色开发。研制页岩气开发关键装备和工具，率先应用机械液压混合驱动与短节同步牵引技术，研制最大牵引力 8000N 的测井牵引器，攻克长水平井电缆输送难题；研制出耐压 105MPa、耐温 150℃系列桥塞，易钻易排性、通过性优于国际先进产品。

第三节　页岩气示范区建设成果

通过 4 大示范区的建设，形成发展完善了页岩气勘探开发主体技术，形成特色管理模式，培养锻炼页岩气技术和管理人才队伍，为页岩气的大规模工业化开发奠定了基础。

一、形成了示范区建设流程与思路

初步形成了"有序选区→阶段评价→分区建产→效益开发"的页岩气勘探开发程序，形成了"整体评价、突出重点，由易到难、以点带面，突破产能、落实资源，聚焦甜点、一体化研究，创新集成、形成技术，市场化运行、精细项目管理，平台化设计、工厂化作业，提速提效、规模经营，降本增效、效益开发"的示范区一体化高效建设工作思路。

二、形成了勘探开发主体技术

中国石油通过引进、消化吸收、再创新，在长宁—威远国家级页岩气示范区建设过程中形成了适合川南页岩气勘探开发的 6 大主体技术实现页岩气规模效益开发，即多期构造演化、高—过成熟页岩气地质综合评价技术；复杂地下、地面条件页岩气高效开发优化技术；多压力系统和复杂地层条件下的水平井组优快钻井技术；高水平应力差、高破裂压力储层页岩气水平井体积压裂技术；复杂山地水平井组工厂化作业技术；页岩气特色的高效清洁开采技术（谢军，2017a）。

中国石化按照借鉴吸收、自主攻关、先导推进、整体集成的思路，创新集成页岩气藏综合评价、水平井组优快钻井、长水平井分段压裂试气、试采开发配套和绿色开发等 5 大技术体系。

延长石油充分结合区块内黄土塬地貌特点，自主研发了水平井 CO_2 压裂技术。

三、建立了高效管理模式

中国石油形成"六化"管理模式大幅度降低了成本，即井位部署平台化、钻井压裂工厂化、采输作业橇装化、生产管理数字化、工程服务市场化、组织管理一体化，有效降低了开发成本，支撑了埋深 3500m 以浅区块的产能建设。

中国石化建立了总部决策、油田分公司监管、涪陵页岩气公司运行的三级投资管理模式，形成了适应工程特点的项目化管理模式，构建了效能监察体系，为投资控制提供了有力支持，实现了降本增效。

延长石油按照自身特点，不成立作业队伍，不购买作业设备，最大化减少资产占用组织示范区建设，有效降低了成本。钻井、压裂和试气等现场施工作业任务采用公开招标方式，公平竞争，在保障施工品质的同时，降低施工作业成本。此外，尝试与国际油田服务公司的风险合作模式，将单井的钻井、压裂和试气整合承包，由国际油田服务公司统筹规划、整体设计、统一施工，作业时效和施工品质明显提升，同时，成本控制效果显著。

四、形成了行业标准规范

在示范区建设过程中各建设单位坚持成熟一项固化一项的原则，牵头、参与制定了多项标准，为页岩气开发形成了一套较为完善的制度规范。

在长宁—威远示范区的建设过程中，中国石油通过不断总结、提炼、升华，制定国家标准 6 项、能源行业标准 35 项、石油行业标准 2 项，涉及地质评价、钻完井工艺、储层改造、气藏开发、安全清洁生产等多个专业，在增储上产的同时，也致力于联合各大公司完善页岩气勘探开发标准规范。

中国石化参与制定能源行业页岩气技术标准 35 项，完成制定中国石化一级企业标准 2 项，编制了全国首套页岩气钻井、试气和监督作业指导书。

延长石油编制陆相页岩气相关标准 14 项，其中参与国家标准 2 项，行业标准 4 项、陕西省地方标准 8 项。

五、搭建了高端研究平台

中国石油西南油气田公司在 2014 年 5 月建成了院士工作站，先后签约了 8 位院士，并按 5 大主体专业设立院士（专家）工作室。通过战略咨询、项目合作、成果转化、人才培养等方式，为川南页岩气的规模有效开发出谋划策。

中国石化在涪陵示范区设立了国内首个页岩气院士专家工作站。自 2014 年以来，先后与中国科学院和中国工程院 43 名院士进行了科研技术交流，与 8 名院士专家开展合作攻关；院士专家工作站的建立带动了气田和地方项目实施、基地建设、人才培养的一体化，推进了科技合作的组织化、制度化、长效化，该院士专家工作站获评国家 2017 年度示范院士专家工作站。

六、创造了能源开发的"绿色典范"

习近平总书记指出，绿色是长江经济带的底色，并要求加快建设山清水秀美丽之地。各公司严格落实《中华人民共和国安全生产法》和《中华人民共和国环境保护法》，牢固树立"发展不能以牺牲安全为代价""绿水青山就是金山银山"等理念，按照"一岗双责，谁主管、谁负责，管业务必须管安全环保"的原则，突出本质安全，强化过程管控，实现了页岩气开发以来保持无井喷失控、无工业火灾、无环境污染、无上报安全环保责任事故。

（1）完善保障体系。强化 QHSE 体系建设和全员 HSE 管理，成立工区 QHSE 协调委员会、QHSE 管理委员会和井控工作领导小组，敦促各施工承包商单位建立相应的安全环保管理组织体系，细化甲乙双方 QHSE 责任，全面落实监管主体。发布页岩气开发环境保护白皮书、页岩气勘探开发井控实施细则。

（2）加强应急处置。成立应急指挥中心，充实消防、井控抢险、地面抢修、医疗救护和环境监测等 5 类专业应急抢险救护力量。与当地政府联合成立页岩气开发安全保卫工作委员会，与施工单位、周边乡镇和消防、医疗救护机构签署协议，搭建企地联动管理的有效机制和应急组织网络。建立突发事件应急预案体系（包括 14 个专项预案），每季度开展一次综合应急演习，每半年开展一次企地联合应急演习，有效保障应急管理工作落到实处。

（3）强化立体监督。建立自主监管、第三方监督、政府监管、社会监督相结合的"横向到边、纵向到底，点面结合、内外并举"的常态化、立体式监督机制和监管格局，全面推行施工现场异体监督、视频监控、智能监控，对钻、测、录、压裂、试气等关键作业环节和重点要害部位实施全过程、全方位、全天候监管，确保各类风险处于实时可控状态。

（4）做好环境监测。设立常态化环境监测点，采取外聘环保机构、委托政府环保部门等方式，重点对工区内地表水、地下水、大气、噪声、土壤等要素开展监测。

第四节　页岩气实现工业化规模开发

一、四川盆地及周缘地区成为中国页岩气主产区

自 2012 年以来，随着宁 201—H1 井、焦页 1 井取得了页岩气勘探战略突破，四川盆地及周缘地区陆续发现了长宁、威远、涪陵、昭通和威荣

等页岩气田，在埋深 4000m 以浅实现了规模建产，短短 6 年内，四川盆地及周缘地区累计产页岩气 312.9 × 10^{8}m^3。

中国石化和中国石油根据四川盆地五峰组—龙马溪组资源分布特征加大了对埋深 4000m 以深页岩气的评价，在泸州、丁山、大足和永川等地区取得了重大突破，其中丁山地区丁页 4HF 井获日产 20.56 × 10^{4}m^3 工业气流，大足地区足 202-H1 井获日产 45.67 × 10^{4}m^3 工业气流，永川地区黄 202 井获日产 22 × 10^{4}m^3 工业气流，泸州地区泸 203 井获日产 137.9 × 10^{4}m^3 工业气流，成为国内首口单井测试日产量超百万立方米的页岩气井，取得了重要进展。在四川盆地及周缘已形成涪陵、长宁、威远、昭通和泸州等集中建产区，盆地南部和东南部为页岩气有利开发区的格局已明朗。同时，中国地质调查局在宜昌等地区的下寒武统和志留系取得新发现。中国华能集团有限公司、中国华电集团有限公司和神华集团有限责任公司等能源企业积极参与页岩气勘探，取得了一定进展。

二、探明页岩气储量超万亿立方米

截至 2019 年 11 月，中国石油天然气股份有限公司和中国石油化工股份有限公司在四川盆地五峰组—龙马溪组共发现长宁、威远、太阳、涪陵和威荣 5 个页岩气田，累计探明页岩气含气面积 2089.34km^2，探明地质储量 17865.38 × 10^{8}m^3（表 4-7），均为大型页岩气田。

表 4-7　中国页岩气提交探明储量统计表（截至 2019 年底）

气田名称	面积 （km^2）	探明地质储量 （10^{8}m^3）	技术可采储量 （10^{8}m^3）
涪陵	575.92	6008.14	1432.58
长宁	525.30	4446.84	1111.74
威远	562.59	4276.96	1040.14
威荣	143.77	1246.78	286.76
太阳	281.76	1886.66	403.69

三、深层页岩气的突破

四川盆地川南地区深层页岩气资源非常丰富，五峰组—龙马溪组深水陆棚相广泛发育，富有机质页岩厚度大、分布稳定，泸州—渝西区块南部位于川南沉积中心，五峰组—龙马溪组Ⅰ类+Ⅱ类储层厚度分布在50~70m，埋深4500m以浅面积$1.8 \times 10^4 km^2$，估算资源量$9.6 \times 10^{12} m^3$，其中，埋深3500~4500m深层有利区面积$1.5 \times 10^4 km^2$，资源量$8.39 \times 10^{12} m^3$，占比达86%，资源潜力大。

2009年11月10日，中国石油天然气股份有限公司与壳牌中国勘探与生产有限公司签订了《四川盆地富顺—永川区块页岩气联合评价协议》（JAA），对四川盆地富顺—永川区块深层页岩气进行联合开发，测试获气井20口，井均测试日产量$10.32 \times 10^4 m^3$。在钻完井工艺方面，壳牌公司采取了包括控压钻井技术、油基钻井液技术、地质导向技术等当时较为先进的钻井技术，并取得了很好的效果。但由于地质认识、井底高温等原因导致了优质储层钻遇率较低。壳牌公司遵循北美页岩气开发程序，采用先打钻井后做三维地震的技术理念，钻进时利用二维地震资料边钻边导向，二维地震资料对垂深的识别精度差，而川南地区（泸州区块）构造特征与北美差异大，微幅构造和断层发育、地层倾角变化大，目的层厚度或展布变化频繁，地质条件复杂造成填井侧钻时有发生，优质储层的钻遇率不理想。由于目的层龙马溪组多位于3500m以深，地层温度普遍高于130℃，地温梯度高达3.1℃/100m，导向工具长期在高温条件下工作失效率增高，频繁提前失效，既大大增加了起下钻次数等非工作时间，又影响了优质储层钻遇率，进一步增大了钻井难度。此外，为了更有利于提高机械钻速降低井下复杂，缩短钻井周期，节约钻井成本，壳牌公司普遍采用ϕ127mm小井眼，主体以5in套管为主，液体摩阻较大，施工压力高达95MPa，在105MPa等级的井口条件下，排量最高仅能达到$12m^3/min$，无法满足后续体大规模积压裂需要。在压裂工艺方面，壳牌公司老井主体在石英砂阶段采用低黏滑溜水携砂，陶粒阶段使用了胶液携砂、高支撑剂浓度连续加砂，单井胶液的使用比例平均达到 54.0%，不利于高脆性页岩储层压后形成复杂缝网。此外，由于段间距、簇间距设计较大，导致水平井改造不充分，用液强度低（8.72 ~ 13.23m³/m）导致裂缝复杂程度不够，加砂强度低（平均 1.22t/m），裂缝导流能力不足，因此压后测试产量较低。

中国石油西南油气田公司自营开发后，在充分总结壳牌公司前期在深层页岩气开发上取得的经验和教训的基础上，借鉴长宁和威远成熟的开发模式，对深层页岩气钻井、压裂工艺进行了全面优化和加强（表 4-8）。

表 4-8　壳牌公司和西南油气田深层页岩气钻井压裂施工参数对比表

参数	壳牌公司	长宁区块	泸 203 井	黄 202 井	阳 101H1-2 井	足 202 井	阳 101 井
套管（mm）	127		139.7	139.7	139.7	139.7	139.7
地面上限压力（MPa）	105		140	140	140	140	140
段间距（m）	57 ~ 115	45 ~ 67	73	49.8	70	51.1	40 ~ 60
簇间距（m）	19 ~ 40	18 ~ 22	15 ~ 25				13 ~ 20
加砂强度（t/m）	0.44 ~ 2.18	1.80 ~ 3.10	1.72	2.82		2.24	
用液强度（m³/m）	7 ~ 13.6	26 ~ 40	29.27	40.12	> 35	36.1	
施工排量（m³/min）	7.5 ~ 12	12 ~ 16	15 ~ 16	14 ~ 16		14 ~ 16	14 ~ 16
液体体系	胶液 + 滑溜水	滑溜水	滑溜水	滑溜水	滑溜水	滑溜水	滑溜水

在川南深层区块选择以黄 202、大足（足 202）以及阳 101 三个井区作为首批试采区，通过开展长水平段钻井、小井间距钻井、高强度加砂和密切割压裂、不同粒径支撑剂组合等多项新工艺试验，确定黄金靶体位置、提高钻遇率、提高钻速、提高缝网复杂程度，探索深层长水平段优快钻井工艺、体积压裂技术和优选开发技术政策，突破商业瓶颈，为 4000m 以深页岩气规模开发奠定基础。其中，黄 202 井于 2018 年 1 月开钻，产层中

深 4083m，水平段长 1500m，采用自主创新高强度 + 密切割工艺获得测试产量 $22.37 \times 10^4 m^3/d$，截至 2019 年 1 月中旬，该井套管压力 11.5MPa，日产气量 $14.62 \times 10^4 m^3$，累计产气量 $2285.88 \times 10^4 m^3$（含放空气量 $677.98 \times 10^4 m^3$），返排率 25.14%，昭示着深层页岩气具备商业开发的资源潜力和生产效益。泸 203 井在钻井工艺上，造斜段采用旋导工具，水平段使用 LWD+ 螺杆，I 类储层钻遇率高达 90%。在压裂工艺上，在对压裂工艺参数进行全面优化后，分段段长更短，用液强度、加砂强度、施工排量更高，地质工程一体化自主设计和施工，施工排量达 15 ~ 16m³/min，加砂强度 1.92t/m，测试产量 $137.9 \times 10^4 m^3/d$，成为国内首口超百万立方米测试产量深层页岩气井，取得重大进展。

通过前期的探索与实践，在深层页岩气井上已经取得了突破，初步形成了适合于川南地区深层页岩气钻井、压裂的新工艺、新技术。确立了深层页岩气井主体设计的五大原则：（1）坚持精细化分段：分段不跨小层，综合考虑储层物性特征；（2）坚持低黏滑溜水：高脆性地层条件下更有利于提高裂缝复杂程度；（3）坚持陶粒为主：高闭合应力地层条件下，降低支撑剂的嵌入；（4）坚持大排量施工：打碎地层，提高裂缝复杂程度，保证缝内净压力；（5）坚持大液量施工：高脆性地层条件下更有利于提高裂缝复杂程度。

根据川南地区页岩气中长期规划，2031—2035 年将启动第三轮 $100 \times 10^8 m^3/a$ 产能建设，其中埋深 4000 ~ 4500m 建成 $50 \times 10^8 m^3/a$ 产能规模，根据《2019—2025 年天然气加快发展规划实施方案》，"十四五"期间页岩气勘探开发将由 3500m 以浅逐步向 4000m 以深拓展。深层页岩气开发是"十四五"上产和"十五五"接替稳产的基础。西南油气田现正积极响应国家"加大国内油气勘探开发工作力度，保障国家能源安全"的号召，全力攻关深层页岩气开发的难题，期待在深层页岩气开发上取得进一步的突破。

四、页岩气产量快速增长

截至 2019 年底，中国石化页岩气年产量达到 $73.5 \times 10^8 m^3$，累计产气 $293.5 \times 10^8 m^3$，中国石油川南页岩气年产量达到 $80.3 \times 10^8 m^3$，累计产量 $192.8 \times 10^8 m^3$。各大页岩气田产量逐年攀升，为我国天然气市场供应提供了强有力的保障，如图 4-13 和图 4-14 所示。

图 4-13 中国石化 2013—2019 年页岩气年产量和累计产量柱状图

图 4-14 中国石油 2012—2019 年川南页岩气年产量和累计产量柱状图

第五章

创新与攻关

形成中国特色页岩气理论和
关键技术

    历经 10 余年探索与实践，我国的页岩气开发实现了年产规模由 0 向超 $100 \times 10^8 \mathrm{m}^3$ 的大跨越，克服了我国开发条件与北美存在较大差异的难题，创新形成中国"本土化"页岩气勘探开发理论，攻关实现形成了核心技术、装备的国产化并形成开发配套技术系列，大力推动了我国非常规油气的勘探开发。

第一节 中国特色页岩气地质理论的创新与形成

一、页岩气地质分区

我国页岩发育地区包括南方、华北、东北、西北和扬子地区等 3 大相 9 大领域 16 个层系，发育海相、海陆过渡相和陆相 3 类页岩。海相页岩主要分布于中国南方古生界，层系主要为震旦系、寒武系、奥陶系、志留系、泥盆系和石炭系，以及天山—兴蒙—吉黑地区上古生界（石炭系—二叠系）等；海陆过渡相页岩主要为分布于华北地区的上古生界及南方地区的二叠系；陆相页岩主要分布于四川盆地及其周缘的中生界、鄂尔多斯盆地的三叠系、西北地区侏罗系、东北地区白垩系和东部断陷盆地古近系等。目前主要在四川盆地海相地层和鄂尔多斯盆地陆相地层进行了页岩气开采活动。

二、海相页岩气富集规律

近些年来，基于对北美经验的借鉴学习和勘探实践经验，以五峰组—龙马溪组页岩为代表的中国南方海相页岩气富集规律认识取得了显著进展，形成了中国南方海相页岩气"二元富集""三控富集"等本土化的理论认识。

（一）"二元富集"理论

中国石化通过在涪陵页岩气田奥陶系五峰组—志留系龙马溪组的勘探开发实践，提出了页岩气"二元富集"理论，认为深水陆棚相优质页岩发育是"成烃控储"的基础，良好保存条件是页岩气"成藏控产"的关键（郭旭升，2014b）。

通过对南方 8 套主要页岩沉积、地球化学特征分析及成因模式研究，发现深水陆棚相页岩不仅有机碳含量、内生硅质矿物含量高，而且二者具有良好正相关耦合规律；其有机碳含量与生烃量和孔隙体积呈正相关关系，且脆性好，有利于页岩气生成、储集和压裂改造。通过离子束抛光扫描电镜和碳同位素分析，发现等效镜质组反射率为 2% ~ 3% 的深水陆棚相页岩有机质孔发育较好，不仅存在干酪根孔，而且新发现孔径较大的沥青孔，页岩气为原油和干酪根裂解形成的混合气，揭示了高演化页岩"干酪根、液态烃裂解生气，干酪根孔、沥青孔伴生发育"的机理。

通过页岩气藏形成演化史恢复，结合深水陆棚相区失利与高产页岩气井对比分析，发现气层压力系数与产量呈正相关关系，明确了顶底板、构造运动等保存条件对页岩气藏形成和改造的控制作用。页岩顶底板突破压力均较高的地层组合，从页岩生烃开始就能有效阻止烃类纵向散失，利于液态烃的滞留、相态转化及流体压力的保持。印支期以来构造作用的强度与时间控制了页岩气逸散方式及残留丰度，抬升剥蚀、断裂活动改变了盖层的完整性和顶底板的封闭性能；通过三轴物理模拟实验和渗透率的压力敏感性分析，发现了随埋深变浅页岩自身封闭性变差的规律，揭示了页岩气"早期滞留，晚期改造"的动态保存机理。认为顶底板好、埋深适中、远离剥蚀露头区和开启断裂的地区，保存条件好，有利于页岩气富集。

（二）"三控"富集规律

中国石油在四川盆地长宁、威远、昭通、泸州和丰都等地区奥陶系五峰组—志留系龙马溪组及寒武系筇竹寺组的页岩气勘探开发实践中，提出了"沉积成岩控储、保存条件控藏、储层连续厚度控产"的"三控"海相页岩气富集高产理论。

（1）沉积相控制页岩类型和储层厚度、成岩作用控制储集物性。

根据建立的四川盆地龙马溪组龙一$_1$亚段页岩沉积模式，深水区强还原条件下沉积富有机质硅质泥棚为最优沉积环境。优选铀钍比（U/Th）作为古氧环境的判别指标，强还原环境（U/Th>1.25）页岩连续沉积厚度大于 4m 区域为深水陆棚相内深水区，该区域内页岩储层厚度最大，同时，川南地区纵向上强还原环境（U/Th>1.25）主要分布在龙一 $_1^{1~2}$ 小层，是页岩储层有机碳含量和孔隙度最高、储层微观孔隙结构更优的层段。

成岩—生烃作用控制无机孔和有机孔发育。页岩储层孔隙主要由有机孔和无机孔组成，根据四川盆地页岩储层"页岩双孔演化模型"，揭示了无机孔主要受成岩作用控制的演化规律，以及有机孔受成岩—生烃双重作用控制的演化规律，其中最有利的页岩孔隙发育阶段为成熟溶蚀生烃阶段（R_o 介于 1.3% ~ 2.0%）和高—过成熟二次裂解阶段（R_o 介于 2.5% ~ 3.0%）。川南地区龙马溪组页岩储层 R_o 总体在 2.4% ~ 3.0%，处于有利的孔隙演化阶段。

（2）保存条件控制气藏分布。

四川盆地龙马溪组深水区受差异保存的影响，构造作用强烈、断裂发育程度高、压力系数低的区域均未获得工业气流，已发现的长宁、威远、昭通和焦石坝等工业气藏均位于深水超压区。同时，页岩气具有高压富气规律，高压力系数对页岩孔隙具有保护作用，受后期压实作用相对较小，原生孔隙得到有效保留，孔隙形态呈圆状、次圆状，储集能力更强。

（3）I 类储层连续厚度控制产能。

根据川南 360 余口开发井和评价井 I 类储层（TOC ≥ 3%、孔隙度 ≥ 5%、总含气量 ≥ 3m³/t、脆性指数 ≥ 55）连续厚度与测试产量具有强正相关关系，I 类储层连续厚度大于 10m 区域测试产量一般大于 $30 \times 10^4 m^3/d$、I 类储层连续厚度 5 ~ 10m 区域测试产量一般为 10×10^4 ~ $30 \times 10^4 m^3/d$、I 类储层连续厚度 0 ~ 5m 区域测试产量一般为 $10 \times 10^4 m^3/d$ 以下。

（三）富集模式

在四川盆地海相页岩奥陶系五峰组—志留系龙马溪组中已经探明了长宁、威远、涪陵和威荣 4 个页岩气藏，并在深层取得了重大突破，东页深 1 井测试日产量超过 $32 \times 10^4 m^3$，泸 203 井日产气量超百万立方米。综合分析认为页岩气大面积连续富集，仅局部大规模断裂和地层尖灭线对沿其走向方向 1 ~ 2km 范围内含气性存在影响。

背斜部位富集的有涪陵页岩气田、昭通页岩气田、丁山页岩气藏和泸州阳高寺气藏；向斜部位富集的有长宁页岩气田和威荣页岩气田；单斜部位富集的有威远页岩气田等。

第二节　中国特色页岩气关键技术攻关与完善

技术创新是引领页岩勘探开发突破的关键，我国通过引进、消化和吸收再创新，形成综合地质评价技术、开发优化技术、水平井钻井技术、分段体积压裂技术、复杂山地水平井组工厂化作业技术和高效清洁开发技术的 6 大主体技术，实现了页岩气规模效益开发。

一、综合地质评价技术

为了明确页岩气有利区、建产目标区在哪里的问题，借鉴北美的经验做法，利用分析测试、测井和地震等手段，通过地质评价和先导试验阶段总结，创新建立了适合我国南方多期构造演化、高—过成熟海相页岩气资源评价和有利区优选技术体系，确定了资源规模与开发建产区。

（一）中国石油

1. 页岩气分析实验技术

由于页岩具有低孔隙度、超低渗透和纳米级孔隙等特点，传统分析实验技术已无法有效分析页岩储层特征，通过国外先进实验分析仪器的引进、应用、改良和对比，系统建立了页岩气分析实验技术体系，形成了页岩岩石矿物学 XRD 分析技术，脉冲衰减法及颗粒法渗透率测试技术，高压压汞、液氮吸附、低温二氧化碳吸附孔隙结构分析技术，以及 FIB 三维立体重构、MAPS 定量数字化分析等微观结构可视化、数字化定量评价技术，现场含

气量＋残余气量＋散失气量的含气性评价技术，已具备对页岩气7大类29
项参数的实验分析能力。

2. 测井储层评价技术

为解决"页岩气深层长水平段测井采集困难、常规测井方法耗时长、
成本高"的难题，通过不断探索与实践，完善存储式常规测井仪器系列和
配套测井采集工艺，建立了页岩气测井储层评价技术，提高了作业能力
和效率。建立的页岩气水平井测井解释技术，实现矿物组分、孔隙度、
TOC、含气量、脆性指数等关键评价参数精细计算（图5-1）。开展页岩
岩电和岩石物理实验工作，建立了页岩岩石力学动静态转换、吸附气等参
数的计算模型，计算的TOC等页岩气特征参数与岩心实验对比误差小于
10%，测井解释符合率达到90%以上。

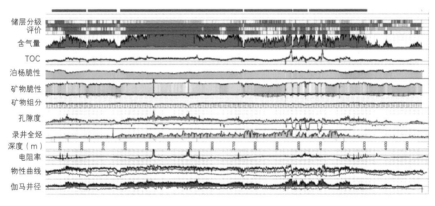

图5-1 长宁H3-4井页岩气储层测井综合评价成果图

3. 地震储层预测技术

为了有效开展有利区优选、水平井轨迹设计及压裂方案精准设计，形
成了复杂山地页岩地层地震采集—处理—构造解释及储层关键参数地震预
测与评价技术，有效支撑了页岩气的高效勘探开发。

山地页岩"两宽一高"地震采集技术，解决中国南方海相页岩地震采
集中普遍存在"地表出露石灰岩，地形起伏大，激发接收条件差"的技术难题，

地震频带由 10 ~ 60Hz 拓宽至 8 ~ 70Hz，从而为处理和解释提供了更高品质的原始资料。山地页岩多波多分量采集技术进一步满足山地页岩"岩性识别、页岩储层定量描述、天然裂缝预测"高精度所需。页岩气 OVT(Offset Vector Tile，炮检距矢量片）域处理技术，实现了小尺度的天然裂缝的准确预测。多参数动态时深转换速度场构建技术明显降低了构造深度预测误差，深度误差达到 0.5% 以内。微地震监测技术实现了现场压裂效果实时评价，力争获得最大化 SRV（Stimulated Reservoir Volume，储层改造体积），实现与产能的有效结合。多尺度裂缝预测与分级评价技术，可准确识别断层、裂缝发育程度，结合微地震事件，可分析断裂对页岩气藏保存条件、钻完井工艺、开发效果的影响。

4. 评层选区技术

通过对比四川盆地海相页岩气区块与北美主要页岩气区块地质特征，发现二者储层参数基本相当，但存在至少4个差异：（1）四川盆地所处扬子地台经历的构造运动次数多而且剧烈，所以页岩气藏经历的改造历史和保存条件显然不同于北美地台；（2）四川盆地页岩气有利区有机质演化程度处于高—过成熟阶段，而美国页岩气主要处于高成熟阶段，页岩气藏的成藏条件会有哪些变化目前还不十分清楚；（3）四川盆地页岩气藏以深层为主，埋深小于 3500m 的范围相对较少，部分页岩储层埋深可超过5000m，而美国泥盆系和密西西比系页岩埋深范围介于 1000 ~ 3500m；（4）中国南方页岩气地表条件复杂，环境容量有限比美国复杂。有利区多处于丘陵—低山地区，人口密度大，交通条件差。

通过对富含有机质泥页岩的分布特征、有机地化特征、岩石矿物特征、储集性能、保存条件、页岩气显示及测试、工程技术条件（地表地貌、埋深等）等条件的对比研究，建立了四川盆地及周缘地区海相页岩气选区评价方法，主要包括以下指标：

（1）优质泥页岩发育评价参数，包括泥页岩厚度、面积、有机质丰度、干酪根类型、成熟度、物性和脆性指数；

（2）保存条件评价参数，包括断裂发育情况、构造样式、上覆地层、压力系数和顶底板；

（3）经济性评价参数，包括资源量、埋藏深度、地表地貌条件、水源、市场管网和道路交通。

运用选区评价方法，优选了四川盆地的长宁、威远、泸州、焦石坝和丁山等页岩气勘探开发有利区块，并在大部分区块实现了规模效益开发。借鉴北美成熟的页岩气评层选区方法和指标体系，创新建立了适合中国南方多期构造演化、高—过成熟海相页岩气评层选区技术体系，与北美对比，增加适应于我们南方海相页岩压力系数、与断层之间的距离、与剥蚀线距离、地面可部署平台情况等特色指标（表5-1）。

表5-1 南方海相页岩气选区评价参数与北美评价参数对比表

序号	评价项目	南方海相有利区优选指标	北美有利区优选指标
1	有机碳（%）	>2	
2	成熟度（%）	>1.35	
3	脆性矿物（%）	>40	
4	黏土矿物（%）	<40	<30
5	孔隙度（%）	>2	
6	渗透率（nD）	>100	
7	含水饱和度（%）	<45	<40
8	含气量（m³/t）	>2	—
9	埋深（m）	<4000	—
10	优质页岩厚度（m）	>30	
11	压力系数	>1.2	—
12	距剥蚀线距离(km)	>7~8	—
13	距断层距离(m)	>700	—
14	地震资料	二维	—
15	地面条件	可批量部署平台	—

（二）中国石化

1. 选区评价体系

中国石化构建的"以深水陆棚相优质页岩为基础、以保存条件为关键、以经济性为目的"的中国南方海相页岩气战略选区评价体系包括有机碳含量、脆性指数、压力系数等 18 项具体参数，实现了从静态向动静结合评价的转变（表 5-2）。

表 5-2　南方海相页岩气选区评价体系与参数权重表

参数类型（权重）	参数名称	权值	参数分级体系			
			1.0 ~ 0.75	0.75 ~ 0.5	0.5 ~ 0.25	0.25 ~ 0
优质泥页岩发育（0.3）	页岩厚 (m)	0.1	>40	40 ~ 30	20 ~ 30	10 ~ 20
	有机碳含量 (%)	0.3	>4	4 ~ 2	2 ~ 1	<1
	干酪根类型	0.1	Ⅰ 型	Ⅱ₁ 型	Ⅱ₂ 型	Ⅲ 型
	成熟度 (R_o)	0.1	1.2 ~ 2.5	1.0 ~ 1.2 或 2.5 ~ 3.0	0.7 ~ 1.0 或 3.0 ~ 3.5	0.4 ~ 0.7 或 3.0 ~ 4.0
	脆性指数 (%)	0.3	>60	60 ~ 40	40 ~ 20	<20
	孔隙度 (%)	0.1	>6	6 ~ 4	4 ~ 2	<2
保存条件（0.4）	断裂发育情况	0.2	断裂不发育	断裂较少	断裂较发育	断裂发育
	构造样式	0.1	褶皱宽缓	褶皱较宽缓	褶皱较紧闭	褶皱紧闭
	压力系数	0.4	>1.5	1.2 ~ 1.5	1.0 ~ 1.2	<1.0
	上覆盖层	0.1	侏罗系—白垩系	三叠系	二叠系	志留系
	顶底板	0.2	非常致密	致密	较致密	不致密/不整合面
经济性（0.3）	地表地貌条件	0.2	平原+丘陵面积 >75%	平原+丘陵面积 50% ~ 75%	平原+丘陵面积 25% ~ 50% 中低山区为主	平原+丘陵面积小于 25%；以高山、高原和沼泽为主

参数类型 （权重）	参数名称	权值	参数分级体系			
			1.0～0.75	0.75～0.5	0.5～0.25	0.25～0
经济性 （0.3）	埋深（m）	0.2	1500～3500	3500～4500	>4500 或 500～1500	0～500
	资源量（10⁸m³）	0.2	>500	200～500	100～200	<100
	产量（10⁴m³/d）	0.1	≥10	≥3～<10	≥0.3～<3	<0.3
	水系	0.1	河流发育， 有水库	河流较发育， 临近有水库	水系欠发育， 仅有河流	无较大河流
	市场管网	0.1	市场发育， 已有管网	临近有管网	有市场，拟规 划管网	无管网， 市场不发育
	道路交通	0.1	国道、省道覆 盖全区	国道、省道覆 盖一半地区	县级道路覆盖 全区	交通不发达

2. 实验测试分析技术

实验测试分析是页岩气地质综合评价最重要的手段之一，无论是页岩气的选区评价、储量计算或开发阶段，页岩气实验测试分析技术都有无可替代的作用。通过探索与实践，中国石化形成了一套包含地球化学分析技术、储层表征分析技术、含气性分析技术和岩石力学分析技术等的实验测试分析技术，主要分析测试项目见表5–3。

表5–3 涪陵页岩气田页岩气地质评价主要实验分析项目表

测试领域		分析项目	实验目的
地球化学分析技术		总有机碳、岩石热解、镜质组反射率、有机质类型等	页岩气生气物质基础
储层表征 分析技术	岩石学	薄片鉴定、扫描电镜、X衍射全岩分析及黏土矿物组成等	岩石命名及矿物组成
	岩石物性	孔隙度、脉冲渗透率、基质渗透率等	页岩气储集空间和流体运移通道
	孔隙结构	压汞、液氮吸附、压汞—比表面积、氢离子抛光扫描电镜、纳米CT、FIB–SEM、突破压力等	描述页岩储层纳米级微观孔隙结构

续表

测试领域	分析项目	实验目的
岩石力学分析技术	岩石力学参数测定、地应力分析等	可压力性评价
含气性分析技术	现场含气量测试、等温吸附、天然气组成、碳同位素分析等	分析页岩气含气性特征，评价页岩气资源量、页岩气成因等

（三）延长石油

陆相页岩气在全球范围内目前仅有我国开展了相关工作，参照海相页岩气评价标准，并结合实际形成了我国首个陆相页岩气的选区评价方法。按照首先评价页岩气富集有利区，然后优选勘探开发"甜点区"两步走。通过盆地内富有机质页岩厚度、地化特征、页岩含气性及储层特征等参数，评价优选页岩气富集有利区；在此基础上结合岩石脆性、储层各向异性等工程参数，优选勘探开发的"甜点"目标区。

主要参数指标有：（1）泥页岩连续分布面积 ≥ 40km^2，单层厚度 > 10m，纵向向上连续发育，累计厚度 > 30m，砂岩夹层单层厚度 ≤ 3m，砂地比 <30%；（2）TOC > 1.0%，R_o > 0.9%；（3）泥页岩段总含气量 ≥ 0.5m^3/t；（4）保存条件良好。

根据以上标准优选出直罗—张家湾、志丹—吴起、甘泉和云岩—延川等有利区。

二、开发优化技术

依托常规气藏开发理念和技术，针对页岩气独特的流动和生产等特征，各大页岩气田创新建立了独具特色的页岩气开发优化技术，解决了页岩气藏规模有效开发难度大的难题。

（一）地质工程一体化建模技术

针对页岩气建产过程中存在的"Ⅰ类储层钻遇率较低、井筒完整性较差和体积压裂效果有待提高"等难题，借鉴国外地质工程一体化理念，发展完善了页岩气地质工程一体化建模技术。建立涵盖构造、储层、天然裂缝、地质力学等各种要素的地质工程一体化模型，定量刻画了储层关键地质和工程参数在三维空间的展布规律，实现了页岩气藏的可视化、打造"透明页岩气藏"（图5-2）。

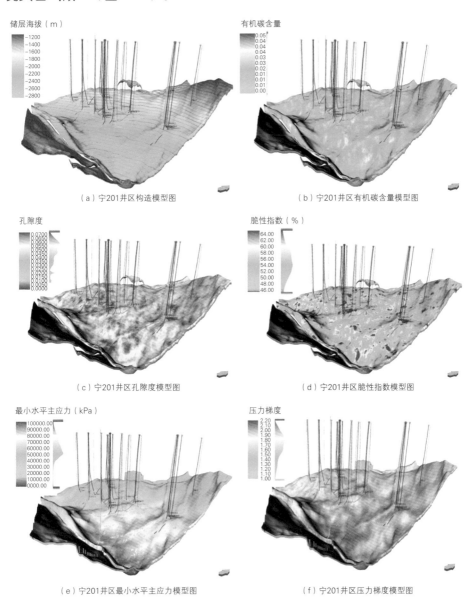

（a）宁201井区构造模型图　　　　　　（b）宁201井区有机碳含量模型图

（c）宁201井区孔隙度模型图　　　　　　（d）宁201井区脆性指数模型图

（e）宁201井区最小水平主应力模型图　　（f）宁201井区压力梯度模型图

图5-2　宁201井区地质工程一体化三维模型图

（二）地质工程一体化设计技术

应用地质工程一体化模型，优化井位部署和井眼轨迹设计，实现水平段沿"甜点"钻进；同时，为井下定向钻具组合优选、地质导向方案设计、钻井液密度窗口优化等钻井工程应用提供最直观的依据，也可预判可能发生井漏、滤失、套损等工程问题的位置，指导钻完井、压裂等工程实施，为确保井眼轨迹平滑、提高Ⅰ类储层钻遇率奠定基础。

（三）渗流与试井分析技术

页岩中含有大量的吸附气，且微孔和介孔发育，页岩气流动机理特殊，不同于常规气藏，不但有渗流，还存在扩散流动，故传统渗流与试井分析技术已不适用，鉴于此，建立页岩气水平井分段压裂渗流的物理数学模型，分析分段压裂水平井压力动态响应特征，形成适用于四川盆地五峰组—龙马溪组页岩分段压裂水平井的试井分析技术（图5-3）。定量解释的压后裂缝参数与地层压力，为优化页岩气开发方案提供了重要依据。

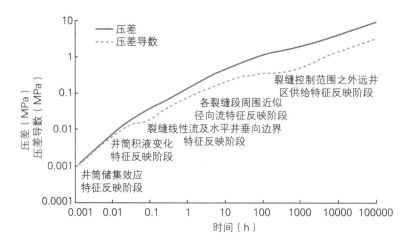

图5-3 页岩分段压裂水平井典型双对数试井曲线的阶段特征示意图

（四）产能评价与动态分析技术

页岩气井受储层人工裂缝、吸附气解吸及特殊流动机理影响，投产初期与中后期的产量递减趋势差异大，表现出初期递减指数变化较快、后期趋于稳定的特征，因此传统递减分析方法不再适用，而现有的商业软件一般基于渗流模型增加页岩气解吸—扩散理论，或借用煤层气理论，难以真实、客观地反映页岩气流动机理与生产动态规律。基于此，对经典的产量递减分析方法进行创新性改进，建立了符合页岩气水平井生产特征的产量递减分析和 EUR 评价方法，并预测了 3 个井区超过 100 余口页岩气井的产量、递减规律及 EUR，有效地指导了开发生产。以分段压裂水平井返排特征为基础，研究了返排规律和返排影响因素，建立了返排评价指标体系（图 5-4，表 5-4），据此可以客观地评价页岩气水平井的压裂效果和生产效果。

图 5-4　页岩气井返排评价指标体系示意图

表 5-4　长宁区块宁 201 井区气井返排评价指标表

分类	I 类（好）	II 类（中）	III 类（差）	备注 （与生产情况关联度）
见气时间（d）	<1	1 ~ 2	>2	82.64%
30 天返排率（%）	<10	10 ~ 15	>15	86.81%
达到最大产气量时的返排率（%）	<10	10 ~ 20	>20	88.19%
水气比降为 1 的时间（d）	<50	50 ~ 100	>100	86.81%

三、水平井钻井技术

（一）中国石油

积极试验集成钻井工艺技术，持续改进井身结构，优化井眼轨迹，自主研制油基钻井液，形成页岩气水平井优快钻井工艺技术，有效减少了钻井复杂，基本解决了页岩层水平段钻井井壁失稳、井眼轨迹控制难度大、机械钻速低、油基钻井液依靠引进等问题，实现了安全快速钻井的目标。

1. 井身结构设计技术

针对旋转导向、气体钻井提速技术、页岩层水平段井壁稳定性以及大规模体积压裂的要求对井身结构进行了优化。井身结构为三开三完常规井身结构，采用 ϕ139.7mm 油层套管，可以满足 15m³/min 大排量体积压裂的需要。宁 201 井区技术套管上移至韩家店组顶，为韩家店组—石牛栏组难钻地层采用氮气钻井创造条件，威 201 和威 202 井区技术套管上移至龙马溪组顶，充分发挥旋转导向工具提速作用。增下导管解决了宁 201 井区部分山地井表层漏垮复杂难题，长宁 H13 平台地表为须家河组堆积体，漏、垮、出水、卡钻频繁，井身结构调整为增下 3 层导管。

2. 井眼轨迹设计技术

针对旋转导向和气体钻井提速的需求，优化形成以"双二维" 为主，龙马溪组顶集中增扭为辅的丛式井组大偏移距三维井眼轨迹设计方案。将造斜点下移至龙马溪组层段，增斜率提高至 8°/30m，韩家店组—石牛栏组难钻地层不定向，采用气体钻井提速；采用高造斜率旋转导向工具进行增斜扭方位着陆段作业，井下作业风险显著降低；水平段采用旋转导向或螺杆钻具组合进行钻进。"双二维"井眼轨迹方案将三维井眼轨迹剖面分解为"双二维"井眼剖面，上部"预增斜"即完成横向位移，降低了井碰风险，在水平段所在铅垂面内完成增斜及水平段作业，理论上可避免扭方位，减小摩阻，井眼轨迹控制难度降低，实钻狗腿度较低（图 5-5）。

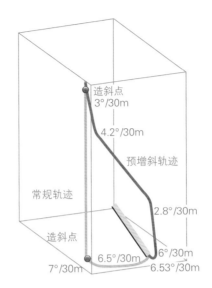

图 5-5　"双二维"与龙马溪组顶集中增扭井眼轨迹设计对比图

3. 钻井提速技术

通过持续优化，形成了以"个性化 PDC 钻头＋长寿命螺杆、旋转导向、油基钻井液、气体钻井"为核心的钻井提速技术。形成成熟的个性化 PDC 钻头序列，威远区块钻井平均机械钻速提高 107%、长宁区块钻井平均机械钻速提高 61.8%，长宁 H3-5 井创造 5 只 PDC 钻头钻完全井进尺的纪录。针对表层易恶性井漏的情况，采用气体钻井技术提速、治漏，同比常规钻井，单井减少漏失 2242m³。上部地层采用 PDC+ 螺杆 +MWD 防碰绕障提速，同比 PDC 钻头，机械钻速提高 30%。韩家店组—石牛栏组高研磨地层开展气体钻井提速，机械钻速同比常规钻井提高 2 倍以上，节约钻井周期 10 天以上。造斜段应用旋转导向技术，平均机械钻速提高 52%。

4. 钻井液技术

基于页岩储层失稳机理，吸收、消化国内外先进技术，自主研发并批量生产出乳化剂、封堵剂、降滤失剂等 6 种关键处理剂，并形成了白油基钻井液体系，性能达到国际大公司同等水平，现场应用 42 井次，单井油基钻井液（按 300m³ 消耗计算）费用相比引进可降低 21%。为缓解油基岩屑环保处理压力，进一步扩大高性能水基钻井液应用范围，目前已在长宁—威远区块 21 口井水平段中获得成功应用，提高了机械钻速，缩短了钻井周期，降低了环保风险。

5. 地质工程一体化导向技术

全面推广"自然伽马 + 元素录井 + 旋转导向"页岩气水平井地质工程一体化钻井技术，显著提高 I 类储层钻遇率。长宁区块储层钻遇率由 47.3% 提高到 96.5%，威远区块储层钻遇率由 37.1% 提高到 94.9%。足 201-H1 井为目前国内最深页岩气井，垂深 4374.35m，完钻井深 6038m，水平段长 1503m，应用"自然伽马 + 元素录井 + 旋转导向"地质工程一体化技术，储层钻遇率达 100%，其中 I 类储层占比 96.4%，II 类储层占比 3.6%，无 III 类储层。

（二）中国石化

1. 涪陵页岩气水平井钻井优化设计技术

构建页岩地层井壁稳定性评价分析方法，通过考虑层理产状和流体侵入，建立坍塌压力计算模型，掌握焦石坝地区页岩地层坍塌压力随井眼轨迹变化规律，指导安全钻井液密度和技术套管下深优化。优化和完善了"导眼 + 三开次"的井身结构方案，建立了基于地层漂移的井眼轨道设计模型，形成了丛式水平井三维井眼轨道优化设计技术。实现钻井过程中盲区面积减少 85.7%，实现资源高效动用；水平段扭方位工作减少 19.58%，摩阻降低 30%（图 5-6）。

2. 复杂山地"井工厂"高效钻井模式和页岩气水平井优快钻井技术系列

通过快速移动钻机及设备配套技术等"五大核心技术"的研发和集成配套，形成了复杂山地环境页岩气"井工厂"高效钻井模式，推广应用"学习曲线"，平均钻井周期较初期缩短 32%，钻井成本降低 33.8%（图 5-7）。研发了大尺寸平稳切削 PDC 钻头等 5 种钻井提速工具，实现一开钻速提高近 4 倍，定向段 PDC 钻头提速 87.1%，水平段五峰组提速 130%，螺杆寿命 150h 以上。形成了基于高效弯螺杆 +MWD 的井眼轨迹控制技术，替代

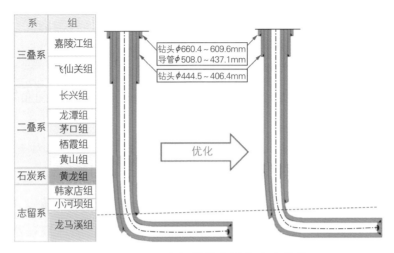

系	组
三叠系	嘉陵江组
	飞仙关组
二叠系	长兴组
	龙潭组
	茅口组
	栖霞组
	黄山组
石炭系	黄龙组
志留系	韩家店组
	小河坝组
	龙马溪组

钻头 φ660.4 ~ 609.6mm
导管 φ508.0 ~ 437.1mm
钻头 φ444.5 ~ 406.4mm

优化

图 5-6　焦石坝页岩气井井身结构方案优化

了进口高成本的旋转导向工具。优化钻具下部组合和钻井参数，稳斜段复合钻稳斜效果好；水平段稳斜控制能力，复合钻进尺比例最高达 97.2%。将各型提速工具、工艺集成应用，形成了钻井提速技术系列。自主研发了低成本国产油基钻井液体系，其动切力、电稳定性及失水等指标全面优于国外油基钻井液体系，全面替代了国外产品，成本同比降低 40% 以上。

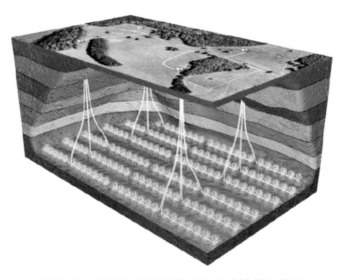

图 5-7　涪陵页岩气田井工厂丛式钻井示意图

（三）延长石油

1. 钻井提速工艺技术

延安示范区钻遇地层沉积相复杂多变，地层非均质性强，钻井过程中，井下复杂情况多发，处理时间长，机械钻速慢，测井、固井前通井时间长，整体呈现为钻井周期长。

陆相长 7 地层易水化失稳，普通钻井液易导致地层失稳。结合钻井液成本，优化井身结构，延长页岩气水平井的二开在钻穿长 6 地层后完钻。斜井段采用更小的井眼，井眼轨迹更易控制，减少了处理井下复杂的时间，钻速提高。研发强抑制性水基钻井液解决井壁水化失稳的问题，配合井壁稳定分析，提高钻进过程过程中的井壁稳定性，减少井下复杂情况。机械钻速低是钻井周期长另一个重要因素。通过分层整合地层岩石力学参数，优化适配地层的钻头；构建遗传算法模型，优化钻井水力、机械参数，提高机械钻井。综合井身结构、井壁稳定控制及钻井参数优化技术，形成了陆相页岩气水平井钻井提速工艺技术。该技术在陆相页岩气水平井进行了应用。目的层位分别是延长组和山西组。钻井周期、全井段机械钻速、水平段机械钻速有明显提高。钻井周期缩短了 32.8%，全井段机械参数平均提高了 28 %，水平段机械钻速提高了120%。

2. 水平井水基钻井液技术

针对陆相页岩地层黏土矿物含量高以及层理和裂缝发育的现状，考虑全油基和低油水比钻井液在成本和环保处理等方面存在问题，延长石油从提高页岩水基钻井液液相抑制性和利用微纳米封堵剂封堵页岩微纳米孔缝两方面进行大量实验研究，提出以 KCOOH 作为主要抑制剂抑制泥页岩黏土矿物水化分散膨胀，以刚性纳米碳酸钙及柔性纳米乳液等封堵剂相结合组配封堵剂配方，建立了以"模拟岩心"为对象的页岩封堵评价方法，形成适用于鄂尔多斯盆地陆相页岩气水平井的有土甲酸钾水基钻井液体系。

有土甲酸钾水基钻井液体系先后在陕北甘泉县 PP-48 井、宜川县 YYP-6 井、延长县 YYP-3 井和 YYP-4 井以及延安临镇 YYP-5 井和 YYP-5-1 井等 6 口水平井成功应用。该钻井液体系失水保持在 3mL 以下，润滑系数控制在 0.08 以内，流变性良好，性能稳定，起下钻顺利；与传统油基钻井液相比，成本仅为前者的 40%，且更环保，后期处理简单。该项技术的成功应用填补了陆相页岩气水平井水基钻井液技术空白，为延长石油低成本高效开发页岩气资源提供了有力支撑。

3. 水平井轨迹控制技术

延长页岩气水平井一般部署在老井场，井眼轨道优化设计中必须考虑防碰绕障的问题，研究形成整体的三维防碰绕障设计。

着陆过程中，一方面要搞好入窗前的地层对比与预测；另一方面要选择好钻具的造斜率，控制好钻头的入窗姿态，技术上坚持：略高勿低、先高后低、寸高必争、早扭方位和动态监控的原则。当油层为上倾方向，水平段井斜角大于 90° 时，控制井眼轨迹在 A 点前 20 ～ 30m，垂深达到设计油顶位置，井斜达到 85°～ 86° 进入油层；当油层为下倾方向，水平段井斜角小于 90° 时，控制井眼轨迹在 A 点前 40 ～ 50m，垂深达到设计油顶位置，井斜达到 82°～ 84° 进入油层。水平段轨迹控制的技术要点是：钻具平稳、上下调整、多开转盘、注意短起、动态监控、留有余地和少扭方位。

已经完钻 13 口页岩气水平井，防碰绕障成功率 100%，井眼轨迹与设计轨道符合率 100%，顺利实现了地质要求。

4. 水平井固井技术

结合陆相页岩气地质及钻井特点，延长石油先后研制了碰压关闭式浮箍、偏心滚轮式扶正器和防阻卡扶正器等固井特殊工具，研发了以丁苯橡胶粉为原材料的新型弹韧剂和弹韧性水泥浆，形成了一系列页岩气水平井固井关键技术，使得示范区内水平井固井质量合格率达到了 100%，压后密封性也得到了显著提升。

四、分段体积压裂技术

（一）中国石油

从借鉴北美体积压裂设计技术起步，逐步形成了页岩气地质工程一体化精细压裂设计技术，形成埋深 3500m 以浅体积压裂工艺技术（"密切割＋高强度加砂＋暂堵转向"）及施工配套技术，基本解决了水平应力差大、缝网形成困难等压裂难题，有效提高了储层改造体积和裂缝复杂程度，单井产量大幅提高。并且，实现了压裂关键工具与液体的国产化，大幅降低了作业成本。

全面推广地质工程一体化精细压裂设计技术，提高压裂方案的针对性。综合利用三维地震预测、录井、测井和固井等成果对水平段的储层品质和完井品质进行综合评价，根据评价结果进行精细分段。将物性参数相近、应力差异较小、固井质量相当、位于同一小层的井段作为同一段进行压裂改造（图 5-8）。优选脆性高、含气量高、最小水平主应力低的位置进行射孔，平台相邻井之间采用错位布缝。对于水平段偏离优质页岩的井段采用定向射孔，确保优质页岩有效改造。根据不同压裂段的储层特征，差异化设计压裂液和支撑剂组合、排量及泵注程序。对于天然裂缝发育井段，采用前置胶液并提高 70 目/140 目石英砂用量，支撑天然裂缝，降低滤失。对于井眼偏离优质页岩的井段，采用前置胶液，扩展缝高。对于位于优质页岩的井段全程采用滑溜水段塞式注入。

通过页岩露头压裂模拟实验和矿场对比试验，明确了采用低黏滑溜水体系，有利于沟通天然裂缝和提高储层改造体积；簇间距由初期的 25 ～ 35m 逐渐优化为 20 ～ 25m，有效利用缝间应力干扰形成复杂裂缝。施工排量由前期平均 8 ～ 10m³/min 提高到 12 ～ 14m³/min，进一步提高了单孔流量，确保了每簇射孔孔眼被有效改造，提高了缝内净压力。压裂过程中裂缝内净压力在 19.2 ～ 30.9MPa，大于地层水平应力差值，满足形成复杂裂缝需要。针对部分井段天然裂缝发育、压裂过程中压

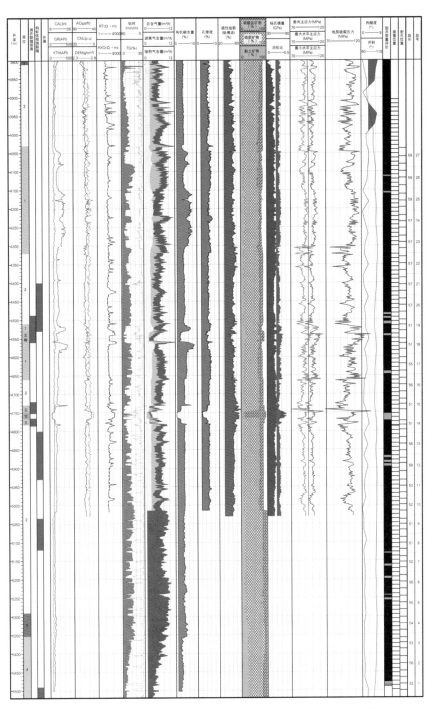

图 5-8　基于地质工程一体化的压裂分段方案优化示意图

裂液滤失大、砂堵频繁等问题，采用"前置胶液 + 阶梯排量"、提高 70 目 /140 目支撑剂用量等措施，有效减少了砂堵的发生并提高了加砂量。

施工过程中实时监测及分析施工压力响应情况，结合三维地震预测成果和微地震监测（图 5-9）实时调整压裂参数及泵注程序，确保压裂泵注程序最大程度适应地层特征。建产初期有 30% 的井在压裂过程中发生了套管变形，探索形成了缝内砂塞压裂、暂堵球压裂两种工艺，确保了对套管变形段的有效改造。推广应用井筒化学清洗及胶液冲洗技术清洁井筒，确保了泵送桥塞及射孔顺利实施。自主研发了速钻桥塞、大通径桥塞、套管启动滑套等压裂工具和可回收滑溜水体系，有效降低了成本。

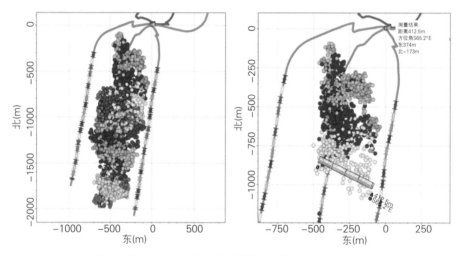

图 5-9　长宁 H13-5 井微地震监测结果示意图

强化压裂后评估，形成了以 DFIT 测试、压裂示踪剂、微地震监测、产气剖面测试、净压力分析、干扰试井等为一体的压裂后评估技术体系，有效评价地层压力、施工规模合理性、裂缝特征、储层特征与产能贡献等，为地质评价、开发技术政策及压裂方案的持续优化提供支撑。

（二）中国石化

通过水力压裂大型物模试验和数值模拟研究，揭示了五峰组—龙马溪组不同埋深下页岩压裂裂缝形态及成缝机制。3500m 以浅页岩压裂缝呈径向网状或纺锤形缝网结构，结构弱面尤其是层理对裂缝形态和复杂度具有重要影响；3500m以深页岩岩石破坏模式趋于单一、层理剪切减弱，呈复杂枝状结构，水力裂缝复杂度明显降低（图5-10）。

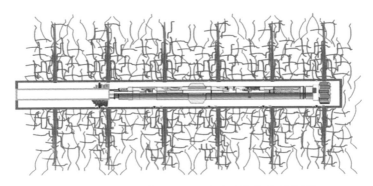

图5-10 页岩气分段压裂后裂缝分布示意图

根据五峰组—龙马溪组不同层位裂缝起裂扩展机理，提出了"控近扩远、混合压裂、分级支撑"的缝网改造新思路，形成了适用于不同脆性及层理缝特征的分小层差异化压裂设计方案；研发了降阻率达78%的减阻水体系，满足了水平井大规模高排量连续施工需求；集成泵送桥塞与多级射孔联作、滑溜水与胶液混合压裂和三种粒径支撑剂有效铺置等工艺，创新形成适合涪陵页岩特征的复杂缝网压裂技术（图5-11）。施工成功率达到98%，平均单井无阻流量$36.73 \times 10^4 m^3$。考虑应力场变化、压力衰竭等因素建立了四力耦合计算方法，确定了"挤注提压+分级主压"两段式施工工艺，提出了页岩气井重复压裂暂堵参数优化方法，形成了以暂堵转向为核心的水平井重复压裂工艺技术。

覆膜砂　　　　低密度陶粒　　　　覆膜陶粒

图5-11 涪陵页岩气田压裂支撑剂

将水力裂缝动态扩展模型应用于压裂施工曲线分析，建立裂缝延伸定量化实时判别标准，开展现场施工压力特征识别，指导施工实时调整。基于复杂缝数值模拟研究与微地震监测结果校正，建立了适用页岩的体积评价模型，可高效、快速评估不同区域、层位页岩气井的改造体积（图5-12）。形成了具有自主知识产权的水平井产气剖面测试技术，自主研发了具备完全自主知识产权的温压剖面测试仪器，建立了基于温度压力测试的页岩气产气剖面解释模型及方法，测试工艺简单、可靠，优于国外同类工艺。

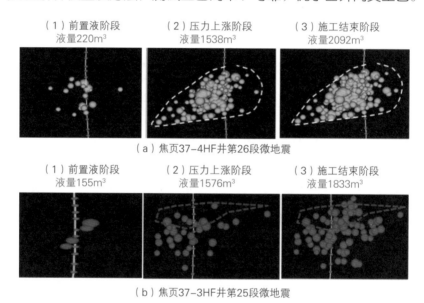

（1）前置液阶段
液量220m³　　（2）压力上涨阶段
液量1538m³　　（3）施工结束阶段
液量2092m³

（a）焦页37-4HF井第26段微地震

（1）前置液阶段
液量155m³　　（2）压力上涨阶段
液量1576m³　　（3）施工结束阶段
液量1833m³

（b）焦页37-3HF井第25段微地震

图 5-12　焦石坝页岩气井 SRV 评价压裂效果模型图

（三）延长石油

延长石油针对鄂尔多斯盆地陆相页岩具有埋藏深度浅、脆性矿物含量低、黏土矿物含量高、孔隙度和基质渗透率极低、储层压力低等特点，常规水力压裂面临着改造效果差、储层伤害严重等问题，降低压裂改造储层伤害、提高储层改造规模是陆相页岩气高效开发的必由之路。

CO_2 具有低黏、高扩散、低表面张力等物化特性，应用于储层改造能有效地降低岩石破裂压力，提高裂缝扩展范围，CO_2 快速"气化"有效增加地层能量，提高压裂液返排效率，降低储层水敏、水锁伤害，同时 CO_2 具有较强的吸附置换作用，可将吸附甲烷转变为游离状态，提高单井产量。延长石油利用 CO_2 压裂增产作用，结合水力压裂优势，创新提出了水平井超临界 CO_2 混合压裂技术，实现了延长陆相页岩气的产量突破，采用该技术后平均单井产量达到 $4 \times 10^4 m^3/d$ 以上，同时压裂液返排率相比于常规水力压裂技术提高了 35%，投产周期缩短了 1/3。图 5-13 为超临界 CO_2 混合体积压裂井场布置图。

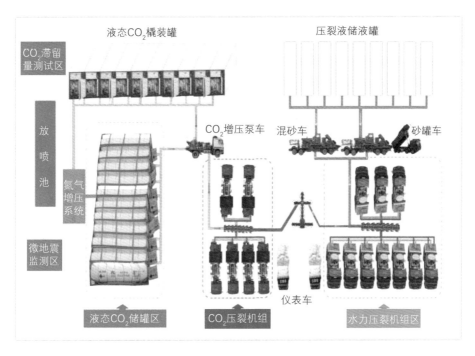

图 5-13　超临界 CO_2 混合体积压裂井场布置图

　　针对延长陆相页岩特定的地质特征，研发了低成本、低伤害滑溜水压裂液体系，现场施工降阻率平均降低达 70% 以上。优选低密度高强度陶粒作为压裂用支撑剂，并进行多粒径组合（70 ~ 100 目 +40 ~ 70 目 + 20 ~ 40 目陶粒）加砂压裂，对裂缝缝网进行有效支撑。近年来，延长石油调研了解易钻桥塞国内外技术现状，以目前引进易钻压裂桥塞为基础，针对现场使用存在的问题，开展了易钻桥塞的研制工作，对桥塞结构进行改进完善、材料进行优选、配方及成型工艺进行优化，并通过室内反复多次耐温、耐压及钻磨试验，研制出具有独立知识产权、能够代替进口用于水平井压裂的易钻桥塞（图5-14和图5-15）。优化压裂分段分簇，采取"细分切割"分段压裂方式，最大程度动用储层潜力。

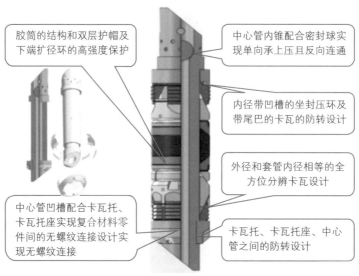

胶筒的结构和双层护帽及下端扩径环的高强度保护

中心管内锥配合密封球实现单向承上压且反向连通

内径带凹槽的坐封压环及带尾巴的卡瓦的防转设计

外径和套管内径相等的全方位分辨卡瓦设计

中心管凹槽配合卡瓦托、卡瓦托座实现复合材料零件间的无螺纹连接设计实现无螺纹连接

卡瓦托、卡瓦托座、中心管之间的防转设计

图5-14　易钻桥塞结构设计

主体骨架复合材料

胶筒胶料

图5-15　易钻桥塞及其附属结构材料

五、复杂山地水平井组工厂化作业技术

立足四川盆地地形地貌及人居环境与北美地区之间存在的明显差异，创新形成了适应于盆地复杂山地条件的工厂化作业技术，实现了钻井、压裂、排采多工种交叉作业，各工序无缝衔接及资源共享，有效解决了复杂山地地形条件下场地受限、大规模、多工序、多单位同时作业效率较低的难题，作业效率显著提升，成本大幅下降。

（一）钻井工厂化作业技术

四川盆地与北美页岩气压裂作业环境有很大不同，不能简单照搬北美工厂化作业模式，山地丘陵地形限制了钻机、橇装设备、单边压裂车摆放和24h连续作业的应用。通过优化工序、安装钻机滑轨，实现"双钻机作业、批量化钻进、标准化运作"的工厂化钻井模式，钻前工程周期节约30%，设备安装时间减少70%。研制了滑轨式和步进式钻机平移装置，制订了平移评估流程和平移方案，钻机平移时间大幅降低。

（二）压裂工厂化作业技术

充分考虑四川省山地环境、井场大小、供水能力、作业噪声等因素的影响，形成"整体化部署、分布式压裂、拉链式作业"的工厂化压裂模式，压裂效率提高50%以上。采用平台储水、集中管网供水，实现区域水资源的统一调配以及返排液就近重复利用。

（三）井区工厂化作业技术

采用"工厂化布置、批量化实施、流水线作业"井区工厂化作业模式，减少了资源占用，降低了设备材料消耗，精简了人员及设备，提升了效率，降低了费用。井位平台，设备材料，水、电、讯、路工厂化布置，为资源共享和重复利用奠定基础。同一区块、同一平台多口井人员、设备共享，钻井液、工具重复利用，达到批量化实施的目的。同一区块、同一平台多口井钻井压裂各工序间有序衔接，流水线作业，简化了流程，优化了资源，提高了效率，降低了成本。在威204H9平台开展了

同平台钻井与压裂同场作业现场试验，为该模式进一步改进完善积累了经验。

六、高效清洁开发技术

（一）中国石油

为了实现快建快投和自动化生产、智能化管理，节约土地和水资源、防止地下水和地表水污染，实现清洁开发，创新形成了页岩气地面采输技术、数字化气田建设技术及清洁开发技术。

1. 高效地面集输工艺技术

针对页岩气田滚动接替开发模式，地面集输整体部署、分期实施、阶段调整、持续优化。井区气、电、水、通信"四网"统筹布局，管道和增压优化设计，集输、外输与市场一体化，确保全产全销。采用地面标准化设计和集成化橇装，实现了不同生产阶段的任意橇装组合和平台间快速复用，达到了"快建快投、节能降耗、无人值守"的目的。

2. 数字化气田建设技术

两化融合，打造数字化气田，助推信息化条件下开发管理转型升级。充分运用"互联网+"的新理念、新技术，强化"云、网、端"基础设施建设，深化信息系统与应用的集成共享，全面提升自动化生产、数字化办公、智能化管理水平。提高了运行效率和安全管控水平，革命性转变一线生产组织方式，节约了人力资源和生产成本。

3. 清洁开发技术

广泛采用与北美标准一致的成熟清洁开发技术，形成了以两控制（温室气体排放、噪声）、三利用（水基岩屑、含油岩屑、压裂返排液）、四保护（地表水、地下水、土地、植被）为核心的页岩气清洁开采环保技术；在井位部署阶段采用电法勘探技术，远离大断裂，从源头规避恶性井漏风险；在浅层应用气体、清水钻井和套管封堵，有效防止钻井液污染地下水；采用地下水实时监测评价预警技术，跟踪评价预防地下水环境影响；建产区环境质量与开发前保持在相同水平，实现了资源的高效利用和绿色开发。

（二）中国石化

1. 创新水土资源保护并建立水污染防控及循环利用技术

采取"井工厂"丛式钻井和集中建设集气站点，单井土地征用面积节约30%以上。优化形成导管加三开式井身结构以封隔各地层，中浅部岩溶地层推广应用清水钻井技术，有效保护了水源；压裂用水取自工业园区生产用水或乌江，经自建的管线密闭集输至各压裂施工平台，不与当地争水；开发高效电絮凝—杀菌技术，研制了模块化压裂返排液处理装置，实现了废水100%循环利用（图5-16）。

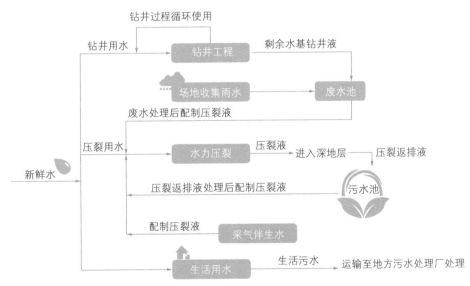

图5-16 焦石坝页岩气井废水循环利用图

2. 建立了固体废弃物无害化处理技术

研发了水基、油基钻屑不落地、无害化处理装置及配套技术，对收集、转运、存放到无害化处理的全过程实施监管。油基钻屑处理后的钻屑含油率小于 0.3%，既可种菜养花，也可制砖铺路（图 5-17）。

（a）处理前 　　　　　　　（b）处理后

图 5-17　焦石坝页岩气井钻屑处理前后对比图

（三）延长石油

1. 建立页岩气废弃钻井液无害化处理技术

研发了水基钻井液无害化处理技术，对无害化处理实施全过程监管。废弃钻井液处理后的水可达到延长油田注水水质要求；钻屑经固化处理后的浸出液可达到 GB 8978—1996《国家污水综合排放标准》一级要求，废弃钻井液经复耕处理后可达到 GB 4284—1984《农用污泥中污染物控制标

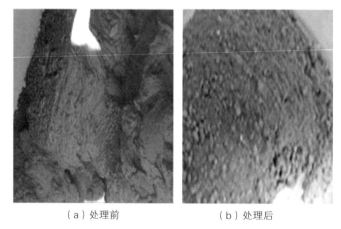

（a）处理前 　　　　　　　（b）处理后

图 5-18　延长石油页岩气井废弃钻井液处理前后外观对比

准》要求（图 5-18 和图 5-19）。

图 5-19 延长石油页岩气井废弃钻井液经处理后效果

2. 建立页岩气压裂返排液循环再利用处理技术

开发了两套页岩气压裂返排液处理工艺，研制了两套页岩气压裂返排液处理装置，对循环再利用处理实施全过程监管。处理后水既可满足平均空气渗透率 ≤ 0.01D 地层的回注要求，也可用于配制瓜尔胶和滑溜水压裂液，配制瓜尔胶压裂液的各项性能均达到 SY/T 6376—2008《压裂液通用技术条件》标准，配制滑溜水压裂液的各项性能均达到 DB.61/T 575—2013《压裂用滑溜水体系》标准，实现了循环利用、节能减排和保护环境的目的（图 5-20）。

图 5-20 延长石油页岩气井压裂返排液循环再利用图

第三节　中国特色页岩气管理体系的形成与发展

一、中国石油

在页岩气勘探开发过程中，中国石油推行的以提高单井产量为核心、强化技术主导、深化精细管理，建立了三级管理体制，形成了4种作业机制，健全了研发体系，创新了"六化"管理模式，逐步形成了油公司管理模式，大幅提升了管理水平，有效实现了质量提高、工期缩短、成本控制的目标。

（1）建立了三级管理体制。

在中国石油天然气集团有限公司（以下简称集团公司）页岩气业务发展领导小组的领导下，采取集团公司页岩气业务发展领导小组、川渝页岩气前线指挥部、各实施主体的三级管理模式，推进川南页岩气建产和整体评价工作，充分发挥集团公司在技术、管理和保障方面的整体优势。

（2）采取了4种作业机制。

形成了"国际合作、国内合作、风险作业、自营开发"4种生产作业机制，整合了各方资源和优势，推动了技术进步，提升了实施效果。

（3）创建了"六化"管理模式。

推广应用页岩气井位部署平台化、钻井压裂工厂化、工程服务市场化、采输作业橇装化、生产管理数字化、组织管理一体化的"六化"模式，转变了传统的生产作业方式，在提升效率、降低成本方面发挥了巨大作用。

（4）搭建了运维保障平台。

充分发挥西南油气田天然气工业基地的支撑作用，搭建了页岩气专业化运维保障平台，为推进页岩气勘探开发各项工作提供了有力保障。

（5）创新了油公司管理模式。

西南油气田公司发挥在气田开发方面多年来积累的技术和管理优势，学习借鉴北美页岩气开发的成功经验和油公司管理模式，建立了以提高单井产量为核心的"345"管理准则，探索形成了"定好井、钻好井、压好井、管好井"4 个成功做法，有效地提高了开发效果和效益。

二、中国石化

中国石化在涪陵页岩气田的建设过程中建立了完善的组织管理体系和工作机制，实现了降本增效。

（1）组织管理体系和工作机制。

建立了总部决策、油田分公司监管、涪陵页岩气公司运行的三级投资管理模式，明晰投资管理职责，强化涪陵页岩气公司作为投资控制主体责任的落实。

建立适应工程特点的项目化管理模式。根据工程项目不同性质和特点采取不同的项目管理模式，钻井工程实行单井承包，试气工程以压裂机组为作业单元实行单井总承包，具备条件的地面工程实行 EPC 总承包，后勤保障、物资供应、工程监督等实行业务外包。

建立完善投资控制管理制度体系和效能监察体系。制订了《涪陵页岩气分公司建设项目投资管理实施细则》《涪陵工区地面工程变更管理规定》《涪陵页岩气分公司工程预结算管理实施细则》等一系列投资控制管理规章制度，为投资控制提供了有力支持。

（2）推行市场化运作。

加强施工队伍管理。按照"生产急需、技术先进、信誉良好"等原则，面向国内外市场吸纳优质资源，严格资质审核、市场准入，强化招投标管理，实行优质优价、优胜劣汰，建立了规范有序、公开公平、能进能出、动态管理的市场化运作机制。

（3）强化工程成本分析，是投资控制的重要途径。

针对涪陵页岩气钻采工程成本，定期组织开展工程成本分析，通过对钻前、钻井、测录井、压裂试气单项投资构成进行细分统计，建立钻井、压裂学习曲线模型，加强日常动态跟踪分析，不断总结已完成井经验，针对实施过程中遇到的问题，提出相应的优化措施，提高施工效率。

（4）推行"四化"建设模式，是投资控制的有效措施。

地面工程采用"标准化设计、标准化采购、模块化建设、信息化提升"的建设模式，以"单元划分、功能定型、集成橇装、工厂预制、快速组装"为手段，实现了地面系统的工厂化预制、模块化成橇、橇装化安装，达到缩短工期、提升质量、降低投资的目的。

三、延长石油

延长石油作为项目责任单位按照示范区建设目标和安全生产、资源高效有序开发的要求，负责示范区的规划、建设和管理。为加强示范区的日常管理，推动示范区的顺利建设，成立延长石油延安国家级陆相页岩气示范区项目领导小组，组长由陕西延长石油（集团）有限责任公司副总经理、总地质师担任，成员由科技部、研究院、油田公司、勘探公司等单位负责人组成。总体运行机制实行项目组长负责制，分层管理，职责明确，成果共享，开放合作。

项目领导小组下设办公室和5个职能工作组：项目成果集成组、项目技术组、现场实施组、财务核算组和档案管理组，明确各自工作职责，做到"统一部署，计划实施，各负其责，紧密协作"。

第四节　关键设备的"中国制造"

一、装备与设备

（一）分析实验设备

页岩气勘探开发涉及的分析实验可分为地质评价、钻完井、储层改造、开发机理和安全环保 5 大部分，其中钻完井和安全环保的分析实验技术与常规天然气一致。地质评价、开发机理和储层改造实验是页岩气特色实验技术，部分参数不能通过常规分析实验技术获取。

1. 地质评价实验设备

在页岩气地质评价实验体系中，有机地化实验、岩矿鉴定实验的技术和设备与常规的基本一致，而岩石物性实验、孔隙结构实验及含气量实验所测试的参数（主要包括孔隙度、渗透率、含气量、比表面）则是需要通过页岩气特色实验技术获得。通过技术攻关，我国已经实现比表面、孔隙度、渗透率、含气性等参数测试分析仪器的国产化。

（1）氦孔隙度测定仪。氦孔隙度测定仪用于获取页岩孔隙度。其原理基于波义耳定律，采用氦气作为饱和介质，尽可能减小了气体与页岩岩石矿物之间的吸附作用，测试范围 1.0% ~ 10.0%，压力传感器精度不低于 0.0689kPa。

（2）多功能覆压超低渗透率分析仪。多功能覆压超低渗透率分析仪用于覆压各向异性渗透率实验中，能够获取不同压力条件下超低渗透率页岩平行、垂直层理方向表观渗透率。其技术原理是通过施加给岩心一端的脉冲压力，测试岩心两端的压力和时间，利用压力和时间的关系的计算渗透率。测试范围为 0.5nD 到 50mD。目前，该仪器可满足纳达西到毫达西 7 个数量级以上的渗透率覆压渗透率测试。

（3）比表面及孔径分析仪。比表面及孔径分析仪用于比表面分析，获取页岩孔隙比表面积及孔径分布，评价纳米级孔隙结构特征。其技术原理是通过气体（CO_2+N_2）吸附在孔隙表面，根据多分子吸附理论 BET 方程，计算单位质量中孔隙内壁总面积。目前该国产设备性能与进口设备相当。

（4）现场含气量测试仪。现场含气量测试仪主要用于取心现场获取含气量，利用排水法或气体流量计等方式，测量岩心解吸气量，根据解吸气量与时间的关系计算损失气量。气体计量装置精度高于 1mL。目前该设备已基本实现国产化，能够满足生产需要。

（5）页岩等温吸附仪。页岩等温吸附仪用于获取页岩吸附参数，评价页岩吸附能力，支撑 EUR、页岩气探明储量计算。其技术原理是根据物质平衡原理、气体状态方程，测定恒定温度、不同压力页岩对甲烷的吸附量。最高测试压力 70MPa，最高测试温度 150℃。目前该设备已实现国产化，能够满足生产需要。

2. 开发机理实验设备

在开发机理实验中，由于页岩气与常规气在赋存方式、流动机理、生产方式等方面的区别，其微观流动能力评价实验、应力敏感评价实验、返排机理模拟实验的设备都需要针对页岩和页岩气的特殊性作专项研发。目前国内已成功研发出页岩气微观流动能力评价实验的设备。

（1）吸附气解吸仪。吸附气解吸仪用于获得页岩气解吸曲线，分析解吸速率，为页岩气流动能力评价提供依据。其技术原理是基于吸附理论的机理实验。最大实验压力 69MPa，最高实验温度 177℃。目前国内已研制成功出该仪器。

（2）扩散能力测试仪。扩散能力测试仪用于获得页岩储层气体扩散系数，为动能力评价和数值模拟提供参数，其原理为 Fick 扩散理论。最大实验压力 40MPa，最高试验温度 150℃，可以满足 3500m 以浅页岩气开发，深层高温高压页岩气开发还需进一步改进与完善。

（3）页岩气多功能流动实验系统。页岩气多功能流动实验系统用于获得页岩气滑脱因子和应力敏感系数，为评价页岩气井稳产能力和合理配产提供依据。技术原理为基于达西定律的机理实验。最大实验压力 70MPa，最高实验温度 150℃。该设备已实现国产化，可以工业化生产，但密封用氧化铝膜比较脆，耐压低，还需进一步改进与完善。

（4）纳米孔隙流动实验系统。纳米孔隙流动实验系统是基于气体渗透特性机理的实验系统，最大实验压力 1atm，最高试验温度 120℃。该设备是国内自主研发的，可以工业化生产，能够满足目前深层页岩气开发高压高温测量需求。

（5）低场核磁共振流动在线分析系统。低场核磁共振流动在线分析系统用于获得压裂液可动性数据，为压裂液流动规律评价提供依据。其技术原理是通过不同原子核引起的自旋运动情况存在差异，来分析压裂液的赋存状态。最大压力 60MPa，最高温度 80℃，可以满足目前深层页岩气开发高压高温测量需求。

3. 储层改造实验设备

目前，岩石力学实验基本上采用国外进口仪器，岩石力学测试系统、声发射实验装置、差应变地应力测量系统、波速各向异性实验装置、黏滞剩磁地应力测量系统等设备在国内已经成功研制，在进一步完善之后逐步推广。

（二）测井工具

针对国外仪器成本高、不适应川南地区井身结构的难题，通过技术攻关，自主研发存储式小直径阵列感应、交叉偶极声波、自然伽马能谱 3 项特殊测井仪器，形成一套完善的川南海相页岩气水平井国产测井采集系列，大幅降低了采集成本，增强了测井仪器的适应性。其中，自主研发的存储式阵列感应测井仪器的最大耐温 175℃，最大耐压 140MPa，外径仅 60mm，仪器性能基本达到国外同类系统水平。

过钻具存储式测井仪器的工作原理是将测井仪器串安放在钻杆的水眼里，降低了仪器下放风险；上提钻杆进行测井，测井数据存储在仪器内大容量的存储器中，地面系统测量仪器串深度、保存时间和深度数据，其测井资料合格率达 100%，降低页岩气单井采集成本 50% 以上。

该仪器在我国页岩气田已规模推广应用，打破了国外石油公司在非常规油气开发中的技术垄断，解决了超深井、水平井等复杂井况下测井难题，显著提高了复杂井的测井施工成功率和测井时效，满足了储层评价需求。

（三）钻井装备

1. PDC 钻头

通常 PDC 钻头可根据齿形分为常规齿 PDC 钻头及异形齿 PDC 钻

头，常规齿外层通常为平整的圆形，比压较小，由于页岩气区块部分地层可钻性差、研磨性高的问题，常规齿外层易发生成块或整体脆蹦脱落，导致切削齿磨损加快，从而导致整个钻头失效。为此，自主研发了特殊结构的异形齿 PDC 钻头，通过综合分析异形齿前倾角影响规律、脊角破岩效率，优化异形齿齿面角度、前倾角等基准参数，采用中密度布齿，并选用 ϕ16mm 齿作为基准齿。该 $12\frac{1}{4}$in 钻头在长宁区块应用时，与邻井相比，显著提升了平均机械钻速。

针对 PDC 钻头定向工具面不稳，造斜率低，牙轮钻头定向机械钻速慢等问题，通过混合钻头轴承结构优化技术、能量平衡技术、保径强化技术研究，自主改进的 $12\frac{1}{4}$in 混合钻头寿命大幅提升。

2. 旋转导向钻井系统

为提升造斜能力和系统导向精度，确保优质储层钻遇率，缩短钻井周期，通过技术攻关，国产的旋转导向系统、螺杆钻具性能得到提升。自主研发的 CG STEER 国产旋转导向系统能够适用于 ϕ215.9mm 井眼及水基、油基钻井液环境，耐温 150℃、抗压 120MPa。螺杆钻具耐温达 175℃，定子最大应力幅值大幅降低，马达效率得到有效提升，使用时间超过 200h 后磨损量得到有效控制，使用寿命大幅提升。

3. 减摩降阻、提速工具系列

针对在滑动钻进过程中摩阻释放问题，自主研发了多种提速工具，包括一种新型水力振荡器以及高频扭转和轴向冲击器。新型水力振荡器主要包括动力短节和振动短节，与其他水力振荡器相比，其全金属无橡胶件对高温高压油基钻井液适应性更好，压耗低、冲击力和冲击频率更高对解决钻进托压、提高平均机械钻速更加明显。高频扭转和轴向冲击器通过钻井液进入涡轮组驱动涡轮带动上锤体旋转，上锤体的凸轮部分沿着下锤体的轨迹面运动，轨迹面呈螺旋升高，当运动到轨迹面最高点与最低点落差位置时，上锤体下落，上锤体冲击面与下锤体冲击面相冲撞，形成轴向冲击。在实际应用过程中，有效提高了平均机械钻速。

4. 随钻地层识别仪器

为提高随钻地层识别精度和自动化水平，研制随钻声波测井仪、随钻伽马能谱测井仪、连续波脉冲器3种随钻地层识别仪器，可实时评价分析地层铀、钍和钾含量及可能的裂缝发育段、含油层段和可压裂改造层段，并实现随钻地质测量数据高速上传。

随钻声波测井仪具有单极子和四极子声波测井功能，测量范围为 140 ～ 500μs/m，误差 ±7μs/m；随钻伽马能谱测井仪测量范围为 0 ～ 500API，伽马测量误差 ±2API、钾测量误差 ±9%、铀测量误差 ±5%、钍测量误差 ±10%；连续波脉冲器可实现地面正常解码、连续传输数据，传输速率达到 5bit/s 以上。

5. 页岩油气自动捕集工具

自主研制的 YQBJ-8100 页岩油气自动捕集工具、高效 PDC 取心钻头、岩心 γ 测试仪等，能够在现场开展流体气液分离、液体和气体总量测量、混合气体组分检测、气体浓度测量，实现原位页岩地层真实油气含量的准确评估。

6. 固井工具

为提升页岩气水平井固井质量，围绕页岩气水平井套损规律及影响井筒完整性的因素，研制了变径扶正器和高效碰压系统。高效碰压系统耐温 150℃，抗压 60MPa，抗回压差 30MPa，水泥塞长度小于 80m，缩短 50% 以上。

7. 电动钻机

为使钻机节能减排、高效运行，创新研制了全数字变频驱动电动钻机，其钻机的绞车、转盘及钻井泵均为独立的交流变频电驱动系统，工作时互不干扰，钻进参数采集与处理实现多功能化，能即时收集钻压、转盘或顶驱转速、泵压、排量、扭矩、钻速等参数，可实现钻进预警、钢丝绳寿命报警等预警与控制，进一步提升了钻机机械化、自动化、数字化、信息化水平，对于复杂作业环境的适应程度也极强，推动了钻探设备向智能化方向发展。

8. 钻机平移装备

为使钻机在平台上能够快速、精确移动,将陆地钻机进行底座加固改造及加装平移装置,创新研制了全方位整体移运自走式钻机,最大移运质量1000t,井间定位精度小于10mm,井间搬迁从72h缩短至4h。研制了模块化、自动化程度高、适应山地作业环境的步进式钻机和轨道式整体运移钻机(图5-21)。

5000m 步进式钻机　　　　步进式钻机底座　　　　步进式移运装置

图 5-21　部分钻井装备及工具

(四)压裂装备

为解决压裂车组和配套设备在山地环境及高压力、大功率压裂施工长时间工作的难题,我国自主研制了世界首台3000型压裂泵车、5000hp电动压裂泵、连续油管作业车、带压作业车、高压管汇等配套装备,形成页岩气开发成套装备解决方案,确保压裂施工能够稳定有效地进行,其中"超高压大功率油气压裂机组研制及集群化应用"于2015年2月获得国家科技进步二等奖。

超大功率全电动压裂成套装备形成成套装备集成、高效长寿命压裂泵、高能混配、超高压压裂管汇系统4大核心技术,解决了燃油压裂装备功率提升难、能耗高、环保超标、运维成本高等难题。其5000型电动压裂装置首创"一机双泵"结构,创新研制出可快速脱开的新型液压离合器,具备"单泵工作"或"双泵工作"功能，额定输出水功率5000hp，最高工作压力134MPa，最大排量5.0m³/min；配备的大流量电动混配系统最大排量20×2m³/min，最高工作压力为0.7MPa，输砂量：0～13000kg/min；与之匹配的超高压压裂管汇系统工作压力可达175MPa。

电驱动压裂泵相比传统压裂车：一台3000型传统压裂车工作每小时消耗柴油300L，噪声103dB；而一台4500型电动压裂泵，每小时耗电2400kW·h，噪声仅为90dB，100m外电动压裂设备噪音可低至60dB以下，具备夜间压裂施工条件；且不产生任何氮氧化合物、二氧化硫等有害气体。据测算，电驱动压裂车比柴油机驱动的压裂车的寿命更长、过载能力更强。另外，电驱压裂橇占地面积较同等水马力燃油压裂车节30%左右。

（五）桥塞

自主研制4套分段压裂关键工具，分别为速钻桥塞、大通径桥塞、套管启动滑套和可溶桥塞，整体性能与国外同类水平相当，目前已累计入井100余口井，成本降低30%～50%，强有力支撑了页岩气的低成本开发。

速钻桥塞工作温度120～150℃，工作压力50～70MPa，坐封负荷120～180kN。大通径免钻桥塞耐温120℃、承压70MPa，内径68mm以上。可溶桥塞耐压80MPa，耐温150℃；有效密封时间96h，充分溶解时间不大于20天。以上三种桥塞均形成了外径为85mm，95mm，100mm和110mm的4个系列，满足4in、4$\frac{1}{2}$in、5in和5$\frac{1}{2}$in套管使用。

自主研发的套管启动滑套放弃国外传统的利用剪切销钉控制开启压力的方式，采用破裂盘的开启方式，保证了工具的开启精度。目前破裂盘技术很成熟，完全可以实现2%的精度误差。工具上装有两个破裂盘，180°分布，从而保证了至少有一只破裂盘可以受压开启，保证液体进入驱动腔，为滑套开启提供动力；独特的空气腔设计保证破裂盘一旦破裂，静液柱压力会使滑套完全打开。工作压力达到120MPa、工作温度达到150℃，完全满足川南深层长水段页岩气井压裂改造需求。

（六）采气装备

针对页岩气压力、产量下降快及低压开采时间长的特性，突破压缩机高压元件设计制造、无固定基础箱式集成和远程监控等关键技术，创新研制出整体橇装标准化压缩机、往复式压缩机综合试验平台和移动式高压注气排液装置三种高效采收装备，降低运行维护成本，提高页岩气田整体采收率。

整体橇装标准化压缩机单机调试时间由原来 30 天缩短至 3 天以内，易损件、辅助部件种类减少约 40%，机组振动不大于 7.1mm/s，噪声昼间 65dB、夜间 55dB；往复式压缩机综合试验平台最大排压 24.5MPa，最大排量 $200 \times 10^4 m^3/d$，最大水压试验 105MPa，气密性试验 78MPa；移动式高压注气排液装置的气缸工作压力可达 52MPa。

（七）带压作业装备

自主研制出的大吨位高压油气井带压作业装备，解决国产带压作业装备大负荷、大扭矩、长周期作业工况下装备可靠性低、操作程序复杂等问题。国产化的举升与旋转集成装置轴向承载 225tf、径向承扭 30kN·m，举升与旋转夹持能力分别提高 40% 和 120%；匹配的 70MPa 动密封压力平衡控制系统，突破了旋塞阀高压高频次开关技术瓶颈，并配备了 1in-105MPa 锥形密封结构液控旋塞阀。配备的长时间连续钻塞泵注循环装置的最大混合能力 1876L/min，最大工作压力 99.7MPa，能够控制添加剂在线混配精度在 5‰ 以内，不仅解决了泵注循环设备集成度不高、自动化程度低的问题，而且解决了泵注循环设备集成度不高、自动化程度低的问题。

（八）钻井压裂废弃物、废水处理装置

为达成页岩气绿色开发、资源可回收的目标，自主研制的水基岩屑不落地减量处理装置（收集能力：$30m^3/h$）、橇装化含油岩屑处理装置（处理能力：2t/h）可实现"固废减量化"；经过钻井废水深度处理装置（处理能力：10m³/h）和压裂返排液处理装置（收集能力：5m³/h）处理的废水出水水质可达到 GB 8978—1996《污水综合排放标准》一级标准。

二、液体体系

（一）钻井液体系

提高钻井速度，缩短钻井周期，高性能的钻井液必不可少。自主研发以油基钻井液为主体的钻井液体系，稳定性和封堵性好，性能达到国际同类产品指标，应用 300 余口井，起下钻摩阻小、井眼通畅。自主研制了插层、双疏抑制剂、键合型润滑剂、纳米—微米封堵剂、井壁强化剂等 5 种关键处理剂，形成了页岩气水基钻井液体系，密度达到 2.2g/cm³、抗温达到 130℃，室内实验页岩回收率较高、滤饼渗透率大幅降低、极压润滑系数有效减少，封堵性、抑制性及造壁防卡性能优良，实验性能接近油基钻井液。同时研发了一种新型页岩气井用环保型生物合成基钻井液，该钻井液以改性植物油为连续相，盐水为分散相的油包水乳化钻井液，不含芳香烃等组分，易生物降解，废弃物满足环保标准。

（二）固井工作液体系

为有效解决易漏失、油基钻井液冲洗效率低的难题，确保水泥环密封完整性，自主研发了韧性纤维 SD66、冲洗剂 DRY-8L、水泥石增强增韧外加剂 3 种关键外加剂，优化配方形成防漏水泥浆、高效洗油型前置液和微膨胀韧性大温差水泥浆 3 种固井工作液体系。防漏水泥浆在水中易分散、不结团、易泵注，工程性能良好，稠化时间可调；高效洗油型前置液具有良好的沉降稳定性，对油基钻井液冲洗效率高；微膨胀韧性大温差水泥浆具有低失水、稠化时间可调、温差适应性强，保证抗压强度发展的前提下，弹性模量降低 30% 以上。

（三）压裂液体系

研发了以"低伤害、低成本、环保"为核心 4 套页岩气井压裂用压裂液体系：耐盐可回收滑溜水压裂液、可连续混配线性胶压裂液、变黏滑溜水压裂液、低成本滑溜水压裂液。

耐盐可回收滑溜水压裂液在高矿化度下各项性能接近清水配制性能，30×10^4mg/L 高矿化度水质条件下，降阻剂用量 0.2%，降阻率可达 75%，降阻剂溶胀时间小于 1min，可实现连续混配和压裂返排液的重复利用；高温清洁压裂液相对分子质量为 600×10^4 ~ 800×10^4，基液黏度 40 ~ 50mPa·s，在温度 220℃、剪切速率 100s^{-1} 的条件下剪切 2h，压裂液黏度保持在 100mPa·s 以上。耐温耐压压裂液配套了各类低成本、高性能主剂和辅剂，形成了高效减阻水、高逆变胶液、超低 HPG 浓度冻胶等系列配方体系，费用相比同类体系降低 24% ~ 45%，体系耐温 130℃，黏度可调，费用同比降低 24%；破胶液对基质渗透率伤害率为 9.7%，对储层伤害小，费用降低 29%；不同浓度配方，残渣含量低、费用降低 45%。

以往胶液需施工前提前配制浓缩液，无法满足大排量连续混配工厂化作业要求。同时结合施工工艺对液体携砂的要求不同，研发了可在线配制的线性胶体系。

为了适应不同的地质特征及压裂工况，简化页岩气工厂化压裂现场液体配制（以往使用高黏液体，需单独配制胶液，胶液配制工艺烦琐、且需要清水），研发了变黏滑溜水体系，将原来滑溜水、胶液两种不同的液体体系结合为同一体系，满足不同工况的需求。通过调整稠化剂浓度，可实现滑溜水黏度的变化，最高黏度可达到 40mPa·s，既线性胶黏度。

随着页岩气开发规模的不断扩大，为进一步降低其开发成本，从压裂液的角度出发，研发了低成本滑溜水压裂液。通过提升降阻剂本身性能来降低降阻剂用量的方法是低成本滑溜水的核心。低成本滑溜水降阻剂用量仅有 0.05%，较常规滑溜水降阻剂用量 1.0% 降低了 50%，但其实验室实测降阻率仍能达到 70%。

第五节　重大科技专项助推页岩气科研攻关

通过早期探索、实践，发现要想实现页岩气的规模有效开发，需要动用各方力量开展大量的科研攻关，"十二五""十三五"期间，国家部委、地方政府和企业统筹规划、加大投入，持续开展科研攻关，助推页岩气勘探开发。

一、页岩气列入"十二五""十三五"国家重大专项

（一）"十二五"期间的国家级项目

1. "页岩气勘探开发关键技术"项目

"页岩气勘探开发关键技术"攻关项目为"十二五"国家科技重大专项，由中国石油勘探开发研究院承担。项目一共设置 6 个攻关课题，分别为"重点地区页岩气资源评价""页岩气储层特征研究与目标优选""页岩气地球物理技术""页岩气储层增产改造技术""页岩气开发机理及技术政策研究""南方海相页岩气开采试验"。主要研究任务为：完成全国三大海相和五大陆相重点地区页岩气资源评价；建立页岩气有利区优选方法及标准体系；形成适合页岩气特点的地震识别及综合预测技术；形成水平井分段多簇压裂工艺技术、微地震裂缝诊断及解释技术；形成页岩气渗流模拟、经济评价一体化的产能综合分析技术；研发高精度含气量测试、孔渗模拟、开采物理模拟等装置。

2. "深层油气成藏规律、关键技术及与目标预测"项目

"十二五"国家重大专项"深层油气成藏规律、关键技术及与目标预测"项目的课题"深层油气、非常规天然气成藏规律与有利勘探区评价技术"的专题"鄂尔多斯盆地东南部页岩气成藏规律与有利勘探区评价"针对陆相页岩气成藏规律与有利勘探区评价进行研究，由延长石油承担。专题主要研究内容为研究延长组页岩中天然气的成因、地层矿物特征、地化特征、

储层特征，建立页岩气资源量的估算方法。

3. "中国南方古生界页岩气赋存富集机理和资源潜力评价"项目

"中国南方古生界页岩气赋存富集机理和资源潜力评价"是国家"973"计划在"十二五"期间设立的基础研究项目，由中国科学院承担，项目主要研究内容为开展南方古生界页岩气赋存富集机理与资源潜力评价的基础性研究，通过对页岩的含气性评价与主控因素、保存条件与含气性关系、孔隙结构与储气机理等方面研究，建立页岩气形成、赋存、富集成藏的地质理论；研究页岩气的评价指标与方法，建立页岩气资源潜力评价理论体系，并对中国南方古生界页岩的资源潜力进行评价；结合实际勘探，评价扬子地区典型区块古生界页岩气的勘探潜力，圈定页岩气的有利勘探开发区。

4. "中国南方海相页岩气高效开发的基础研究"项目

"中国南方海相页岩气高效开发的基础研究"是国家"973"计划在"十二五"期间设立的另一个基础研究项目，由中国石油勘探开发研究院承担，项目主要研究内容为页岩气优质储层形成机制与定量表征、页岩气多场耦合非线性渗流理论研究；建立储层评价方法与标准，建立页岩气开发分区动用程度表征方法，构建井眼优化和保护一体的水平井钻完井工程理论与方法，形成地质工程一体化压裂缝网优化理论与设计方法。

5. "页岩气勘探开发新技术"项目

"页岩气勘探开发新技术"是国家"863"计划在"十二五"期间设立的首个页岩气基础研究项目，由陕西延长石油（集团）有限责任公司牵头承担，项目总体目标是：以"陕西延长页岩气高效开发示范基地"为依托，通过开展陆相页岩气储层评价、钻完井、储层改造、产能预测等关键技术研究，形成适合陆相页岩气地质特点的勘探开发核心技术，为页岩气工业化开采提供技术支撑。

（二）"十三五"期间的国家级项目

随着"十二五"国家重大专项等国家级项目的深入研究，以及涪陵、长宁和威远等页岩气田产能建设的快速推进，发现还有很多问题急需在

"十三五"期间解决，为此，设立了"页岩气区带目标评价与勘探技术""页岩气气藏工程与采气工艺技术"等一批新的国家重大专项（表5-5），为页岩气的勘探开发、增储上产提供强劲的技术支撑。

表5-5 "十三五"期间国家级项目重点攻关项目统计表

序号	项目名称	设立时间
1	涪陵页岩气开发示范工程	2016年
2	长宁—威远页岩气开发示范工程	2016年
3	彭水地区常压页岩气勘探开发示范工程	2016年
4	昭通页岩气勘探开发示范工程	2017年
5	页岩气资源评价方法与勘查技术攻关	2016年
6	四川盆地及周缘页岩气形成富集条件与选区评价技术	2017年
7	页岩气区带目标评价与勘探技术	2017年
8	页岩气气藏工程及采气工艺技术	2016年
9	延安地区陆相页岩气勘探开发关键技术	2017年
10	页岩气等非常规油气开发环境检测与保护关键技术	2016年

二、省部级设立重点攻关项目

为推动我国页岩气产业发展，国土资源部、地质调查局油气中心、重庆市政府以及四川省和陕西省科技厅设立了"四川盆地下古生界页岩气资源潜力评价及选区"等科研攻关和地质调查项目（表5-6）。

表5-6 部分省部级重点攻关项目统计表

序号	单位	项目名称	时间	状态
1	四川省科技厅	四川盆地下古生界页岩气资源潜力评价及选区	2015—2017年	已结题
2	国土资源部	上扬子及滇黔桂区页岩气资源调查评价与选区	2010—2013年	已结题
3	国土资源部	涪陵及邻区页岩气形成条件与勘探评价技术	2014—2015年	已结题

序号	单位	项目名称	时间	状态
4	国土资源部	渝黔南川区块页岩气形成富集条件与勘查进展	2014—2016 年	已结题
5	国土资源部	涪陵页岩气勘探开发技术攻关与示范应用	2016—2017 年	已结题
6	地质调查局油气中心	四川盆地西南部志留系页岩气勘查评价试验	2015—2016 年	已结题
7	成都地质调查中心	川东页岩气基础地质调查	2016—2017 年	已结题
8	成都地质调查中心	川南页岩气基础地质调查	2014—2015 年	已结题
9	重庆市房管局	重庆市页岩气勘探有利区带优选及资源评价	2015—2016 年	已结题
10	陕西省科技厅	陆相页岩气资源地质研究与勘探开发关键技术攻关	2012—2015 年	已结题

三、国家级科研机构和企业设立协同攻关项目

中国石油为解决页岩气勘研开发过程中遇到的问题设立了地质、工程技术等多方面的科研项目（表 5-7）。在 2010 年设立非常规油气勘探开发关键技术项目，其中重要部分就是页岩气勘探开发，下设了页岩气资源评价、压裂工艺技术及现场试验三个课题。为进一步完善页岩气勘探开发主体工艺技术，于 2014 年设立页岩气钻采工程技术现场试验项目，其中包括西南油气田页岩气钻采工程现场试验和浙江油田页岩气钻采工程现场试验两个子项目。

表 5-7　中国石油页岩气项目统计表

序号	项目名称	时间
1	四川盆地海相页岩气资料录取	2009 年
2	页岩气钻采工程现场试验	2014—2017 年
3	四川盆地长宁—威远页岩气示范区开发技术现场试验	2011—2013 年
4	非常规油气藏储量评价技术研究	2015 年

续表

序号	项目名称	时间
5	四川盆地页岩气建产有利区评价优选及开发技术政策优化研究与应用	2016—2020 年
6	四川盆地页岩气开发工艺技术优化研究与应用	2016—2020 年
7	中深层页岩气井完井及储层改造工艺技术研究与应用	2012—2013 年
8	页岩气压裂返排液回用及外排处理技术优化研究	2017—2018 年
9	页岩气开采过程环保处理技术	2015—2017 年

中国石化设立了先导项目、科技部先导项目和重大导向项目以及"十条龙"等项目进行了页岩气勘探方面的攻关研究（表 5-8）。

表 5-8 中国石化页岩气项目统计表

序号	项目名称	时间
1	勘探南方探区页岩气选区及目标评价	2010—2012 年
2	中国石化勘探南方分公司探区页岩油气资源评价及选区研究	2011—2012 年
3	元坝地区陆相页岩气富集主控因素与有利目标研究	2011—2012 年
4	元坝—涪陵地区陆相页岩气富集主控因素研究	2012—2013 年
5	四川盆地大安寨段页岩油气资源潜力与有利区评价	2012—2013 年
6	四川盆地下古生界海相页岩气潜力与目标评价	2012—2013 年
7	涪陵页岩气勘探开发关键技术	2012—2015 年
8	四川盆地周缘区块下组合页岩气形成条件与有利区带评价研究	2013—2014 年
9	四川盆地及周缘页岩气整体评价与目标优选	2013—2014 年
10	四川盆地及周缘页岩气测评价技术研究	2013—2014 年
11	四川盆地及周缘页岩气勘探综合评价与目标优选	2015—2016 年
12	川渝地区海相优质页岩气层形成主控因素及预测技术	2015—2017 年
13	中、上扬子地区页岩气勘探整体评价与目标优选	2017—2018 年
14	涪陵页岩气开发效果评价及开发技术政策优化	2015—2017 年

续表

序号	项目名称	时间
15	川东南深层页岩气产能评价及有效开发技术政策研究	2016—2018 年
16	涪陵区块复杂构造区页岩气开发评价研究	2017—2019 年
17	焦石坝上部气层开发评价技术	2017—2019 年
18	涪陵页岩气田焦石坝区块储量动用状况研究	2018—2020 年
19	涪陵页岩气田焦石坝区块稳产技术对策研究	2018—2020 年

延长石油为解决陆相页岩气勘探过程中遇到的技术难题，设立了资源评价、成藏机理及富集规律、工艺技术等科研攻关项目（表 5-9），推动陆相页岩气勘探进程。

表 5-9　延长石油页岩气项目统计表

序号	项目名称	时间
1	延长油田非常规油气资源评价	2010—2011 年
2	延长油区上古生界页岩气形成条件及资源潜力评价	2011—2012 年
3	鄂尔多斯东南部页岩气压裂改造及采气工艺技术研究	2011—2012 年
4	鄂尔多斯盆地东南部页岩气成藏条件及富集规律研究	2011—2012 年
5	中生界页岩气井开发初期网优化研究	2012—2013 年
6	延长石油陆相页岩地化特征及储层评价	2013—2014 年
7	延长探区上古生界泥页岩地化特征及含气性分析	2013—2014 年
8	延长探区陆相页岩沉积－热演化过程与页岩气富集过程研究	2014—2016 年
9	延长陆相页岩气形成动力学背景与资源评价方法	2014—2016 年
10	延长探区陆相页岩油气藏形成机制与富集规律研究	2017—2019 年

第六节 页岩气重点实验室和研究机构建设

一、重点实验室

（一）国家能源页岩气研发（实验）中心

国家能源页岩气研发（实验）中心成立于 2010 年 8 月，依托中国石油勘探开发研究院建设，立足于页岩气勘探开发关键技术攻关，产学研相结合，科研服务生产为建设原则，建设成为我国页岩气行业的科技研发（实验）中心、页岩气工程技术服务中心、页岩气人才知识培训中心和信息中心。

主要任务是瞄准页岩气关键、前沿和先导技术开展工作，主要研究页岩气产业化急需的工程技术问题，通过自主研发、联合创新、消化吸收再创新和技术集成创新等多种途径，实现勘探开发关键技术和主要装备自主化，增强我国页岩气开发利用技术的核心竞争力。具体任务：探索页岩气地质和开发新理论；开展页岩气资源评价和目标优选；研发页岩气勘探开发新技术和新装备；开展页岩气勘探开发技术服务；制定页岩气相关技术标准规范；为页岩气先导试验区建设提供技术支撑；制定页岩气业务发展战略规划；培养页岩气领域工程技术人才。

研发内容主要有以下 10 个方面：页岩气成藏富集规律研究；页岩气选区评价与勘探技术；页岩气储层预测与识别技术；页岩气水平井钻井完井技术及其排采工艺技术；页岩气储层增产改造技术；页岩气开发机理及气藏工程研究；页岩气经济评价与战略规划；页岩气相关技术标准规范；页岩气先导试验与开发方案；页岩气实验测试技术及实验室建设。

（二）页岩油气富集机理与有效开发国家重点实验室

页岩油气富集机理与有效开发国家重点实验室于 2015 年 10 月成立（图 5-22），由中国石化勘探开发研究院、石油工程技术研究院共同组建，重点研究方向为页岩油气富集机理与分布预测、页岩油气流动机理与开发技术、页岩储层流—固耦合与体积压裂。主要研究内容包括以页岩油气富集、

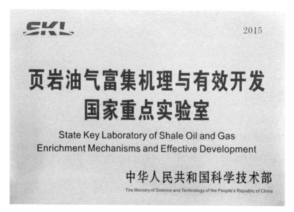

图 5-22　页岩油气富集机理与有效开发国家重点实验室成立的牌子

流动和页岩缝网形成机理为核心的基础理论研究以及以一体化勘探开发工程技术为主要内容的创新性研究。实验室"十三五"期间主攻方向为复杂构造区海相页岩气和陆相页岩油富集、流动、页岩流—固耦合机理、页岩油气资源评价和"甜点"预测技术方法、页岩油气地质—地球物理—油藏—工程核心技术系列。

（三）页岩气评价与开采四川省重点实验室

页岩气评价与开采四川省重点实验室于 2013 年 11 月 20 由四川省科技厅批复成立（图 5-23），实验室由中国石油西南油气田公司和四川省煤田地质局共同组建，下设地质评价、地球物理勘查、资源勘查、产能评价

图 5-23　四川省科技厅批复文件

和储层改造等5个分实验室。

页岩气评价与开采四川省重点实验室的主要任务是系统跟踪北美页岩气开采经验，总结评价示范区已经应用的技术，突破制约页岩气安全环保高效开采的技术瓶颈，完善页岩矿物岩石学、地球化学、储层物理学、岩石力学、含气性等页岩气实验测试技术，通过开展页岩气地球物理勘查、地球化学勘查、压裂试验等勘查关键技术攻关和应用试验，攻克页岩气资源勘查与评价过程中的基础性问题，建立页岩气成藏机理、富集规律、成藏模式等地质理论与评价体系，形成我国系统配套的页岩气开采技术以及系列规范和标准体系，完善规模效益环保开采页岩气的配方、工具和工艺技术。研究方向主要有4方面：页岩气地质评价、资源勘查、产能评价和储层改造。

（四）陕西省陆相页岩气成藏与开发重点实验室

陕西省陆相页岩气成藏与开发重点实验室于2015年12月31日经陕西省科技厅批准筹建，该实验室依托陕西延长石油（集团）有限责任公司，联合中国石油大学（华东）和西安石油大学共同组建，建设期为3年（2016—2018年）。实验室主要研究方向为陆相页岩气成藏与地质评价、陆相页岩气开发基础理论技术、陆相页岩气开发过程的环境影响。

二、研究机构

（一）页岩气研究院

中国石油西南油气田公司页岩气研究院于2017年6月成立，为国内首先集地质、开发、钻井、完井与压裂、信息情报为一体的综合研发机构，下设5个研究所（室）：规划与资源评价研究所、开发研究所、水平井钻井研究所、完井与压裂研究所、信息与情报研究室，主要负责中国石油西南油气田公司页岩气勘探开发的地质研究、规划部署、方案设计、技术优选、现场服务、人才培养。

页岩气研究院的发展目标：面向四川盆地和国内页岩气勘探开发，建设集"资源评价、开发设计、工程设计、数字化集成、情报调研"为一体的专业化最强的研究院，建设集"重大基础应用研究与原发创新、主体技术攻关与配套集成、科研成果转化与现场应用、专业技术队伍建设与人才培养"四位一体的综合性研究机构。

（二）陕西省页岩气勘探开发工程技术研究中心

陕西省页岩气勘探开发工程技术研究中心是于 2012 年 12 月经陕西省科技厅批准组建的。陕西延长石油（集团）有限责任公司为第一依托单位，中国石油大学（北京）和西安石油大学为联合共建单位。工程中心主要研究内容包括页岩气三维地震勘探、油基钻井液、滑溜水 /CO_2 混合体积压裂、压裂返排液回收处理再利用等技术研究。

第七节　页岩气专业人才培养

以《页岩气发展规划（2011—2015 年）》为指导，随着"十二五""十三五"页岩气国家重大专项的持续推进，页岩气领域科研成果丰硕，造就了一批高级专家、企业首席专家等页岩气科研领军人才。

经过 10 余年的理论攻关和勘探实践，中国石油、中国石化、延长石油和中国地质调查局等企事业单位培养了一批页岩气研发、生产技术带头人和骨干，形成了具有较高水平的页岩气勘探开发科研、生产队伍。

随着四川盆地页岩气事业的快速推进，中国石油和中国石化共 2000余人的专业技术人员投身页岩气增储上产的工作之中。

中国石油大学（北京）、中国石油大学（华东）、中国地质大学、西南石油大学、长江大学、成都理工大学、西安石油大学和重庆科技学院也建立了以页岩矿物岩石学、富有机质页岩沉积环境与成岩作用、页岩气构造地质、页岩气地球物理综合解释等多项专门研究内容的页岩气专业学科，培养了 10 余名博士和一大批硕士。

第六章

借鉴与合作

学习借鉴国外页岩气先进经验，全面展开对外合作北美页岩气开发的快速发展，形成了大量的先进技术和宝贵经验，但如何引进这些技术经验，加快我国页岩气勘探开发进程，是当时面临的一项难题。

第一节　政府间合作交流

政府的引导对于页岩气的开发具有重要的意义，美国政府对页岩气的支持力度很大，我国政府为了推动页岩气产业发展，也积极开展了与美国政府在页岩气领域的各类交流，内容包括技术交流、政策交流和开展培训等，这在一定程度上推动了我国相关产业的发展。

一、中国与美国签署开展页岩气合作谅解备忘录

2009 年 11 月，美国总统奥巴马来华访问期间，中国国家能源局与美国国务院签署了《中美关于在页岩气领域开展合作的谅解备忘录》，从而拉开了中美页岩气国家层面合作的序幕。

2013 年 12 月，中美双方发布了《关于加强中美经济关系的联合情况说明》（以下简称《说明》）。《说明》中提到：中美双方注意到中方加快天然气产业和非常规天然气资源发展的突出重要性，并认识到中国页岩气发展可以对中国和全球能源市场发挥积极作用。中方欢迎国内、国际私营企业和投资者参与页岩气勘探开发。美方承诺与中方开展技术、标准和政策等方面的合作，并帮助中方完善有关监管框架，以促进中国页岩气勘探开发的健康与快速发展。中美双方承诺共同推进页岩气行业的技术创新、环境监管和资源监管，鼓励两国页岩气开发取得成功，从而共同推进在全球范围内对页岩气等非常规天然气资源的负责任的开发利用，保障能源供应安全和能源市场稳定。美方承诺积极鼓励对华出口与油气勘探开发相关的技术和设备。

二、政府部门定期互访和轮流召开对话会议

美国政府试图通过推广页岩气开发成功经验和先进技术，引领世界页岩气开发，进而主导世界新能源开发和产业发展，寻求新的经济增长点，以巩固其世界经济地位的战略目的。

在中美页岩气合作备忘录的框架下，美国能源部与中国国家能源局和国土资源部等部门建立政府间交流机制，不断扩大合作交流范围，2010年6月组成中美页岩气工作小组，2010年8月美国国务院在华盛顿召开了"全球页岩气倡议大会"，2010年9月中旬在美国得克萨斯州举办以页岩气为主题的第10届中美石油和天然气工业论坛。此后，中美双方定期轮流举办页岩气工作会议和论坛，每次双方都派出高级别的代表团和专家参加对话会议等活动。

2010年5月中美双方签署《中国国家能源局与美国国务院中美页岩气资源工作组工作计划》。此后双方各自成立了资源工作组，选择我国辽河盆地东部合作开展页岩气资源联合评价和研究，于2010年11月、2011年3月和2011年5月分别召开了三次资源工作组会议，对页岩气资源评价技术进行交流，研究确立辽河东部凹陷资源评价采用方法和所需数据，对该凹陷页岩气资源前景交换了意见。美国地质调查局（USGS）专家完成了辽河东部凹陷页岩气资源的评价研究后，于2012年2月在第四次资源工作组会议上进行了通报。

2010年8月下旬，美国国务院在华盛顿召开了"全球页岩气倡议大会"，中国首次派代表和19个国家的近60名政府代表出席了会议。

2012年9月，中美两国政府间的页岩气监管研讨会在美国召开，中国国家能源局副局长张玉清和美国能源部助理部长克里斯托弗·史密斯出席了会议。会上美方重点介绍天然气行业监管的发展历程，政府在促进页岩气开发方面发挥的作用，页岩气区块矿权管理，天然气基础设施建设，联邦政府及州政府执行与页岩气相关的生产、环境和安全监管，以及页岩气开发对交通设施的影响等，对页岩气发展尚处于起步阶段的中国具有重要的

参考价值。会议期间，中美双方就继续召开此类研讨会达成共识，将举办一系列有关页岩气的研讨会，以加强页岩气开发技术交流，促进在页岩气领域开展务实合作。中国国家能源局、财政部、外交部、驻美国大使馆和四川省能源局以及美国能源部、商务部、环保署、土地管理局、得克萨斯州交通局、铁路委员会和环境质量委员会共 20 多位代表参加了会议。

2013 年 7 月，在美国华盛顿第 5 轮中美战略与经济对话期间，双方就继续扩大页岩气合作、支持两国企业开展天然气投资和贸易等达成基本共识。

此后，政府之间的交流开展得也更加广泛，领域也从初期的技术，慢慢地扩展到管理、扶持政策等宏观层面。

三、有关部委和地方政府组织境外培训和人员交流

我国国家有关部门和地方政府高度重视对外合作，积极采取开放、市场化的方式，鼓励国内企业与国外有经验的公司合作，引进页岩气勘探开发技术。对外合作模式的一个重要方面就是组织境外考察、培训和人员交流。

2010 年 12 月，应美国能源部、斯伦贝谢公司和犹他大学的邀请，中国国土资源系统第一个赴美考察页岩气的团组，对美国页岩气勘探开发情况进行了为期 6 天的考察。

2013 年 4 月，中国国家能源局和美国贸易发展署在四川省成都市联合举办第一次中美页岩气培训班。培训内容包括页岩气地质选区评价、地球物理、储层评价等技术。中国国家能源局副局长张玉清、美国能源部助理部长克里斯托弗·史密斯出席开班式。联合举办培训班，有利于进一步促进中美双方在页岩气领域的交流合作。

中国国土资源部于 2013—2015 年，连续三年与美国政府有关部门、页岩气企业、大学和研究机构合作，在美国举办页岩气管理高级培训班，取得了很好的效果。

第二节 企业间合作交流

中国石油自 2005 年起，开始与美国页岩气专家就美国主要页岩气富集盆地的形成机理、页岩气储层特征、开采工艺技术和页岩气的经济性进行了多轮研讨，于 2009 年 3 月出版了我国第一本页岩气专著《页岩气地质与勘探开发实践丛书之一：北美地区页岩气勘探开发新进展》。此后，中国石化、中国海油和延长石油等也开展了对北美页岩油气的技术调研，拉开了国内油田公司通过联合研究、技术合作、合作开发等方式引进国外技术的序幕。

一、联合研究

为了能及时引进北美页岩气开发技术，国内油田企业与国外油公司、服务公司开展了大量联合研究工作。

2007 年 12 月，中国石油与美国新田公司签署了中国页岩气第一个联合研究协议《威远地区页岩气联合研究》，对四川盆地威远地区寒武系九老洞组和志留系龙马溪组两套海相页岩地层开展联合研究，旨在借鉴北美地质评价方法，认识威远区块页岩气地质特征、评价开发潜力。通过两年的共同工作，完成了野外地质剖面观察，利用威远区块约 20 口井的岩心、测井、录井等资料完成了以九老洞组（筇竹寺组）为主的地质综合研究和资源评价（图 6-1）。

2009 年 11 月，中国石油与壳牌（中国）勘探与生产有限公司签署《四川盆地富顺—永川区块页岩气联合评价协议》。富顺—永川区块主要位于四川盆地南部四川省与重庆直辖市接壤区域，面积约 4000km^2，在两年多的评价期内，钻探了珙县 1 井和华蓥 2D 井两口资料井，完成了阳 101 井等 5 口评价井的钻探（其中直井 2 口、水平井 3 口），直井阳 101 井测试产量 6 × 10^{4}m^3，水平井阳 201-H2 井测试产量 43 × 10^{4}m^3，创造了当时国内页岩气直井和水平井的测试产量的最高纪录。

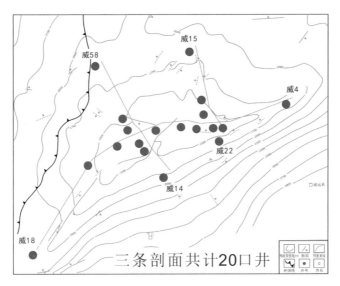

图 6-1 新田公司研究的威远区块 20 口井位置图

中国石化自 2009 年开始与英国石油公司、雪佛龙公司和新田公司等开展了合作，在南方海相优选宣城—桐庐、湘鄂西、黄平、涟源区块实施了宣页 1 井、河页 1 井、黄页 1 井和湘页 1 井以及彭页 1 井，其中仅彭页 1 井于 2012 年 5 月测试获 $2.52 \times 10^4 m^3/d$ 页岩气流，其也是中国石化第一口获得工业气流的海相页岩气探井。

2013 年 2 月，中国石油与康菲石油（中国）有限公司签署《内江—大足区块联合研究协议》，对区块内志留系顶部到寒武系底部的页岩气开发潜力进行评估。研究组对区内的志留系龙马溪组进行了地质综合评价及资源评估，于 2015 年 2 月提交了联合研究报告。

2013 年 3 月，中国石油与埃尼（中国）公司签署《荣昌北区块联合研究协议》，埃尼（中国）公司在完成了协议的第一阶段工作后，于 2014 年 5 月结束了工作。

二、技术合作

2013 年 11 月，延长石油联合美国得州大学奥斯汀分校经济地质局正式签署了合作研究协议，针对"鄂尔多斯盆地陆相页岩气储层特征"开展联合研究，研究涵盖了化学地层学、孔隙特征、气层测井识别评价、地球化学、地震评价等不同方向，研究期限为 2 年。

2014 年 11 月，中国石油与赫世（中国）石油天然气有限公司签订《四川盆地荣昌北区块联合研究协议》，对原中国石油和埃尼（中国）公司联合研究的荣昌北区块再次进行联合评价，于 2015 年 5 月结束。

2014—2017 年，中国石油西南油气田公司、浙江油田分别与斯伦贝谢公司合作开展了 YS108 井区和宁 201 井区页岩气地质工程一体化技术研究，形成了地震、测井、地质、钻井、压裂和开发等多专业融合的地质工程一体化技术，为提高单井产量提供了技术支撑。

2013—2014 年，延长石油与斯伦贝谢公司在鄂尔多斯盆地甘泉县开展页岩气三维地震勘探技术研究，采用 UNIQ 高密度单检地震勘探技术，设计小面元、高密度三维观测系统，实现对地层微幅构造及岩性变化信息的完全采样，同时也实现对野外噪声的完整采样。在下寺湾柳评 177 井区实施三维地震 103.76km^2，资料满覆盖面积 50km^2。

2016 年，延长石油与斯伦贝谢公司合作开展了中生界陆相页岩气水平井地质工程一体化研究项目，通过地震资料处理和解释及邻井的测井解释和评价、岩石物理分析、地震反演、岩石力学、地质综合分析和建模等一系列系统的工作，开展了延页平 5 井的水平井井位及轨迹设计，编制了钻井工程、储层评价、完井工程、返排试气方案及初步压裂方案。

三、合作开发重点区块

在阳 101 井和阳 201–H2 井在志留系龙马溪组钻获高产页岩气流后，2012 年 3 月，中国石油与壳牌公司在联合评价结束后签署了联合开发协议，富顺—永川区块正式开始合作开发。合作开发项目持续了 5 年时间，于 2017 年 3 月以壳牌公司退出了该区块的开发而告终。在此期间，壳牌公司一共完钻了 17 口页岩气评价井，其中直井 3 口、水平井 14 口，完成测试井 15 口，水平井最高测试产量 $30 \times 10^4 m^3$，井均测试日产量 $11.42 \times 10^4 m^3$（表6-1），于 2016 年退出。

表 6-1　富顺—永川区块合作开发期钻井情况简表

井号	井型	完钻日期	完钻层位	完钻井深(m)	水平段长(m)	压裂段数	测试产量($10^4 m^3$/d)
坛202-H1	直井	2013.12.20	龙马溪组	3633	—	2	4.3
坛203-H1	直井	2014.5.26	龙马溪组	4380	—	—	—
梯202-H1	直井	2014.1.27	宝塔组	3752	—	2	2
阳202-H2	水平井	2013.11.27	龙马溪组	5100	1209	10	14
阳203-H2	水平井	2013.9.27	龙马溪组	5108	1490	14	15
阳203-H1	水平井	2013.8.14	龙马溪组	3553	99	1	0.5
阳202-H1	水平井	2014.1.25	龙马溪组	5058	1123	5	4
坛202-H2	水平井	2014.8.04	龙马溪组	5413	1682	13	8
海201-H1	水平井	2013.11.11	龙马溪组	5530	2045	13	16
古206-H1	水平井	2013.10.06	龙马溪组	3711	233	—	—
古205-H2	水平井	2014.10.13	龙马溪组	5213	1712	18	30
古205-H1	水平井	2013.4.30	龙马溪组	5043	1408	10	16
古202-H1	水平井	2013.6.02	龙马溪组	5200	1242	11	16
洞201-H1	水平井	2013.6.10	龙马溪组	5300	1266	11	1.7
洞202-H2	水平井	2013.7.13	龙马溪组	4900	1162	5	4.5
合计						115	132

2016 年 3 月和 7 月，中国石油与 BP 勘探（中国）有限公司分别签署《四川盆地内江—大足区块页岩气合同》和《四川盆地荣昌北区块页岩气合同》，对原康菲公司和埃尼公司联合研究的两个区块筇竹寺组和龙马溪组页岩气进行勘探、开发和生产。项目部实施了 2 块三维地震，满覆盖面积 165km²，评价井 10 口，取心 200m，完成威 206-H1 井和威 206-H2

井压裂，虽然获气，但测试产量较低，EUR 约 $0.3 \times 10^8 m^3$，2019 年 4 月，BP 勘探（中国）有限公司确定退出这两个区块的合作开发。

国外知名油气公司退出这些联合评价与合作开发的项目，表明中国页岩气的地质条件比美国更加复杂，不能直接照搬国外的技术方法，中国页岩气要实现规模有效开发，必须走学习借鉴、自主创新的道路，形成适应中国复杂地质条件的本土化勘探开发技术与方法。

第三节　研究机构及院校合作交流

一、开展学术交流

自中美签署《关于在页岩气领域开展合作的谅解备忘录》和中国页岩气勘探开发起步后，国内相关科研机构和大学采取多种形式，开展页岩气国际学术交流活动。一是国内从事页岩气工作科技人员、学者或页岩气管理人员到美国进行页岩气考察，了解美国在页岩气方面的学术动态、技术进展等。二是邀请美国专家学者就页岩气技术和最新进展来华讲学。三是与国外有关机构和专家共同承担页岩气研究或派页岩气技术人员到国外参与页岩气研究项目。四是参加国际页岩气学术会议。五是就有关页岩气图书和相关资料及其他传媒、信息进行交流等。

二、互派访问学者

近 10 年来，我国相关油田公司、科研机构和大学相继派出页岩气专业人员或学生，到美国进行页岩气技术或页岩气管理方面的学习。美国有的大学还接收或联合培养留学生，为我国页岩气产业发展培养了大量的人才。

第七章

愿景与宏图

中国页岩气一定能够实现跨越式发展

中国页岩气经过 10 余年的实践与发展，成效显著。有利区资源基本落实，页岩气理论日趋成熟，开发技术与装备逐步适应，管理体系逐渐完善，国家、地方大力支持，中国页岩气将迈入跨越式发展的新时期。

第一节　中国具备页岩气跨越式发展的条件

一、国家对天然气需求快速增长

2019 年 1 月 16 日，中国石油经济技术研究院在北京发布的《2018 年国内外油气行业发展报告》（以下简称《报告》）称，2018 年，我国天然气消费保持强劲增长，全年天然气消费量 $2766 \times 10^8 m^3$，进口量约 $1254 \times 10^8 m^3$，增幅高达 31.7%，成为全球第一大天然气进口国，对外依存度升至 45.3%（图 7-1）。2019 年，环保政策继续推进，将继续拉动国内天然气需求，预计全年天然气消费量将达 $3080 \times 10^8 m^3$，同比增长 11.4%，预测今后相当长一段时间内天然气消费量仍将保持持续增长。

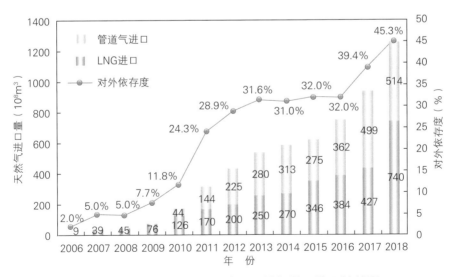

图 7-1　2006—2018 年我国天然气进口情况柱状图
（据中国石油经济技术研究院）

从发展现状看，常规天然气新增规模优质可动用储量少，新增产量不能满足消费需求。据 EIA（2016）预测，2040 年全球页岩气产量有望达 $1.6 \times 10^{12} m^3$，占天然气总产量的 24%，占天然气产量增长的 60%（主要来自美洲和亚太地区），全球页岩气仍将是天然气产量增长的主体。不同机构和学者研究也认为中国未来天然气产量的增量主要来自页岩气（图 7-2）。

加快页岩气的开发利用对促进经济社会发展、建设美丽中国、保障能源战略安全意义重大，国家高度重视，相继出台了产业政策和发展规划，四川省和重庆市将其列为重点发展产业。2018 年 8 月 30 日，国家正式发布《国务院关于促进天然气协调稳定发展的若干意见》（国发〔2018〕31 号），要求各油气企业全面增加国内勘探开发投入，力争到 2020 年底前国内天然气产量达到 $2000 \times 10^8 m^3$ 以上，保障国家能源安全。

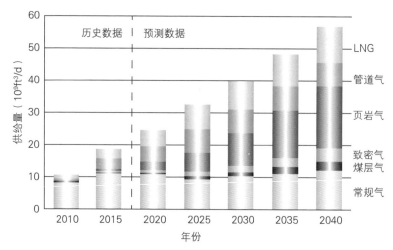

图 7-2　中国未来天然气供给结构预测图（EIA，2017）

二、我国页岩气资源丰富

中国富有机质页岩类型复杂，包括海相、海陆过渡相和陆相 3 种类型，整体呈现"南海北陆"的分布格局，是世界上页岩气种类最多的国家。纵向上发育 9 个海相页岩层系和 7 个过渡相、陆相页岩层系，平面上海相页岩主要分布在扬子地区、羌塘盆地、塔里木盆地，过渡相和陆相页岩主要分布在北方中新生代盆地。

2011 年以来，不同的学者或机构采用体积法和类比法等多种方法对中国的页岩气资源进行了评价（表 7-1）。根据美国能源信息署（EIA）2011 年、2013 年和 2016 年的评价结果，中国页岩气可采资源量为 $31.2 \times 10^{12} \sim 36.1 \times 10^{12} m^3$，位居世界前列，以海相页岩气为主，其 2016 年的评价结果显示海相、海陆过渡相与陆相页岩气可采资源量分别为 $23.3 \times 10^{12} m^3$，$7.4 \times 10^{12} m^3$ 和 $0.9 \times 10^{12} m^3$。中华人民共和国国土资源部（2015）预测的可采资源量为 $21.8 \times 10^{12} m^3$，其中海相 $13.0 \times 10^{12} m^3$、海陆过渡相 $5.1 \times 10^{12} m^3$、陆相 $3.7 \times 10^{12} m^3$。与 EIA 的评价结果相比，可采资源差别较大，且海相、海陆过渡相和陆相 3 种类型的页岩气资源三分天下。中国工程院（2012）评价的结果显示，中国页岩气可采资源量为 $11.5 \times 10^{12} m^3$，其中海相 $8.8 \times 10^{12} m^3$、海陆过渡相 $2.2 \times 10^{12} m^3$、陆相 $0.5 \times 10^{12} m^3$。中国石油勘探开发研究院（2014）预测中国页岩气可采资源量为 $12.85 \times 10^{12} m^3$，其中海相 $8.82 \times 10^{12} m^3$、海陆过渡相 $3.48 \times 10^{12} m^3$、陆相 $0.55 \times 10^{12} m^3$。

表 7-1　中国页岩气可采资源量预测　　　　单位：$10^{12} m^3$

评价机构	评价时间	海相	海陆过渡相	陆相	合计
美国能源信息署	2011 年	36.1	—	—	36.1
中华人民共和国国土资源部	2012 年	8.19	8.97	7.92	25.08
中国工程院	2012 年	8.8	2.2	0.5	11.5
美国能源信息署	2013 年	29.66	—	1.91	31.57
中国石油勘探开发研究院	2014 年	8.82	3.48	0.55	12.85
中华人民共和国国土资源部	2015 年	13.0	5.1	3.7	21.8
美国能源信息署	2016 年	23.3	7.4	0.9	31.2

根据以上评价结果，我国页岩气有利勘探面积 $43 \times 10^4 km^2$，可采资源量介于 11.5×10^{12} ~ $36.10 \times 10^{12} m^3$，其中海相所占比例介于 32.66% ~ 100%、海陆过渡相所占比例介于 0 ~ 35.77%、陆相所占比例介于 0 ~ 31.58%。总体来说，我国页岩气资源总量丰富，富有机质页岩类型复杂，其中海相页岩资源潜力最大，其次为海陆过渡相页岩，再次为陆相页岩。

三、理论、技术和管理日趋成熟

北美页岩气成功开发的经验启示我们，页岩气开发一旦取得井点突破就可以大规模复制，批量的钻井工作量投入可实现快速规模上产，理论创新、技术创新和管理创新是实现页岩气规模效益开发的根本。

（一）地质理论基本成熟

经过近 10 年的勘探实践和持续攻关，中国勘探实践者在以五峰组—龙马溪组页岩为代表的海相页岩气富集规律认识方面取得了显著进展。中国石化在涪陵页岩气田勘探开发实践中，提出了海相页岩气"二元富集"理论。国土资源部油气中心在贵州安稳地区页岩气勘探实践中，提出了"三位一体"页岩气富集高产理论。中国石油在四川盆地页岩气勘探开发实践中，提出了海相页岩气"三控"富集规律。

（二）配套技术逐步完善

自从 2011 年 12 月国内第一口页岩气水平井威 201-H1 井完钻以来，配套技术基本形成，中国石油和中国石化在实践中均形成了一套集成地质、开发、钻井、压裂、工厂化、地面建设和安全环保的页岩气勘探开发技术体系，有效支撑了以长宁、威远、昭通和焦石坝三个五峰组—龙马溪组埋深 3500m 以浅为主页岩气区块的规模效益开发，随着技术的不断进步，在五峰组—龙马溪组埋深 3500 ~ 4500m 的泸州、渝西、丁山和南川等区块也取得了突破，目前，中国石油和中国石化正在开展深层页岩气勘探开发技术攻关和现场试验，有望在短期内集成配套相关技术体系。

（三）管理不断创新

在页岩气勘探开发实践过程中，中国石油建立了集团公司页岩气业务发展领导小组、川渝页岩气前线指挥部和实施主体的三级管理模式，形成了国内合作、国际合作、风险作业和自营开发 4 种作业机制，创新了井位部署平台化、钻井压裂工厂化、工程服务市场化、采输作业橇装化、生产管理数字化、组织管理一体化的"六化"管理模式，逐步形成了以提高单井产量为核心的油公司管理模式。

中国石化形成了总部决策、油田分公司监管、涪陵页岩气公司运行的三级投资管理模式，建立了根据工程项目不同性质和特点采取不同的项目管理模式，完善了投资控制管理制度体系和效能监察体系，推行了规范有序、公开公平、能进能出、动态管理的市场化运作机制，采用了"标准化设计、标准化采购、模块化建设、信息化提升"的地面工程建设模式。

两大油公司采取的措施，有效地控制了投资、降低了成本、提高了工作效率，提高了开发效果和效益。

四、国家加大扶持

（一）国家层面

国家能源发展战略要求大力发展天然气，重点突破页岩气，出台了一系列政策扶持、激励页岩气产业发展。

早在 2012 年，财政部、国家能源局就出台页岩气开发利用补贴政策，2012—2015 年，中央财政按 0.4 元 /m³ 标准对页岩气开采企业给予补贴；2015 年，两部门明确"十三五"期间页岩气开发利用继续享受中央财政补贴政策，补贴标准调整为前三年 0.3 元 /m³、后两年 0.2 元 /m³。

2013 年，国家能源局发布《页岩气产业政策》，从产业监管、示范区建设、技术政策、市场与运输、节约利用与环境保护等方面进行规定和引导，推动页岩气产业健康发展。

2014 年 6 月 7 日，国务院办公厅印发《能源发展战略行动计划（2014—

2020年）》（以下简称《行动计划》），明确了2020年我国能源发展的总体目标、战略方针和重点任务，部署推动能源创新发展、安全发展、科学发展。《行动计划》指出要重点突破页岩气开发，加强页岩气地质调查研究，加快"工厂化""成套化"技术研发和应用，探索形成先进适用的页岩气勘探开发技术模式和商业模式，培育自主创新和装备制造能力。着力提高四川长宁—威远、重庆涪陵、云南昭通、陕西延安等国家级示范区储量和产量规模，同时争取在湘鄂、云贵和苏皖等地区实现突破。

2016年9月14日，国家能源局印发《页岩气发展规划（2016—2020年）》，明确我国页岩气发展的基础、形势、指导方针和目标，2020年力争实现页岩气产量 $300 \times 10^8 m^3$，展望到2030年，实现页岩气产量 $800 \times 10^8 \sim 1000 \times 10^8 m^3$。并指出大力推进科技攻关。立足我国国情，紧跟页岩气技术革命新趋势，攻克页岩气储层评价、水平井钻完井、增产改造、气藏工程等勘探开发瓶颈技术，加速现有工程技术的升级换代，有效支撑页岩气产业健康快速发展。

2018年4月3日发布《关于对页岩气减征资源税的通知》（以下简称《通知》），自2018年4月1日至2021年3月31日，对页岩气资源税（按6%的规定税率）统一减征为30%，进一步鼓励企业参与页岩气勘探开发，增加投入，促进页岩气的开采，增加清洁能源的供应量，《通知》的发布为页岩气生产企业的可持续发展提供了极大的财税支持。

国家财政的补贴和税收的减免实现了对示范区企业前期巨额的勘探支出补偿，同时理顺页岩气企业的财税关系，起到国家、地方政府、企业三方间关系的有效平衡，调动示范区产地政府的积极性，为示范区建设创造良好的外部环境，为企业加快产建进度、助推地方经济发展形成良好的互动。

（二）地方层面

2014年7月，四川省委、省政府将页岩气确定为"五大高端成长型产业"之一，并组建了四川省页岩气产业发展推进小组，由分管副省长任组长，加强协调，研究解决页岩气产业发展中遇到的重大问题，确保四川省页岩气产业科学、有序、加快、可持续发展。2015年3月，四川省科技厅成立了"四川省页岩气专家咨询委员会"，充分发挥科技创新作用，提高四川省页岩气产业科技工作的决策水平。2015年4月，页岩气技术路线图通过了省决策咨询委组织的专家论证，完成了四川省页岩气产业技术创新顶层设计工作。

2015年3月，重庆市将页岩气确定为"十大战略新兴产业"之一，明确要求"合理推进、科学开发、加快页岩气产业化步伐，加快构建中长期能源保障体系，努力把重庆建设成为我国页岩气开发利用示范区和新能源开发利用重要基地"。重庆市建立了常态化的联席会议、信息沟通和协调推进机制，并每月召开一次地方页岩气企业工作座谈会，还与重庆页岩气公司、中国石化涪陵页岩气公司等签订关于加快推进页岩气勘探开发的框架协议，在项目建设临时用地、永久征地、矿权协调、土地复垦等方面建立了高效的协调服务机制。

五、企业积极投入

自从国内掀起页岩气"热"之后，中国石油、中国石化、延长石油和中国海油积极投入了页岩气勘探开发，在页岩气成为独立矿种后，更多的国企、民企参加了矿权区块的招投标，也希望能加入页岩气勘探开发大军，众多油田服务企业更是使出浑身解数，加大非常规油气开采技术的革新，这些企业的参与，都大大地推动着我国页岩气行业的蓬勃发展。

通过中国石油和中国石化的不断探索努力，四川盆地五峰组—龙马溪组海相页岩迈入了工业化开采阶段，在五峰组—龙马溪组已探明5个页岩气田：涪陵、长宁、昭通、威远、威荣，累计探明地质储量超过 $1 \times 10^8 m^3$。在四川盆地及周缘建成3个国家级海相页岩气示范区：四川长宁—威远、滇黔北昭通和重庆涪陵，截至2018年12月，全国累计完钻页岩气井1200口，累计投产井731口，年产能力达 $150 \times 10^8 m^3$，累计产气超 $300 \times 10^8 m^3$。

第二节　中国页岩气跨越式发展的愿景

一、页岩气远景目标

国家能源局印发《页岩气发展规划（2016—2020 年）》，明确我国页岩气发展的基础、形势、指导方针和目标，将完善成熟 3500m 以浅海相页岩气勘探开发技术，突破 3500m 以深海相页岩气、陆相和海陆过渡相页岩气勘探开发技术；在政策支持到位和市场开拓顺利情况下，到 2020 年力争实现页岩气产量 $300 \times 10^8 m^3$，展望到 2030 年，实现页岩气产量 $800 \times 10^8 \sim 1000 \times 10^8 m^3$。

重庆市人民政府办公厅印发了《重庆市页岩气产业发展规划（2015—2020 年）》，明确了重庆市页岩气发展的指导思想、基本原则和主要目标，实施勘探开发、管网建设和综合利用的纵向一体化战略，将装备制造与纵向产业链上各环节配套；推进横向一体化发展，实现页岩气全产业链集群式发展。到 2020 年，累计投资 1200 亿元，建成产能 $300 \times 10^8 m^3/a$，产量 $200 \times 10^8 m^3/a$，实现产值 558 亿元。

2016 年 5 月，国土资源部、四川省政府、中国石油和中国石化共同设立"四川省川南地区页岩气勘查开发试验区"，试验区面积 $4.61 \times 10^4 km^2$。2017 年 10 月，《四川省川南地区页岩气勘查开发试验区建设实施方案》中提出，2020 年试验区年产量目标为 $100 \times 10^8 m^3$，累计储量目标为 $3000 \times 10^8 \sim 5000 \times 10^8 m^3$；2025 年试验区年产量目标为 $200 \times 10^8 m^3$，累计储量目标为 $7000 \times 10^8 \sim 10000 \times 10^8 m^3$。

中国石油在川南地区页岩气勘探开发已取得重大突破，圆满完成了评层选区、先导试验和示范区建设，落实可工作区面积 $1.8 \times 10^4 km^2$，可动用资源量 $9.6 \times 10^{12} m^3$。响应国家号召，规划川南地区页岩气产能建设按 2020—2030 年、展望 2035 年进行安排，按照先浅后深、由核心区往外围拓展的方式建产，"十三五"期间动用 3500m 以浅资源，2020 年建成 $120 \times 10^8 m^3$ 产量规模，之后向 3500m 以深资源进军，按照每 5 年上产 $150 \times 10^8 m^3$ 的节奏，预计在 2035 年建成 $500 \times 10^8 m^3$ 年产规模，并保持长期稳产。

根据"中国页岩气规模有效开发途径研究"项目组预测，2035 年我国页岩气可上产 $750 \times 10^8 m^3$，其中在龙马溪组上产 $500 \times 10^8 m^3$ 的基础上，通过技术攻关，力争筇竹寺组等常压领域 2035 年达产 $100 \times 10^8 m^3$，海相页岩气共达产 $600 \times 10^8 m^3$；通过加强先导试验并探索多层系组合开发，力争在"十四五"期间实现陆相、过渡相页岩气商业化建产，到 2035 年达产 $150 \times 10^8 m^3$。

二、发展宏图实现的路径

国家、省市和企业已经制定了页岩气发展的宏伟蓝图，要实现这一目标，主要有三个层次的路径，即中浅层走向深层、五峰组—龙马溪组走向其他海相层系、海相走向海陆过渡相和陆相。

（一）中浅层走向深层

从已实现规模效益开发的四川盆地来看，目前开发的区块埋深大多小于 3500m（图 7-3），但面积较小，例如中国石油矿权范围内 3500m 以浅可工作有利区面积仅有 2000km²，资源量 $0.95 \times 10^{12} m^3$；而 3500 ~ 4500m 埋深范围面积为 15000km²，资源量 $8.3 \times 10^{12} m^3$；埋深超过 4500m 面积更大，资源更为丰富。相比中浅层，深层页岩气具有压力系数增大、页岩储层含气性更好等优势，但随之带来深层高温条件下工具适应性差、闭合压力高、水平应力差大、形成复杂缝网难度更大等难题，中国石油和中国石化正在开展技术攻关和现场试验，有望在短期内集成配套相关技术体系。中国石油在中长期规划中，"十四五"期间将动用埋深 3500 ~ 4000m 区块，埋深 4000 ~ 4500m 区块将用于维持长期稳产。因此我国页岩气的上产和稳产，从中浅层走向深层是必然的发展趋势。

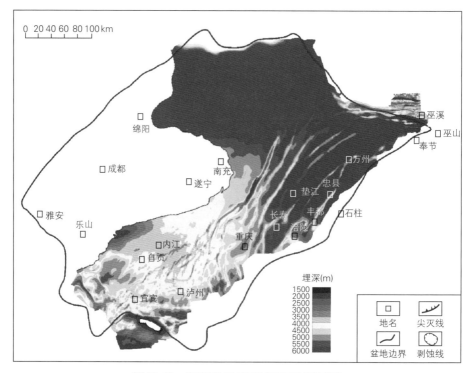

图 7-3　四川盆地五峰组底界埋深图

（二）五峰组—龙马溪组走向其他海相层系

在我国南方海相页岩气勘探开发过程中，除了奥陶系五峰组—志留系龙马溪组以外，海相沉积的震旦系陡山沱组和寒武系筇竹寺组（又称九老洞组、牛蹄塘组、水井沱组）也是有利的勘探开发层系。但这两套地层由于年代老、埋藏深、成熟度高等原因，仅在局部地区获得了发现，尚未开展大规模的商业开发。

在四川盆地的威远区块和金石区块，中国石油和中国石化均在筇竹寺组获得了工业气井，其中威 201-H3 井测试产量 2.83×10⁴m³/d，累计产量约 670×10⁴m³，金页 1HF 井测试产量 4.05×10⁴m³/d，累计产量约 1560×10⁴m³，中国地质调查局在湖北钻探的鄂宜页 1HF 井获测试产量 6.02×10⁴m³/d，但总的来说，筇竹寺组页岩气还未突破商业开发关，但具有较大的开发潜力。

四川盆地普光地区明 1 井二叠系龙潭组测试产量 3.02×10^4 ~ $3.85 \times 10^4 \mathrm{m}^3/\mathrm{d}$，湘桂地区湘页 1 井二叠系大隆组测试产量 $2409.09\mathrm{m}^3/\mathrm{d}$，体现了二叠系具有良好的勘探开发潜力。

中国地质调查局在湖北钻探的鄂阳页 2HF 井在陡山沱组获测试产量为 $5.53 \times 10^4\mathrm{m}^3/\mathrm{d}$，也表明陡山沱组也具有一定的勘探开发潜力。

震旦系陡山沱组和寒武系筇竹寺组海相页岩气具有有机质丰度高、连片稳定分布的特点，目前已经取得较好的发现，只要加强评价研究，将有望成为除五峰组—龙马溪组之外又一现实的商业开发层系。

南方外围地区页岩气也具备一定的勘探潜力，有利区可采资源量 $6.18 \times 10^{12}\mathrm{m}^3$，占全国总量的 24%（国土资源部，2012）。但由于外围地区经历了强烈的构造改造作用，页岩气形成富集规律复杂，目前钻井产量普遍较低；针对构造作用强、产量低的地区，应深化页岩气富集规律和选区评价研究，争取早日在南方外围复杂地区实现页岩气商业性开发。

（三）海相层系走向海陆过渡相和陆相层系

中国以叠合盆地为特征，沉积环境演化复杂。发育海相、非海相（海陆过渡相和陆相）两种类型富有机质页岩（图 7-4）。

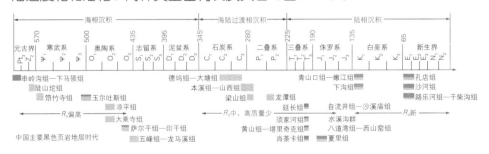

图 7-4　中国页岩地层分布图

中国非海相页岩气具有 5 大地质特征：（1）页岩发育层段多，横向变化大，岩性组合复杂；（2）页岩有机碳含量中等—高；（3）非海相页岩有机质、粒间、粒内三种类型孔隙均衡发育，孔隙度整体低于海相页岩；（4）非海相页岩黏土矿物含量普遍高，石英含量较低；（5）非海相页岩实测含气量普遍偏低。

国内非海相页岩气勘探已多点见气，2011 年以来，非海相页岩气累计钻井 120 余口井，在石炭系、二叠系、三叠系、侏罗系和白垩系 5 个层系发现页岩气流（图 7-5），展现良好勘探开发前景。

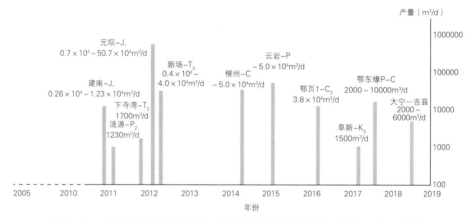

图 7-5 中国非海相（陆相 + 海陆过渡相）页岩气勘探历程示意图

我国非海相页岩气资源丰富，经中国石油勘探开发研究院评价优选，非海相页岩气有利区主要分布在松辽盆地白垩系、鄂尔多斯盆地石炭系—三叠系、四川盆地二叠系—侏罗系、渤海湾盆地石炭系—新近系、准噶尔盆地二叠系—侏罗系。

"中国页岩气规模有效开发途径研究"项目组研究认为，由于非海相页岩地层较海相页岩地层具有优质页岩连续厚度小、页岩横向变换快、有机质孔不发育、总孔隙度低、含气量变化大等不足。因此非海相页岩气要实施"抓工艺技术试验、抓多层立体开发"的战略，其中"抓新工艺技术试验"指针对非海相页岩黏土矿物含量高、水敏性强等难点，攻关超临界 CO_2 等新型压裂技术及配套装备，"抓多层段立体开发"指针对岩性组合多样非均质性强等难点，探索直井纵向立体、多层段开发，实现页岩气、致密气和煤层气等多气合采、共采，提升单井开发经济效益，才能突破规模开发效益关。项目组认为，在加强先导试验并探索多层系组合开发后，可能在"十四五"期间实现非海相页岩气商业化建产，到 2035 年达产 $150 \times 10^8 m^3$。

第八章

大事记

1966 年 8 月，四川石油管理局在四川盆地威远构造的威 5 井钻至寒武系筇竹寺组 2797.4 ~ 2797.6m 井段，放空 0.2m，微漏后发生强烈井喷，喷高 15 ~ 22m，裸眼中途测试，获日产气 $2.46 \times 10^4 m^3$，酸化后测试获日产气 $1.345 \times 10^4 m^3$。

1980 年，四川石油管理局在四川盆地阳高寺构造钻探的阳 63 井钻至志留系龙马溪组页岩 3505 ~ 3509.78m 和 3509 ~ 3518.5m 井段，气显示活跃，发生井喷，喷高 13 ~ 15m，酸化后测试获日产气 $0.35 \times 10^4 m^3$。

1982 年 6 月，《石油实验地质》1982 年第 2 期刊登了《从石油地质科研动态谈谈我国石油普查勘探前景——笔谈会文章》，文中记录了张义纲的会议文章《多种天然气资源的勘探》，介绍了页岩气概念，指出我国可能存在页岩气。

1986 年 5 月，四川石油管理局在四川盆地圣灯山构造的隆 32 井钻至志留系龙马溪组 3168.43m 时发生井喷，对 3128.74 ~ 3180m 井段中途测试，获日产气 $0.195 \times 10^4 m^3$。

1990 年 7 月，宋岩在《天然气地球科学》1990 年第 1 期发表文章《美国天然气分布特点及非常规天然气的勘探》，介绍了美国泥盆系页岩气勘探开发情况、页岩储层储集特点和美国页岩气资源前景。

1996 年，石油工业出版社出版了关德师等编著的《中国非常规油气地质》，该书详细论述了油页岩、水中溶解气、页岩气等非常规油气资源。

2000 年 6 月，马新华等在《石油勘探与开发》2000 年第 3 期发表文章《关于 21 世纪初叶中国天然气勘探方向的初步认识》，指出中国东部一些地区在页岩中已获商业气流，预计有更多盆地会在页岩气领域获得突破。

2003 年 12 月，张金川等在《现代地质》2003 年第 4 期发表文章《页岩气及其成藏机理》，系统介绍了页岩气形成机理和分布特征。

2005 年初，中国石油设立超前科研课题《中国页岩气勘探开发前景初步调查及评价》，对中国页岩气勘探开发前景进行了初步评价。

2005 年 8 月，中美两国在北京举办首届"中美战略对话"。会后，中国石油提出了开发页岩气等非常规油气资源的设想，并组团考察了美国页岩气，翻译出版了页岩气的相关技术资料和文献报告。

2006 年 11 月，中国石油与美国新田石油公司在北京香山成功举办了中美页岩气开发技术国际交流会。同年 12 月，中国石油启动项目"中国页岩气资源评价与有利勘探领域优选"，项目由中国石油勘探开发研究院承担。

2007 年 12 月，中国石油与美国新田公司签署了《威远地区页岩气联合研究》协议，对四川盆地威远地区寒武系九老洞组和志留系龙马溪组两套海相页岩地层开展联合研究。

2008 年 11 月，中国石油在四川盆地长宁构造双河剖面针对奥陶系五峰组—志留系龙马溪组页岩地层开钻了页岩气资料井长芯 1 井，完钻井深 154.5m，取心长度 150.68m。

2009 年 3 月，石油工业出版社出版了《页岩气地质与勘探开发实践丛书》编委会编译的页岩气专著《页岩气地质与勘探开发实践丛书之一：北美地区页岩气勘探开发新进展》。后期陆续出版了《页岩气地质与勘探开发实践丛书之二：中国页岩气地质研究进展》《页岩气地质与勘探开发实践丛书之三：页岩油气藏》《页岩气地质与勘探开发实践丛书之四：裂缝性油气藏》。

2009 年 5 月，《天然气工业》2009 年第 5 期专题发表了页岩气资源、页岩气形成富集、勘探开发技术、四川盆地页岩气形成条件等页岩气系列文章 11 篇。其中 10 篇入选 2012 年度领跑者 5000（F5000）论文。

2009 年 5 月，中国石油在北京组织召开了"中国石油页岩气方案项目论证会"，明确将页岩气作为中国石油天然气发展的一项重要业务，设立"四川盆地页岩气评价选区及开发先导试验"项目。

2009 年 6 月，翟光明和胡文瑞撰写"关于加强我国页岩气勘探开发的建议"的院士建议，通过中国工程院上报党中央、国务院及有关部委，获得批示，这是第一份从国家层面推动页岩气发展的院士建议。

2009 年 7 月，中国石油浙江油田公司获得了国土资源部颁发的我国首批页岩气专属探矿权证，分别为四川、云南省滇黔北坳陷筠连—威信地区天然气（页岩气）勘查和云南、贵州省滇黔北坳陷镇雄—毕节地区天然气（页岩气）勘查。

2009年8月，国土资源部启动"中国重点地区页岩气资源潜力及有利区优选"项目，同年11月实施了1口页岩气资料井——渝页1井。评价认为重庆市渝南和东南地区广泛分布下寒武统、下志留统和上二叠统三套页岩地层，重庆綦江、万盛、南川、武隆、彭水、酉阳、秀山和巫溪等区县被确定为实施实地勘察工作有利目标区。

2009年11月，美国总统奥巴马首次访华，中美签署《中美关于在页岩气领域开展合作的谅解备忘录》，把中国页岩气基础研究的迫切性上升到了国家层面。

2009年11月，中国石油与壳牌（中国）勘探与生产有限公司在成都签署《四川盆地富顺—永川区块页岩气联合评价》项目协议。

2009年12月，中国石油在四川省威远县新场镇开钻页岩气工业评价井——威201井，目标层位为寒武系筇竹寺组和奥陶系五峰组—志留系龙马溪组页岩地层。由此，中国迈出了工业化页岩气勘探开发步伐。同年，在四川盆地周缘实施了针对筇竹寺组和五峰组—龙马溪组页岩地层11口资料浅井的钻探。

2009年12月，中国石油在北京召开了"中国石油页岩气工业化试验方案论证会"，制订了中国石油页岩气产业化示范区建设工作方案。

2010年5月，第二轮中美战略与经济对话在北京举行，国务院副总理王岐山和国务委员戴秉国与美国国务卿希拉里·克林顿共同主持对话，签署了《中国国家能源局与美国国务院中美页岩气资源工作组工作计划》合作协议，成立了中美页岩气资源工作组，启动了中美政府间页岩气合作项目"辽河东部凹陷页岩气资源评价"。

2010年8月，国家能源页岩气研发（实验）中心在中国石油勘探开发研究院廊坊分院挂牌成立。

2010 年 10 月，中国石油在四川省威远县新场镇完成页岩气评价直井——威 201 井压裂试气：威 201 井在寒武系筇竹寺组井深 2675～2700m 加砂压裂后获日产气 $1.08 \times 10^4 m^3$，在志留系龙马溪组井深度 1511～1535m 加砂压裂后获日产气 $0.26 \times 10^4 m^3$。发现寒武系筇竹寺组、志留系龙马溪组两套页岩气产层，实现了页岩气出气关。

2010 年 11 月，首届"中国工程院／国家能源局能源论坛"在北京举办。在此次论坛上，邱中建院士做了页岩气专题报告《页岩气—中国天然气发展的生力军》。

2010 年 11 月，国家能源局组织召开中美页岩气资源工作组第一次会议，双方专家对页岩气资源评价技术进行交流，研究确定辽河东部凹陷资源评价所采用的方法和所需数据，对该凹陷页岩气资源前景交换意见。

2010 年 11 月，首届世界页岩气大会在美国得克萨斯州召开，中国石油派代表团参加并作发言，介绍页岩气勘探进展与挑战。

2011 年 1 月，"十二五"国家科技攻关项目"页岩气勘探开发关键技术（201105018）"正式启动，由中国石油勘探开发研究院牵头承担，主要参与单位有中国石油西南油气田公司、中国石油川庆钻探工程公司、中国石油浙江油田公司。

2011 年 4 月，延长石油位于陕西省甘泉县桥镇乡的柳坪 177 井直井压裂，获日产气 2350m³，井深 1953m，产气层位为三叠系延长组。

2011 年 6 月，国土资源部举行了油气探矿权公开招标，6 家企业对位于四川省、湖南省和贵州省等的面积 $1.1 \times 10^4 km^2$ 的 4 个页岩气区块进行了公开竞标，2 家企业中标，分别为中国石化和河南煤层气公司。

2011 年 12 月，国务院批准页岩气为新的独立矿种，正式成为中国第 172 种矿产，国土资源部按新的独立矿种制定投资政策和管理制度。

2011 年 12 月，中国石油在四川省威远县新场镇实施的页岩气水平井——威 201-H1 井完钻并压裂试气，该井深度 2823m，五峰组—龙马溪组水平井段长 738m，压裂测试获日产气 $1.31 \times 10^4 m^3$。

2012 年 1 月，国家重点基础研究发展计划（973 计划）项目"中国南方古生界页岩气赋存富集机理和资源潜力评价（2012CB214700）"正式启动，该项目由中国科学院广州地球化学研究所承担，主要参与单位有中国海洋石油、南京大学、兰州大学、中国矿业大学、中国科学院地质与地球物理研究所等。

2012 年 3 月，国家发展和改革委员会、财政部、国土资源部、国家能源局联合发布《页岩气发展规划（2011—2015 年）》，正式拉开了全国页岩气勘探开发的序幕。

2012 年 3 月，国土资源部公布全国页岩气资源评估报告。本次评价和优选，将我国陆域划分为"上扬子及滇黔桂区、中下扬子及东南区、华北及东北区、西北区、青藏区"5 大区域，范围涵盖了 41 个盆地和地区、87 个评价单元、57 个含气页岩层段。评估全国页岩气地质资源量为 $134.42 \times 10^8 m^3$，技术可采资源量为 $25.08 \times 10^8 m^3$。

2012 年 3 月，贵州省国土资源厅组织启动了"贵州省页岩气资源调查评价"项目，对贵州省页岩气资源量与勘探开发前景展开评价。

2012 年 3 月，中国石油与壳牌（中国）勘探与生产有限公司签署《四川盆地富顺—永川区块天然气勘探、开发和生产》合同，对富顺—永川区块内寒武系底部至志留系顶部的页岩气进行勘探、开发和生产。

2012 年 4 月，中国石油西南油气田公司在川南地区长宁背斜构造罗场鼻突东翼钻探的评价井——宁 201-H1 井，压裂试气，获得了具有商业开采价值的高产页岩气流，该井井深 3790m，五峰组—龙马溪组水平段长 1045m，测试日产气 $15 \times 10^4 m^3$。

2012 年 4 月，国家发展和改革委员会和国家能源局批准设立四川长宁—威远和滇黔北昭通两个国家级页岩气示范区，示范区面积分别为 $6534km^2$ 和 $15078km^2$。

2012 年 5 月，延长石油在延页 7 井（直井，目的层位为延长组长 7 段，井深 1655m）成功完成页岩气纯液态 CO_2 压裂施工作业。

2012 年 5 月，全国页岩气资源储量评价及相关技术研讨会在延安召开。大会交流了国内页岩气资源储量评价工作开展的基本情况，对页岩气资源储量评价及相关技术进行了研讨。

2012 年 5 月，延长石油在鄂尔多斯盆地伊陕斜坡南部实施的陆相页岩气水平井——延页平 1 井，井深 2344m，垂深 1517m，延长组长 7 段水平段长 605.00m，压裂测试获日产气 $0.8 \times 10^4 m^3$。

2012 年 8 月，国家页岩气 863 计划项目"页岩气勘探开发新技术"通过立项评审，项目由陕西省延长石油（集团）有限责任公司承担，主要参与单位有西安交通大学、中国地质大学（武汉）、北京大学、成都理工大学。

2012 年 9 月，国土资源部面向社会各类投资主体公开招标出让页岩气探矿权。招标推出 20 个页岩气探矿权区块，总面积为 20002km²，分布在 8 个省市。2012 年 10 月，在北京举行开标仪式，83 家企业竞争 20 个区块的页岩气探矿权，仅其中一个区块因投标公司不足 3 家而流标。

2012 年 9 月，国家发展和改革委员会批准设立"延长石油延安国家级陆相页岩气示范区"，示范区面积 4000km²。

2012 年 11 月，国家财政部发布《关于出台页岩气开发利用补贴政策的通知》，中央财政将对页岩气开采企业给予补贴，2012—2015 年的补贴标准为 0.4 元 /m³ 页岩气。

2012 年 11 月，中国石化在四川盆地涪陵焦石坝区块完钻的焦页 1HF 井，井深 3654m，五峰组—龙马溪组水平段长 1008m，压裂测试获日产气 $20.3 \times 10^4 m^3$。该井在 2014 年 4 月被重庆市人民政府命名为"页岩气开发功勋井"。

2012 年 11 月，国土资源部印发《关于加强页岩气资源勘查开采和监督管理有关工作的通知》。

2012 年 12 月，中国石油研究成果《水平井钻完井多段压裂增产关键技术及规模化工业应用》获得国家科技进步奖一等奖。

2012 年 12 月，陕西省科学技术厅批准陕西延长石油（集团）有限责任公司组建"陕西省页岩气勘探开发工程技术研究中心"。

2013 年 3 月，国家重点基础研究发展计划（973 计划）项目"中国南方海相页岩气高效开发的基础研究（2013CB228000）"启动，该项目由中国石油勘探开发研究院承担，主要参与单位有北京科技大学、西南石油大学、中国石油大学、中国石油西南油气田分公司。

2013 年 7 月，中国科学院设立院士咨询项目"中国页岩气发展战略对策建议研究"，由中国石油勘探开发研究院戴金星院士负责。

2013 年 7 月，国家能源局批准成立页岩气标准化委员会，秘书处设立在中国石油西南油气田公司。

2013 年 9 月，国家能源局批准设立"重庆涪陵国家级页岩气示范区"，示范区面积为 7307.77km^2。

2013 年 9 月，中国石化在四川盆地丁山区块完钻了页岩气探井——丁页 2HF 井，该井垂深 4417.36m，井深 5700m，五峰组—龙马溪组水平段长 1034.23m，压裂测试日产气 $10.5 \times 10^4 m^3$，实现了深层页岩气勘探发现。

2013 年 10 月，为全面贯彻落实科学发展观，合理、有序开发页岩气资源，推进页岩气产业健康发展，提高天然气供应能力，促进节能减排，保障能源安全，国家能源局发布了《页岩气产业政策》。

2013 年 11 月，国家能源局发布行业标准《页岩含气量测定方法（SY/T 6940—2013）》。

2013 年 11 月，中国石化编制了页岩气开发方案——《涪陵页岩气田焦石坝区块一期产能建设方案》，设计规模为 $50 \times 10^8 m^3$。

2013 年 11 月，四川省科技厅批准中国石油西南油气田公司联合四川省煤田地质局成立"页岩气评价与开采四川省重点实验室"。

2013 年 11 月，受国家能源局委托，国家能源页岩气研发（实验）中心组织专家对我国 2012 年页岩气补贴开发利用量进行审查，2012 年我国页岩气开发利用量 $1020 \times 10^4 m^3$，财政补贴 408 万元。

2013 年 11 月，四川省发展和改革委员会、能源局发布《四川省页岩气发展规划（2013—2015 年）》。

2013 年 12 月，四川长宁天然气开发有限责任公司正式挂牌成立，该公司由中国石油天然气股份有限公司、四川省能源投资集团有限责任公司、宜宾市国有资产经营有限公司和北京国联能源产业投资基金共同出资组建，是央企和地方合资成立的页岩气开发公司。

2014 年 2 月，中国石油编制了《宁 201 井区龙马溪组页岩气开发方案》《威远区块龙马溪组页岩气开发方案》《昭通示范区黄金坝 YS108 井区龙马溪组 $5 \times 10^8 m^3/a$ 页岩气开发方案》，设计建产规模分别为 $10 \times 10^8 m^3$，$10 \times 10^8 m^3$ 和 $5 \times 10^8 m^3$。

2014 年 4 月，国土资源部发布行业标准《页岩气资源／储量计算与评价技术规范（DZ/T 0254—2014）》。

2014 年 4 月，中国石油西南油气田公司建成页岩气外输管线——长宁外输管道工程，全长 93.7km，最大输气能力达 $700 \times 10^4 m^3/d$。9 月 18 日实现长宁页岩气田页岩气外输。

2014 年 4 月，国土资源部、重庆市人民政府、中国石化宣布设立重庆涪陵页岩气勘查开发示范基地。

2014 年 7 月，四川省委、省政府将页岩气确定为四川省"五大高端成长型产业"之一。

2014 年 7 月，中国石化提交涪陵页岩气田页岩气探明储量，探明含气面积 $106.45 km^2$，探明地质储量 $1067.5 \times 10^8 m^3$。

2014 年 11 月，由世界天然气联盟与美国天然气协会联合主办的第五届世界页岩油气峰会授予中国石化"页岩油气国际先锋奖"，以表彰北美以外的世界首个页岩气重大商业发现。

2014 年 12 月，重庆页岩气勘探开发有限责任公司成立，该公司由中国石油天然气股份有限公司、国投重庆页岩气开发利用有限公司、中化石油勘探开发有限公司、重庆地质矿产研究院共同组建。

2015 年 3 月，重庆市将页岩气确定为"十大战略新兴产业"之一。

2015 年 4 月，国家财政部和国家能源局发布《关于页岩气开发利用财政补贴政策的通知》，中央财政在"十三五"期间将继续实施页岩气财政补贴政策，2016—2018 年补贴标准为 0.3 元 /m^3，2019—2020 年补贴标准为 0.2 元 /m^3。

2015 年 5 月，中华人民共和国国家质量监督检验检疫总局和中国国家标准化管理委员会发布国家标准《页岩气地质评价方法》（GB/T 31483—2015）。

2015 年 8 月，中国石油提交长宁页岩气田宁 201–YS108 井区和威远页岩气田威 202 井区探明储量，新增页岩气探明地质储量分别为 $1361.80 \times 10^8 m^3$ 和 $273.51 \times 10^8 m^3$。

2015 年 10 月，国家科学技术部批复建设"页岩油气富集机理与有效开发"国家重点实验室，依托单位为中国石化石油勘探开发研究院、中国石化石油工程技术研究院。

2015 年 12 月，中国石化"超高压大功率油气压裂机组研制及集群化应用项目"获国家科技进步二等奖。

2015 年 12 月，涪陵页岩气田建成 $50 \times 10^8 m^3$/a 页岩气产能，涪陵国家级页岩气示范区通过国家能源局验收。

2016 年 3 月和 7 月，中国石油与 BP 勘探（中国）有限公司分别签署《四川盆地内江—大足区块页岩气勘探、开发和生产的产品分成合同》和《四川盆地荣昌北区块页岩气勘探、开发和生产的产品分成合同》，对区块内寒武系底部至志留系顶部的页岩气进行勘探、开发和生产。

2016 年 5 月，国土资源部、四川省政府、中国石油、中国石化共同设立"四川省川南地区页岩气勘查开发试验区"，试验区面积 $4.61 \times 10^4 km^2$。

2016 年 9 月，国家能源局发布《页岩气发展规划（2016—2020 年）》。

2017 年 3 月，中国石油与壳牌（中国）勘探与生产有限公司签署终止《四川盆地富顺—永川区块天然气勘探、开发和生产合同》合作协议。

2017 年 3 月，中国地质调查局武汉地质调查中心在湖北省宜昌市实施的寒武系页岩气参数井——鄂宜页 1HF 井完钻，该井井深 3917m、水平段长 1875m，压裂测试获日产气 $6.02 \times 10^4 m^3$，为中扬子地区页岩气勘探突破迈出了重要的一步。

2017 年 3 月，四川页岩气勘探开发有限责任公司成立，该公司由中国石油天然气股份有限公司、四川省能源投资集团有限责任公司、中国华电集团清洁能源有限公司、北京市燃气集团有限责任公司、内江投资控股集团有限公司、自贡市国有资产能源投资有限责任公司 6 家股东共同组建。

2017 年 6 月，中国石油西南油气田公司成立页岩气研究院，定位为中国石油西南油气田公司页岩气勘探开发的"一部三中心"，即页岩气勘探开发决策参谋部、技术研发中心、技术支持中心和人才培养中心。主要负责公司页岩气勘探开发的地质研究、规划部署、方案设计、技术优选、现场服务、人才培养。

2017 年 12 月，中国石化"涪陵大型海相页岩气田高效勘探开发"获国家科技进步一等奖。

2017 年 12 月，中国石化编制了涪陵页岩气田开发调整方案，涪陵页岩气田成为实施立体开发调整的页岩气田。

2018 年 1 月，中国地质调查局油气资源调查中心在湖北省宜昌市实施的震旦系陡山沱组页岩气参数井——鄂阳页 2HF 井完钻，该井井深 5200m，水平段长 1410m，压裂测试，获日产气 $5.53 \times 10^4 m^3$，发现了新的海相页岩气层系。

2018 年 3 月，国家财政部、税务总局发布《关于对页岩气减征资源税的通知》，自 2018 年 4 月 1 日至 2021 年 3 月 31 日，对页岩气资源税（按 6% 的规定税率）减征 30%。

2018 年 3 月，中国石化在香港发布中国石化 2017 年度业绩时宣布，涪陵页岩气田建成 $100 \times 10^8 m^3$ 年产能。

2018 年 4 月，中国工程院启动院士咨询项目"中国页岩气规模有效开发途径研究"，由胡文瑞院士牵头负责。

2018 年 12 月，中国石油四川盆地川南地区页岩气日产气量突破 $2000 \times 10^4 m^3$，川南地区成为我国最大的页岩气生产基地。

截至 2018 年底，全国页岩气总钻井数约 1200 口，探明地质储量 $10455 \times 10^8 m^3$，页岩气产量突破 $100 \times 10^8 m^3$，达到 $108.81 \times 10^8 m^3$。

2019 年 3 月，中国石油位于四川省泸州市泸县的泸 203 井完成压裂测试，该井井深 5547m，垂深 3849m，层位为五峰组—龙马溪组，压裂井段长 1021m，测试获日产气 $137.9 \times 10^4 m^3$，取得 3500m 以深页岩气重大突破。

2019 年 9 月，中国石油提交长宁—威远和太阳区块新增探明页岩气地质储量 $7409.71 \times 10^8 m^3$。截至 2019 年 9 月，中国石油在四川盆地五峰组—龙马溪组累计探明页岩气地质储量 $10610.30 \times 10^8 m^3$。

2019 年 9 月，中国石油浙江油田公司提交太阳页岩气田阳 102 井区和 YS118 井区探明页岩气地质储量 $1360 \times 10^8 m^3$，取得国内浅层页岩气勘探开发重大进展。

2019 年 11 月，中国石油与 BP 勘探（中国）有限公司签署协议，终止《四川盆地内江—大足区块页岩气勘探、开发和生产的产品分成合同》和《四川盆地荣昌北区块页岩气勘探、开发和生产的产品分成合同》。

参 考 文 献

包书景，林拓，聂海宽，等，2016. 海陆过渡相页岩气成藏特征初探：以湘中
　　坳陷二叠系为例 [J]. 地学前缘，23（1）：44-53.

陈更生，董大忠，王世谦，等，2009. 页岩气藏形成机理与富集规律初探 [J].
　　天然气工业，29（5）：17-21.

陈践发，张水昌，孙省利，等，2006. 海相碳酸盐岩优质烃（气）源岩发育的
　　主要影响因素 [J]. 地质学报，80（3）：467-472.

陈平，刘阳，马天寿，2014. 页岩气"工厂化"钻井技术现状与展望 [J]. 石油
　　钻探技术，42（3）：1-7.

陈新军，包书景，侯读杰，等，2012. 页岩气资源评价方法与关键参数探讨 [J].
　　石油勘探与开发，39（5）：566-571.

陈旭，樊隽轩，王文卉，等，2017. 黔渝地区志留系龙马溪组黑色笔石页岩的
　　阶段性渐进展布模式 [J]. 中国科学：地球科学，47（6）：720-732.

陈志鹏，梁兴，王高成，等，2015. 旋转地质导向技术在水平井中的应用及体
　　会——以昭通页岩气示范区为例 [J]. 天然气工业，35（12）：64-70.

陈志鹏，梁兴，张介辉，等，2016. 昭通国家级示范区龙马溪组页岩气储层超
　　压成因浅析 [J]. 天然气地球科学，27（3）：442-448.

陈祖庆，杨鸿飞，王静波，等，2016. 页岩气高精度三维地震勘探技术的应用
　　于探讨——以四川盆地焦石坝大型页岩气田勘探实践为例 [J]. 天然气工业，
　　36（2）：9-20.

程克明，王世谦，董大忠，等，2009. 上扬子区下寒武统筇竹寺组页岩气成藏
　　条件 [J]. 天然气工业，29（5）：40-44.

程涌，刘聪，吴伟，等，2018. 氩离子抛光—环境扫描电镜在页岩纳米孔隙
　　研究中的应用——以辽中凹陷 JX 地区沙一段为例 [J]. 电子显微学报，37
　　（1）：52-58.

崔景伟，朱如凯，崔京，2013. 页岩孔隙演化及其与残留烃量的关系：来自地
　　质过程约束下模拟实验的证据 [J]. 地质学报，87（5）：730-736.

崔青，2010. 美国页岩气压裂增产技术 [J]. 石油化工应用，29（10）：1-3.

崔思华，班凡生，袁光杰，2011. 页岩气钻完井技术现状及难点分析 [J]. 天然

气工业，31（4）：72-75.

崔永君，张庆玲，杨锡禄，2003. 不同煤的吸附性能及等量吸附热的变化规律 [J]. 天然气工业，23（4）：130-131.

崔永强，2017. 页岩气成因及页岩气工业 [C]//2017 中国地球科学联合学术年会论文集（二十）——专题 42：地幔地球化学与镁铁质—超镁铁质岩石成因，专题 43：地球化学进展.

代旭光，王猛，2017. 鄂尔多斯东南缘海陆交互相页岩储层特征及含气性 [J]. 科学技术与工程，17（15）：26-32.

丁一，李智武，冯逢，等，2013. 川中龙岗地区下侏罗统自流井组大安寨段湖相混合沉积及其致密油勘探意义 [J]. 地质论评，59（2）：389-400.

董大忠，程克明，王世谦，等，2009. 页岩气资源评价方法及其在四川盆地的应用 [J]. 天然气工业，29（5）：33-39.

董大忠，高世葵，黄金亮，等，2014. 论四川盆地页岩气资源勘探开发前景 [J]. 天然气工业，34（12）：1-15.

董大忠，王玉满，黄旭楠，等，2016a. 中国页岩气地质特征、资源评价方法及关键参数 [J]. 天然气地球科学，27（9）：1583-1601.

董大忠，王玉满，李新景，等，2016b. 中国页岩气勘探开发新突破及发展前景思考 [J]. 天然气工业，36（1）：19-32.

董大忠，邹才能，戴金星，等，2016c. 中国页岩气发展战略对策建议 [J]. 天然气地球科学，27（3）：397-406.

董大忠，邹才能，李建忠，等，2011. 页岩气资源潜力与勘探开发前景 [J]. 地质通报，31（2）：324-336.

董大忠，邹才能，杨桦，等，2012. 中国页岩气勘探开发进展与发展前景 [J]. 石油学报，33（S1）：107-114.

董建辉，2011. 水平井裸眼封隔器分段压裂技术在苏 10 区块的应用 [J]. 石油地质与工程，25（2）：103-104.

杜江民，张小莉，张帆，等，2015. 川中龙岗地区下侏罗统大安寨段沉积相分析及有利储集层预测 [J]. 古地理学报，17（4）：493-502.

樊隽轩，Melchin M J，陈旭，等，2011. 华南奥陶—志留系龙马溪组黑色笔石页岩的生物地层学 [J]. 中国科学：地球科学，42（1）：130-139.

范琳沛，李勇军，白生宝，2014. 美国 Haynesville 页岩气藏地质特征分析 [J]. 长江大学学报（自然科学版），11（2）：81-83.

方朝合，黄志龙，王巧智，等，2014. 富含气页岩储层超低含水饱和度成因及意义 [J]. 天然气地球科学，25（3）：471-476.

冯动军，胡宗全，高波，等，2016. 川东南地区五峰组—龙马溪组页岩气成藏条件分析 [J]. 地质论评，62（6）：1521-1532.

冯连勇，邢彦姣，王建良，等，2012. 美国页岩气开发中的环境与监管问题及其启示 [J]. 天然气工业，32（9）：102-105.

付小东，秦建中，腾格尔，等，2011. 烃（气）源岩矿物组成特征及油气地质意义——以中上扬子古生界海相优质烃（气）源岩为例 [J]. 石油勘探与开发，38（6）：671-684.

GB/T 31483—2015　页岩气地质评价方法 [S].

高铁宁，杨正明，李海波，等，2018. 页岩油储层纳米孔隙结构特征 [J]. 中国科技论文，13（21）：2461-2467.

高玉巧，蔡潇，张培先，等，2018. 渝东南盆缘转换带五峰组—龙马溪组页岩气储层孔隙特征与演化 [J]. 天然气工业，38（12）：15-25.

龚建明，王蛟，孙晶，等，2012. 前陆盆地——页岩气成藏的有利场所 [J]. 海洋地质前沿，28（12）：25-28.

辜涛，李明，魏周胜，等，2013. 页岩气水平井固井技术研究进展 [J]. 钻井液与完井液，30（4）：75-80.

关德师，牛嘉玉，郭丽娜，1995. 中国非常规油气地质 [M]. 北京：石油工业出版社：1-121.

管全中，董大忠，王淑芳，等，2016. 海相和陆相页岩储层微观结构差异性分析 [J]. 天然气地球科学，27（3）：524-531.

郭焦锋，高世楫，赵文智，等，2015. 我国页岩气已具备大规模商业开发条件 [J]. 新重庆（5）：21-23.

郭少斌，付娟娟，高丹，等，2015. 中国海陆交互相页岩气研究现状与展望 [J]. 石油实验地质，37（5）：535-540.

郭彤楼，李宇平，魏志红，2011. 四川盆地元坝地区自流井组页岩气成藏条件 [J]. 天然气地球科学，22（1）：1-7.

郭彤楼，刘若冰，2013. 复杂构造区高演化程度海相页岩气勘探突破的启示——以四川盆地东部盆缘 JY1 井为例 [J]. 天然气地球科学，24（4）：643-651.

郭彤楼，张汉荣，2014. 四川盆地焦石坝页岩气田形成与富集高产模式 [J]. 石油勘探与开发，41（2）：28-36.

郭旭升，2014a. 涪陵页岩气田焦石坝区块富集机理与勘探技术 [M]. 北京：科学出版社.

郭旭升，2014b. 南方海相页岩气"二元富集"规律——四川盆地及周缘龙马溪组页岩气勘探实践认识 [J]. 地质学报，88（7）：1209-1218.

郭旭升，2016a. 海相和湖相页岩气富集机理分析与思考：以四川盆地龙马溪组和自流井组大安寨段为例 [J]. 地学前缘，23（2）：018-028.

郭旭升，胡东风，李宇平，等，2017. 涪陵页岩气田富集高产主控地质因素 [J]. 石油勘探与开发，44（4）：481-491.

郭旭升，胡东风，魏祥峰，等，2016b. 四川盆地焦石坝地区页岩裂缝发育主控因素及对产能的影响 [J]. 石油与天然气地质，37（6），799-808.

郭旭升，胡东风，魏志红，等，2016c. 涪陵页岩气田的发现与勘探认识 [J]. 中国石油勘探，21（3）：24-37.

郭旭升，李宇平，刘若冰，等，2013. 四川盆地焦石坝地区龙马溪组页岩微观孔隙结构特征及其控制因素 [J]. 天然气工业，34（6）：9-16.

国际能源署，2010.2015 年前非经合组织石油需求将超过经合组织 [J]. 世界石油工业，17（5）：12-17.

国土资源部油气资源战略研究中心，等，2016. 全国页岩气资源潜力调查评价及有利区优选 [M]. 北京：科学出版社：1-201.

韩慧芬，贺秋云，王良，2017. 长宁区块页岩气井排液技术现状及攻关方向探讨 [J]. 钻采工艺，40（4）：69-71.

韩克猷，王毓俊，查全衡，2015. 川中侏罗系勘探潜力及勘探目标再认识 [J]. 石油科技论坛，34（6）：51-57.

郝建飞，周灿灿，李霞，等，2012. 页岩气地球物理测井评价综述 [J]. 地球物理学进展，27（4）：1624-1632.

何发岐，朱彤，2012. 陆相页岩气突破和建产的有利目标——以四川盆地下侏

罗统为例 [J]. 石油实验地质, 34 (3) : 246-251.

何世念, 宗刚, 王孝祥, 等, 2014. 中国页岩气商业开发驶入快车道——专家纵论中国石化涪陵页岩气大突破 [J]. 中国石化 (4) : 27-32.

何志祥, 刘洪, 2015. 川东南涪陵地区下侏罗统大安寨段储层发育特征 [J]. 重庆科技学院学报 (自然科学版) , 17 (6) : 10-13,29.

胡东风, 张汉荣, 倪楷, 等, 2014. 四川盆地东南缘海相页岩气保存条件及其主控因素 [J]. 天然气工业, 34 (6) : 17-23.

胡文海, 陈冬晴, 1995. 美国油气田分布规律和勘探经验 [M]. 北京: 石油工业出版社: 192-212.

胡永全, 林辉, 赵金洲, 等, 2004. 重复压裂技术研究 [J]. 天然气工业, 24 (3) : 72-75.

黄东, 段勇, 李育聪, 等, 2018a. 淡水湖相页岩油气有机碳含量下限研究——以四川盆地侏罗系大安寨段为例 [J]. 中国石油勘探, 23 (6) : 38-45.

黄东, 段勇, 杨光, 等, 2018b. 淡水湖相沉积区源储配置模式对致密油富集的控制作用——以四川盆地侏罗系大安寨段为例 [J]. 石油学报, 39 (5) : 518-527.

黄东, 杨跃明, 杨光, 等, 2017. 四川盆地侏罗系致密油勘探开发进展与对策 [J]. 石油实验地质, 39 (3) : 304-311.

黄金亮, 董大忠, 李建忠, 等, 2016. 陆相页岩储层特征及其影响因素: 以四川盆地上三叠统须家河组页岩为例 [J]. 地学前缘, 23 (2) : 158-166.

黄玉珍, 黄金亮, 葛春梅, 等, 2009. 技术进步是推动美国页岩气快速发展的关键 [J] . 天然气工业, 29 (5) : 7-10.

加璐, 2012. 美国页岩油气开发及对其能源外交政策的影响 [J]. 当代石油石化 (10) : 10-15.

贾爱林, 位云生, 金亦秋, 2016. 中国海相页岩气开发评价关键技术进展 [J]. 石油勘探与开发, 43 (6) : 949-955.

姜呈馥, 王香增, 张丽霞, 等, 2013. 鄂尔多斯盆地东南部延长组长 7 段陆相页岩气地质特征及勘探潜力评价 [J]. 中国地质, 40 (6) : 1880-1888.

姜瑞忠, 汪洋, 贾俊飞, 等, 2014. 页岩储层基质和裂缝渗透率新模型研究 [J]. 天然气地球科学, 25 (6) : 934-939.

姜在兴，2003. 沉积学 [M]. 北京：石油工业出版社：133-141.

蒋裕强，董大忠，漆麟，等，2010a. 页岩气储层的基本特征及其评价 [J]. 天然气工业，30（10）：7-12.

蒋裕强，漆麟，邓海波，等，2010b. 四川盆地侏罗系油气成藏条件及勘探潜力 [J]. 天然气工业，30（3）：22-26.

金裕科，1995. 影响煤层含气量若干因素初探 [J]. 天然气工业，15（5）：1-5.

靳宝军，邢景宝，郑锋辉，等，2011. 连续油管喷砂射孔环空压裂工艺在大牛地气田的应用 [J]. 钻采工艺，34（2）：39-41.

景春梅，2011. 重视全球能源安全加强国际能源合作——第二届全球智库峰会第一分论坛综述 [J]. 经济研究参考（49）：73-74.

久凯，丁文龙，黄文辉，等，2012. 渤海湾盆地济阳拗陷沙三段页岩气地质条件分析 [J]. 大庆石油学院学报，36（2）：65-81.

琚宜文，戚宇，房立志，等，2016. 中国页岩气的储层类型及其制约因素 [J]. 地球科学进展，31（8）：782-799.

科技创新导报编辑部，2014. 中国首个大型页岩气田诞生 [J]. 科技创新导报（21）：2-2.

乐园，李秀清，白蓉，等，2014. 川中公山庙油田大安寨段致密储层特征研究 [J]. 天然气勘探与开发，37（4）：7-9+13，15-16.

雷丹凤，王莉，张晓伟，等.，2014 页岩气井扩展指数递减模型研究 [J]. 断块油气田，21（1）：66-68.

李德旗，何封，欧维宇，等，2018. 页岩气水平井缝内砂塞分段工艺的增产机理 [J]. 天然气工业，38（1）：56-66.

李登华，李建忠，张斌，等，2017. 四川盆地侏罗系致密油形成条件、资源潜力与甜点区预测 [J]. 石油学报，38（7）：740-752.

李建忠，董大忠，陈更生，等，2009. 中国页岩气资源前景与战略地位 [J]. 天然气工业，29（5）：11-16.

李军龙，何宾，袁操，等，2017. 页岩气藏水平井组"工厂化"压裂模式实践与探讨 [J]. 钻采工艺，40（1）：47-52.

李鹭光，王红岩，刘合，等，2018. 天然气助力未来世界发展——第27届世界天然气大会（WGC）综述 [J]. 天然气工业，38（9）：1-9.

李梅，刘志斌，吕双，等，2013. 连续油管喷砂射孔环空分段压裂技术在苏里格气田的应用 [J]. 石油钻采工艺，35（4）：82-84.

李明，褚宗阳，2015. 黑星电磁波随钻测量仪器工作原理及现场应用 [J]. 工程技术（58）：267-267.

李荣，孟英峰，罗勇，等，2007. 页岩三轴蠕变实验及结果应用，西南石油大学学报，29（3）：57-59.

李世海，段文杰，周东，等，2016. 页岩气开发中的几个关键现代力学问题 [J]. 科学通报，61（1）：47-61.

李武广，杨胜来，2011. 页岩气开发目标区优选体系与评价方法 [J]. 天然气工业，31（4）：59-62.

李武广，钟兵，杨洪志，等，2014. 页岩储层含气性评价及影响因素分析——以长宁—威远国家级试验区为例 [J]. 天然气地球科学，25（10）：1653-1660.

李霞，周灿灿，李潮流，等，2013. 页岩气岩石物理分析技术及研究进展 [J]. 测井技术，37（4）：352-359.

李霞，周灿灿，赵杰，等，2014. 泥页岩油藏测井评价新方法——以松辽盆地古龙凹陷青山口组为例 [J]. 中国石油勘探，19（3）：57-65.

李新景，胡素云，程克明，2007. 北美裂缝性页岩气勘探开发的启示 [J]. 石油勘探与开发，34（4）：392-400.

李新景，吕宗刚，董大忠，等，2009. 北美页岩气资源形成的地质条件 [J]. 天然气工业，29（5）：27-32.

李玉宝，吕玮，2011. 水平井水力喷射分段压裂技术研究与应用 [J]. 内蒙古石油化工，37（3）：32-34.

李玉喜，聂海宽，龙鹏宇，等，2009. 我国富含有机质泥页岩发育特点与页岩气战略选区 [J]. 天然气工业，29（12）：115-118.

李玉喜，张大伟，张金川，2012. 页岩气新矿种的确立依据及其意义 [J]. 天然气工业，32（7）：93-98.

梁狄刚，冉隆辉，戴弹申，等，2011. 四川盆地中北部侏罗系大面积非常规石油勘探潜力的再认识 [J]. 石油学报，32（1）：8-17.

梁峰，王红岩，拜文华，等，2017. 川南地区五峰组—龙马溪组页岩笔石带对

比及沉积特征 [J]. 天然气工业，37（7）：20-26.

梁兴，王高成，徐政语，等. 2016 中国南方海相复杂山地页岩气储层甜点综合评价技术——以昭通国家级页岩气示范区为例 [J]. 天然气工业，36（1）：33-42.

梁兴，王高成，张介辉，等，2017. 昭通国家级示范区页岩气一体化高效开发模式及实践启示 [J]. 中国石油勘探，22（1）：29-37.

梁兴，叶熙，张朝，等，2014. 滇黔北探区 YQ1 井页岩气的发现及其意义 [J]. 西南石油大学学报（自然科学版），36（6）：1-8.

梁兴，叶熙，张介辉，等，2011. 滇黔北坳陷威信凹陷页岩气成藏条件分析与有利区优选 [J]. 石油勘探与开发，38（6）：693-699.

梁兴，朱炬辉，石孝志，等，2017. 缝内填砂暂堵分段体积压裂技术在页岩气水平井中的应用 [J]. 天然气工业，37（1）：82-89.

林腊梅，张金川，唐玄，等，2013. 中国陆相页岩气的形成条件 [J]. 天然气工业，33（1）：35-40.

刘成林，李景明，李剑，等，2004. 中国天然气资源研究 [J]. 西南石油学院学报，26（1）：9-12.

刘崇禧，1983. 我国中、新生代陆相盆地油田水文地球化学特征及与油气聚集的关系 [J]. 石油勘探与开发（2）：31,43-47.

刘乃震，王国勇，2016. 四川盆地威远区块页岩气甜点厘定与精准导向钻井 [J]. 石油勘探与开发，43（6）：978-985.

刘若冰，2015a. 中国首个大型页岩气田典型特征 [J]. 天然气地球科学，26（8）：1488-1498.

刘若冰，李宇平，王强，等，2015b. 超压对川东南地区五峰组—龙马溪组页岩储层影响分析 [J]. 沉积学报，33（4）：817-827.

刘树根，邓宾，钟勇，等，2016. 四川盆地及周缘下古生界页岩气深埋藏——强改造独特地质作用 [J]. 地学前缘，23（1）：11-28.

刘伟，2012. 多目标防碰绕障水平井井眼轨迹控制技术 [J]. 企业技术开发，31（2）：161-162.

刘伟，2015a. 四川长宁页岩气"工厂化"钻井技术探讨 [J]. 钻采工艺，38（4）：24-27.

刘伟，陶谦，丁士东，2015b. 页岩气水平井固井技术难点分析与对策 [J]. 石油钻采工艺，34（3）：40-43.

刘文平，张成林，高贵冬，等，2017. 四川盆地龙马溪组页岩孔隙度控制因素及演化规律 [J]. 石油学报，38（2）：175-184.

刘文士，廖仕孟，向启贵，等，2013. 美国页岩气压裂返排液处理技术现状及启示 [J]. 天然气工业，33（12）：158-162.

刘旭礼，2016. 页岩气水平井钻井的随钻地质导向方法 [J]. 天然气工业，36（5）：69-73.

刘友权，陈鹏飞，吴文刚，等，2015. 页岩气藏“工厂化”作业压裂液技术研究——以 CNH3 井组“工厂化”作业为例 [J]. 石油与天然气化工，44（4）：65-68.

刘振峰，曲寿利，孙建国，等，2012. 地震裂缝预测技术研究进展 [J]. 石油物探，51（2）：191-198.

刘振武，撒利明，杨晓，等，2011. 页岩气勘探开发对地球物理技术的需求 [J]. 石油地球物理勘探，46（5）：810-818.

卢炳雄，郑荣才，梁西文，等，2014. 四川盆地东部地区大安寨段页岩气（油）储层特征 [J]. 中国地质，41（4）：1387-1398.

罗晓容，雷裕红，张立宽，等，2012. 油气运移输导层研究及量化表征方法. 石油学报，33（3）：428-436.

罗佐县，杨国丰，卢雪梅，等，2015. 中国与东盟油气合作的现状及前景探析——兼论油气合作在共建海上丝绸之路中的地位 [J]. 西南石油大学学报（社会科学版），17（1）：1-8.

马超群，黄磊，范虎，等，2011. 页岩气井压裂技术及其效果评价 [J]. 石油化工应用，30（5）：1-3.

马发明，2010. 不动管柱水力喷射逐层压裂技术 [J]. 天然气工业，30（8）：25-28.

马新华，2017a. 四川盆地天然气发展进入黄金时代 [J]. 天然气工业，37（2）：1-10.

马新华，2017b. 天然气与能源革命——以川渝地区为例 [J]. 天然气工业，37（1）：1-8.

马新华，谢军，2018. 川南地区页岩气勘探开发进展及发展前景 [J]. 石油勘探与开发，45（1）：161–169.

马永生，蔡勋育，赵培荣，2018. 中国页岩气勘探开发理论认识与实践 [J]. 石油勘探与开发，45（4）：561–574.

孟凡君，2016. 页岩气开发撬动装备需求 [J]. 装备制造（11）：52–53.

倪超，郝毅，厚刚福，等，2012. 四川盆地中部侏罗系大安寨段含有机质泥质介壳灰岩储层的认识及其意义 [J]. 海相油气地质，17（2）：45–56.

倪超，杨家静，陈薇，等，2015. 致密灰岩储层特征及发育模式——以四川盆地川中地区大安寨段为例 [J]. 岩性油气藏，27（6）：38–47.

聂海宽，边瑞康，张培先，等，2014. 川东南地区下古生界页岩储层微观类型与特征及其对含气量的影响 [J]. 地学前缘，21（4）：331–343.

聂海宽，金之钧，马鑫，等，2017a. 四川盆地及邻区上奥陶统五峰组—下志留统龙马溪组底部笔石带及沉积特征 [J]. 石油学报，38（2）：160–174.

聂海宽，马鑫，余川，等，2017b. 川东下侏罗统自流井组页岩储层特征及勘探潜力评价 [J]. 石油与天然气地质，38（3）：438–447.

聂海宽，唐玄，边瑞康，2009. 页岩气成藏控制因素及中国南方页岩气发育有利区预测 [J]. 石油学报，30（4）：484–491.

聂海宽，张金川，2012. 页岩气聚集条件及含气量计算——以四川盆地及其周缘下古生界为例 [J]. 地质学报，86（2）：349–361.

潘继平，2009. 页岩气开发现状及发展前景 [J]. 国际石油经济，17（11）：12–15.

庞正炼，陶士振，张琴，等，2018. 四川盆地侏罗系致密油二次运移机制与富集主控因素 [J]. 石油学报，39（11）：1211–1222.

蒲泊伶，蒋有录，王毅，等，2010. 四川盆地下志留统龙马溪组页岩气成藏条件及有利地区分析 [J]. 石油学报（2）：225–230.

钱斌，朱炬辉，李建忠，等，2011. 连续油管喷砂射孔套管分段压裂新技术的现场应用 [J]. 天然气工业，31（5）：67–69.

秦建中，腾格尔，申宝剑，等，2015. 海相优质烃（气）源岩的超显微有机岩石学特征与岩石学组分分类 [J]. 石油实验地质，37（6）：671–680.

邱嘉文，刘树根，孙玮，等，2015. 四川盆地周缘五峰组—龙马溪组黑色页岩

微孔特征 [J]. 地质科技情报，34（2）：78-86.

邱小庆，杨文波，2015. 可钻桥塞分段压裂工艺在页岩油储层改造中的应用 [J]. 广东化工，42（6）：70-71.

任勇，钱斌，张剑，等，2015. 长宁地区龙马溪组页岩气工厂化压裂实践与认识 [J]. 石油钻采工艺（4）：96-99.

陕亮，张万益，罗晓玲，等，2013. 页岩气储层压裂改造关键技术及发展趋势 [J]. 地质科技情报（2）：156-162.

沈镭，刘立涛，2009. 中国能源政策可持续性评价与发展路径选择 [J]. 资源科学，31（8）：1264-1271.

盛贤才，王韶华，文可东，等，2004. 鄂西渝东地区石柱古隆起构造沉积演化 [J]. 海相油气地质（1）：43-52.

石香江，2013. 美国页岩气勘探开发现状及中国页岩气发展建议［J］. 现代矿业，2（2）：99-101.

舒兵，张廷山，梁兴，等，2016. 滇黔北坳陷及邻区下志留统龙马溪组页岩气储层特征 [J]. 海相油气地质，21（3）：22-28.

司马立强，李清，闫建平，等，2013. 中国与北美地区页岩气储层岩石组构差异性分析及其意义 [J]. 石油天然气学报，35（9）：29-33，58，1.

宋岩，1990. 美国天然气分布特点及非常规天然气的勘探 [J]. 天然气地球科学（1）：14-17.

孙海成，汤达祯，蒋廷学，2011. 页岩气储层裂缝系统影响产量的数值模拟研究 [J]. 石油钻探技术，39（5）：63-67.

孙晓，王树众，白玉，等，2011.VES-CO_2 清洁泡沫压裂液携砂性能实验研究 [J]. 工程热物理学报，32（9）：1524-1526.

孙赞东，贾承造，李相方，等，2011. 非常规油气勘探与开发（下）[M]. 北京：石油工业出版社：1-32.

孙致学，姚军，樊冬艳，等，2014. 基于离散裂缝模型的复杂裂缝系统水平井动态分析 [J]. 中国石油大学学报（自然科学版），38（2）：109-115.

覃一宁，2010. 美国发展新能源的政策思路、技术路径分析及对中国的借鉴启示 [R]. 美国能源部伯克利国家实验室.

谭茂金，张松扬，2010. 页岩气储层地球物理测井研究进展 [J]. 地球物理学进展，25（6）：2024-2030.

腾格尔，申宝剑，俞凌杰，等，2017. 四川盆地五峰组—龙马溪组页岩气形成
　　与聚集机理 [J]. 石油勘探与开发，44（1）：69-78.

田泽普，宋新民，王拥军，等. 考虑基质孔缝特征的湖相致密灰岩类型划
　　分——以四川盆地中部侏罗系自流井组大安寨段为例 [J]. 石油勘探与开发，
　　2017，44（2）：213-224.

汪周华，钟世超，汪轰静，2015. 页岩气新型"井工厂"开发技术研究现状及
　　发展趋势 [J]. 科学技术与工程，15（20）：163-169.

王川杰，袁续祖，高威，等，2014. 威远气田页岩气井产量递减分析方法研究
　　[J]. 天然气勘探与开发，37（1）：56-59.

王鸿祯，1982. 中国地壳构造发展的主要阶段 [J]. 地球科学（3）：155-178.

王兰生，邹春艳，郑平，等，2009. 四川盆地下古生界存在页岩气的地球化学
　　依据 [J]. 天然气工业，29（5）：59-62.

王林，马金良，苏凤瑞，等，2012. 北美页岩气工厂化压裂技术 [J]. 钻采工
　　艺，35（6）：48-50.

王琳，毛小平，何娜，2011. 页岩气开采技术 [J]. 石油与天然气化工，40
　　（5）：504-509.

王敏生，光新军，2013. 页岩气井"工厂化"开发关键技术 [J]. 钻采工艺，36
　　（5）：1-4.

王鹏万，邹辰，李娴静，等，2018. 昭通示范区页岩气富集高产的地质主控因
　　素 [J]. 石油学报，39（7）：744-753.

王社教，王兰生，黄金亮，等，2009. 上扬子地区志留系页岩气成藏条件 [J].
　　天然气工业，29（5）：45-50.

王世谦，陈更生，董大忠，等，2009. 四川盆地下古生界页岩气藏形成条件与
　　勘探前景 [J]. 天然气工业，29（5）：51-58.

王世谦，胡素云，董大忠，2012. 川东侏罗系——四川盆地亟待重视的一个致
　　密油气新领域 [J]. 天然气工业，32（12）：22-29.

王淑芳，邹才能，董大忠，等，2014. 四川盆地富有机质页岩硅质生物成因及
　　对页岩气开发的意义 [J]. 北京大学学报（自然科学版），50（3）：476-
　　486.

王香增，2014a. 陆相页岩气 [M]. 北京：石油工业出版社 :1–321.

王香增，2016a. 延长石油集团非常规天然气勘探开发进展 [J]. 石油学报，37（1）：137–144.

王香增，范柏江，2016b. 页岩气解析实验及其地质应用 [J]. 天然气地球科学，27（3）：532–538.

王香增，范柏江，张丽霞，等，2015a. 陆相页岩气的储集空间特征及赋存过程——以鄂尔多斯盆地陕北斜坡构造带延长探区延长组长 7 段为例 [J]. 石油与天然气地质，36（4）：651–658.

王香增，高潮，2014b. 鄂尔多斯盆地南部长 7 陆相泥页岩生烃过程研究 [J]. 非常规油气，1（1）：2–11.

王香增，高胜利，高潮，2014c. 鄂尔多斯盆地南部中生界陆相页岩气地质特征 [J]. 石油勘探与开发，27（3）：294–304.

王香增，刘国恒，黄志龙，等，2015b. 鄂尔多斯盆地东南部延长组长 7 段泥页岩储层特征 [J]. 天然气地球科学，26（7）：1385–1394.

王香增，任来义，2016c. 鄂尔多斯盆地延长探区油气勘探理论与实践进展 [J]. 石油学报，37（增刊 1）：79–86.

王香增，张金川，曹金舟，等，2012. 陆相页岩气资源评价初探：以延长直罗—下寺湾区中生界长 7 段为例 [J]. 地学前缘，19（2）：192–197.

王香增，张丽霞，高潮，2016d. 鄂尔多斯盆地下寺湾地区延长组页岩气储层非均质性特征 [J]. 地学前缘，12（1）：134–145.

王香增，张丽霞，李宗田，等，2016e. 鄂尔多斯盆地延长组陆相页岩孔隙类型划分方案及其油气地质意义 [J]. 石油与天然气地质，37（1）：1–7.

王香增，周进松，2017. 鄂尔多斯盆地东南部下二叠统山西组二段物源体系及沉积演化模式 [J]. 天然气工业，37（11）：9–17.

王晓琦，翟增强，金旭，等，2015. 页岩气及其吸附与扩散的研究进展 [J]. 化工学报，66（8）：2838–2845.

王晓易，2013. 美媒：美国"页岩革命"或影响中国经济 [N]. 新华网，http：//money.163.com/2013/0309/09/8PGVOVSB00253B0H.html.

王玉满，董大忠，程相志，等，2014a. 海相页岩有机质碳化的电性证据及其地质意义——以四川盆地南部地区下寒武统筇竹寺组页岩为例 [J]. 天然气工业，34（8）：1-7.

王玉满，董大忠，李建忠，等，2012. 川南下志留统龙马溪组页岩气储层特征
　　[J]. 石油学报，33（4）：551-561.

王玉满，董大忠，李新景，等，2015a. 四川盆地及其周缘下志留统龙马溪组层
　　序与沉积特征 [J]. 天然气工业，35（3）：12-21.

王玉满，董大忠，杨桦，等，2014b. 川南下志留统龙马溪组页岩储集空间定
　　量表征 [J]. 中国科学：地球科学，44（6）：1348-1356.

王玉满，黄金亮，李新景，等，2015b. 四川盆地下志留统龙马溪组页岩裂缝
　　孔隙定量表征 [J]. 天然气工业，35（9）：8-15.

王玉满，李新景，陈波，等，2018. 海相页岩有机质炭化的热成熟度下限及勘
　　探风险 [J]. 石油勘探与开发，45（3）：385-395.

王震，2016. 中国能源清洁低碳化利用的战略选择 [J]. 人民论坛·学术前沿
　　（23）：86-93.

王正普，张荫本，1986. 志留系暗色泥质岩中的溶孔 [J]. 天然气工业，6
　　（2）：117-119.

王志刚，2014. 涪陵焦石坝地区页岩气水平井压裂改造实践与认识 [J]. 石油与
　　天然气地质，35（3）：425-430.

王志刚，2015. 涪陵页岩气勘探开发重大突破与启示 [J]. 石油与天然气地质，
　　36（1）：1-6.

王中鹏，张金川，孙睿，2015. 西页 I 井龙潭组海陆过渡相页岩含气性分析 [J].
　　地学前缘，22（2）：243-250.

蔚远江，2015. 藏北羌塘盆地海相泥页岩地质特征及页岩气资源潜力研究 [D]//
　　中国石油勘探开发研究院博士后研究成果论文集（1995—2015）[M]. 北
　　京：石油工业出版社：51-72.

魏祥峰，黄静，李宇平，等，2014. 元坝地区大安寨段陆相页岩气富集高产主
　　控因素 [J]. 中国地质，41（3）：970-981.

魏志红，魏祥峰，2013. 页岩不同类型孔隙的含气性差异——以四川盆地焦石
　　坝地区五峰组—龙马溪组为例 [J]. 天然气工业，34（6）：37-41.

文乾彬，杨虎，孙维国，等，2015. 昌吉致密油"井工厂"丛式水平井防碰分
　　析 [J]. 西部探矿工程，27（7）：87-90.

吴金桥，王香增，高瑞民，等，2014. 新型 CO_2 清洁泡沫压裂液性能研究 [J].
    应用化工，43（1）：16-19.

吴克柳，陈掌星，2016. 页岩气纳米孔气体传输综述 [J]. 石油科学通报，1
    （1）：91-127.

吴克柳，李相方，陈掌星，2015. 页岩气纳米孔气体传输模型 [J]. 石油学报，
    36（7）:837-848,889.

吴奇，梁兴，鲜成钢，等，2015. 地质—工程一体化高效开发中国南方海相页
    岩气 [J]. 中国石油勘探，20（4）：1-23.

吴伟，罗超，张鉴，等，2016. 油型气乙烷碳同位素演化规律与成因 [J]. 石油
    学报，37（12）：1463 1471.

吴伟，谢军，石学文，等，2009. 川东北巫溪地区五峰组—龙马溪组页岩气成
    藏条件与勘探前景 [J]. 天然气地球科学，28（5）：734-743.

吴宗国，梁兴，董健毅，等，2017. 三维地质导向在地质工程一体化实践中的
    应用 [J]. 中国石油勘探（1）：89-98.

伍坤宇，张廷山，杨洋，等，2016. 昭通示范区黄金坝气田五峰组—龙马溪组
    页岩气储层地质特征 [J]. 中国地质（1）：275-287.

鲜成钢，张介辉，陈欣，等，2017. 地质力学在地质工程一体化中的应用 [J].
    中国石油勘探，22（1）：75-88.

肖波，尹诗溢，2015. 页岩气平台工厂化批量作业模式在威远区块的应用与实
    践 [J]. 石化技术，22（10）：127-128.

肖继林，魏祥峰，李海军，2018. 涪陵海相页岩气和元坝—兴隆场湖相页岩气
    富集条件差异性分析 [J]. 天然气勘探与开发，41（4）：8-17.

谢军，2014. 长宁—威远国家级页岩气示范区建设实践与成效 [J]. 天然气工
    业，38（2）：1-7.

谢军，2017a. 关键技术进步促进页岩气产业快速发展——以长宁—威远国家级
    页岩气示范区为例 [J]. 天然气工业，37（12）：1-10.

谢军，赵圣贤，石学文，等，2017b. 四川盆地页岩气水平井高产的地质主控
    因素 [J]. 地质勘探，37（3）：1-12.

谢世清，2011. 美国新能源安全规划及对我国的启示 [J]. 宏观经济管理
    （10）：68-72.

熊钰，熊万里，刘启国，等，2015. 考虑吸附相体积的页岩气储量计算方法 [J]. 地质科技情报，34（4）：139-143.

徐向华，王健，李茗，等，2014.Appalachian 盆地页岩油气勘探开发潜力评价 [J]. 资源与产业，16（6）：62-70.

徐政语，梁兴，蒋恕，等，2017a. 南方海相页岩气甜点控因分析 [C]// 中国石油学会天然气专业委员会年全国天然气学术年会论文集.

徐政语，梁兴，王维旭，等，2016. 上扬子区页岩气甜点分布控制因素探讨——以上奥陶统五峰组—下志留统龙马溪组为例 [J]. 天然气工业，36（9）：35-43.

徐政语，梁兴，王希友，等，2017b. 四川盆地罗场向斜黄金坝建产区五峰组—龙马溪组页岩气藏特征 [J]. 石油与天然气地质，38（1）：132-143.

徐政语，姚根顺，梁兴，等，2015. 扬子陆块下古生界页岩气保存条件分析 [J]. 石油实验地质（4）：407-417.

阎存章，董大忠，程克明，等，2009. 页岩气地质与勘探开发实践丛书·北美地区页岩气勘探开发新进展 [M]. 北京：石油工业出版社：1-271.

颜磊，刘立宏，李永明，等，2010. 水平井重复压裂技术在美国巴肯油田的成功应用 [J]. 石油石化节能，26（12）：21-25.

杨峰，宁正福，胡昌蓬，等，2013. 页岩储层微观孔隙结构特征 [J]. 石油学报，34（2）：301-311.

杨光，黄东，黄平辉，等，2017. 四川盆地中部侏罗系大安寨段致密油高产稳产主控因素 [J]. 石油勘探与开发，44（5）：817-826.

杨洪志，张小涛，陈满，等，2016. 四川盆地长宁区块页岩气水平井地质目标关键技术参数优化 [J]. 天然气工业，36（8）：60-65.

杨全枝，杜燕，于小龙，等，2016. 鄂尔多斯盆地陆相页岩气中生界储层井壁坍塌压力研究 [J]. 天然气地球科学，27（3）：561-565.

杨毅，刘俊辰，曾波，等，2017. 页岩气井套变段体积压裂技术应用及优选 [J]. 石油机械，45（12）：82-87.

杨跃明，杨家静，杨光，等，2016. 四川盆地中部地区侏罗系致密油研究新进展 [J]. 石油勘探与开发，43（6）：873-882.

杨泽伟，2008. 中国能源安全问题：挑战与应对 [J]. 世界经济与政治（8）：

52-60.

杨智，侯连华，陶士振，等，2015. 致密油与页岩油形成条件与甜点区评价 [J]. 石油勘探与开发，42（5）：555-565.

姚健欢，姚猛，赵超，等，2014. 新型"井工厂"技术开发页岩气优势探讨 [J]. 天然气与石油，32（5）：52-54.

姚猛，胡嘉，李勇，等，2014. 页岩气藏生产井产量递减规律研究 [J]. 天然气与石油，32（1）：63-66.

伊恩·布雷默，戴维·戈登, 2013. 奥巴马的两个重要的外交政策机遇 [OL/EB]. 美国纽约时报网站，2013-02-25.

殷晟，2014. 川南地区页岩气水平井井眼轨迹优化设计研究 [D]. 成都：西南石油大学：33-67.

于炳松，2013. 页岩气储层孔隙分类与表征 [J]. 地学前缘，20（4）：211-220.

于晓，2017. 推进"能源革命"需要深化供给侧结构性改革 [J]. 能源研究与利用（2）：75-79.

袁进平，于永金，刘硕琼，等，2016. 威远区块页岩气水平井固井技术难点及其对策 [J]. 天然气工业，36（3）：55-62.

袁俊亮，邓金根，张定，等，2013. 页岩气储层可压裂性评价技术 [J]. 石油学报，34（3）：523-527.

张爱云，武大茂，郭丽娜，等，1987. 海相黑色页岩建造地球化学与成矿意义 [M]. 北京：中国科学出版社：1-19,72-81.

张斌，胡健，杨家静，等，2015. 烃源岩对致密油分布的控制作用——以四川盆地大安寨为例 [J]. 矿物岩石地球化学通报，34（1）：45-54，42.

张大伟，2010. 加速我国页岩气资源调查和勘探开发战略构想 [J]. 石油与天然气地质，31（2）：135-139.

张大伟，2011a. 加快中国页岩气勘探开发和利用的主要路径 [J]. 天然气工业，31（5）：1-5.

张大伟，2011b. 加强中国页岩气资源管理的思想框架 [J]. 天然气工业，31（12）：115-118.

张大伟，2012a.《页岩气发展规划（2011—2015 年）》解读 [J]. 天然气工业，33（4）：6-8.

张大伟，2013. 中国页岩气勘探开发与对外合作现状 [J]. 国际石油经济（7）：47-52,111-112.

张大伟，李玉喜.2014.《页岩气资源/储量计算与评价技术规范》解读 [N]. 中国矿业报，2014-06-12（A06）.

张大伟，李玉喜，张金川，等，2012b. 全国页岩气资源潜力调查评价 [M]. 北京：地质出版社.

张德军，2015. 页岩气水平井地质导向钻井技术及其应用 [J]. 钻采工艺，38（4）：7-10.

张迪，2015. 水平井地质导向技术在四川威远 204 井区页岩气开发中的应用 [J]. 石油地质与工程，29（6）：111-114.

张国伟，郭安林，王岳军，等，2013. 中国华南大陆构造与问题 [J]. 中国科学：地球科学，43（10）：1553-1582.

张佳兴，2018. 中国石化国内首推"绿色企业行动计划"[J]. 能源研究与利用，181（3）：6-7.

张鉴，王兰生，杨跃明，等，2016. 四川盆地海相页岩气选区评价方法建立及应用 [J]. 天然气地球科学，27（3）：433-441.

张金成，艾军，臧艳彬，2016. 涪陵页岩气田"井工厂"技术 [J]. 石油钻探技术，44（3）：2-8.

张金川，姜生玲，唐玄，等，2009. 我国页岩气富集类型及资源特点 [J]. 天然气工业，29（12）：109-114.

张金川，金之钧，袁明生，2004. 页岩气成藏机理和分布 [J]. 天然气工业，24（7）：15-18，131-132.

张金川，聂海宽，徐波，等，2008a. 四川盆地页岩气成藏地质条件，天然气工业，28（2）：151-156.

张金川，汪宗余，聂海宽，等，2008b. 页岩气及其勘探研究意义 [J]. 现代地质，22（4）：640-644.

张金川，薛会，卞昌蓉，等，2006. 中国非常规天然气勘探雏议 [J]. 天然气工业，26（12）：53-56.

张军涛，孙晓，吴金桥，2018. CO_2 干法压裂新技术在页岩气藏的应用实践 [J].

非常规油气，5（5）：87-90.

张抗，周芳，2011. 美国石油进口依存度和来源构成变化及启示 [J]. 中外能源，16（2）：8-16.

张烈辉，陈果，赵玉龙，等，2013. 改进的页岩气藏物质平衡方程及储量计算方法 [J]. 天然气工业，33（12）：66-70.

张茉楠，2012. 美国"能源独立"战略及影响分析 [J]. 中外能源，17（6）：8-12.

张巍，关平，韩定坤，等，2013. 川东北地区三叠侏罗系陆相烃源岩评价及油源对比 [J]. 北京大学学报（自然科学版），49（5）：826-838.

张闻林，周肖，严玉霞，等，2012. 川中地区侏罗系适合页岩油气藏开采的地质依据 [J]. 天然气工业，32（8）：117-124.

张小涛，陈满，蒋鑫，等，2016. 页岩气井产能评价方法研究 [J]. 天然气地球科学，27（3）：549-553.

张雪球，姜鑫民，2013. 美国页岩气产业发展的做法与经验对我国的启示 [J]. 中国能源，35（1）：17-19.

张义刚，1982. 多种天然气资源的勘探 [J]. 石油实验地质，4（2）：93-96.

赵常青，谭宾，曾凡坤，等 .，2014 长宁—威远页岩气示范区水平井固井技术 [J]. 断块油气田，21（2）：256-258.

赵圣贤，杨跃明，张鉴，等 . 四川盆地下志留统龙马溪组页岩小层划分与储层精细对比 [J]. 天然气地球科学，2016，27（3）：470-487.

赵文智，李建忠，杨涛，等，2016. 中国南方海相页岩气成藏差异性比较与意义 [J]. 石油勘探与开发，43（4）：499-510.

郑和荣，高波，彭勇民，等，2013. 中上扬子地区下志留统沉积演化与页岩气勘探方向 [J]. 古地理学报，15（5）：645-656.

郑荣才，何龙，梁西文，等，2013. 川东地区下侏罗统大安寨段页岩气（油）成藏条件 [J]. 天然气工业，33（12）：30-40.

郑淑蕙，侯发高，倪葆龄，1983. 我国大气降水的氢氧稳定同位素研究 [J]. 科学通报，28（13）：801-801.

郑为，洪毅，张阳波，等，2016. 水力喷射分段压裂技术及现场应用 [J]. 当代化工，45（8）：1791-1793.

钟光海，谢冰，周肖，2015. 页岩气测井评价方法研究——以四川盆地蜀南地区为例 [J]. 岩性油气藏，27（4）：96−102.

周德华，焦方正，2012. 页岩气"甜点"评价与预测−以四川盆地建南地区侏罗系为例 [J]. 石油实验地质，34（2）：109−114.

周德华，焦方正，郭旭升，等，2013a. 川东北元坝区块中下侏罗统页岩油气地质分析 [J]. 石油实验地质，35（6）：596−600,656.

周德华，焦方正，郭旭升，等，2013b. 川东南涪陵地区下侏罗统页岩油气地质特征 [J]. 石油与天然气地质，34（4）：450−454.

周琪，2012. 美国能源安全政策与美国对外战略 [M]. 北京：中国社会科学出版社.

周文，徐浩，邓虎成，等，2016. 四川盆地陆相富有机质层段剖面结构划分及特征 [J]. 岩性油气藏，28（6）：1−8.

周文，闫长辉，等，2007. 油气藏现今地应力场评价方法及应用 [M]. 北京：地质出版社.

周贤海，2013. 涪陵焦石坝区块页岩气水平井钻井完井技术 [J]. 石油钻探技术，41（5）：26−30.

周贤海，臧艳彬，2015. 涪陵地区页岩气山地"井工厂"钻井技术 [J]. 石油钻探技术，43（3）：45−49.

周正武，董振国，吴德，2018. 地质工程一体化和旋转导向钻井在页岩气勘探的实践 [C]// 中国煤炭学会钻探工程专业委员会，2018 年钻探工程学术研讨会论文集.

朱华，姜文利，边瑞康，等，2009. 页岩气资源评价方法体系及其应用——以川西坳陷为例. 天然气工业，29（12）：130−134.

朱彤，包书景，王烽，2012. 四川盆地陆相页岩气形成条件及勘探开发前景 [J]. 天然气工业，32（9）：16−21，126−127.

朱彤，胡宗全，刘忠宝，等，2018. 四川盆地湖相页岩气源−储配置类型及评价 [J]. 石油与天然气地质，39（6）：1146−1153.

邹才能，等，2014a. 非常规油气地质学 [M]. 北京：地质出版社：1−303.

邹才能，董大忠，王社教，等，2010a. 中国页岩气形成机理、地质特征及资源潜力 [J]. 石油勘探与开发，37（6）：641−653.

邹才能，董大忠，王玉满，等，2015a. 中国页岩气特征、挑战及前景（一）[J]. 石油勘探与开发，42（6）：689–701.

邹才能，董大忠，王玉满，等，2016. 中国页岩气特征、挑战及前景（二）[J]. 石油勘探与开发，43（2）：166–178.

邹才能，董大忠，杨桦，等，2011a. 中国页岩气形成条件及勘探实践 [J]. 天然气工业，31（12）：26–39.

邹才能，陶士振，侯连华，等，2011b. 非常规油气地质 [M]. 北京：地质出版社：128–150.

邹才能，杨智，崔景伟，2013. 页岩油形成机制、地质特征及发展对策 [J]. 石油勘探与开发，40（1）：14–26.

邹才能，杨智，陶士振，等，2012a. 纳米油气与源储共生型油气聚集 . 石油勘探与开发，39（1）：13–26.

邹才能，杨智，张国生，等，2014b. 常规—非常规油气"有序聚集"理论认识及实践意义 [J]. 石油勘探与开发，41（1）：14–27.

邹才能，杨智，朱如凯，等，2015b. 中国非常规油气勘探开发与理论技术进展 [J]. 地质学报，89（6）：979–1007.

邹才能，张光亚，陶士振，等，2010b. 全球油气勘探领域地质特征、重大发现及非常规石油地质 . 石油勘探与开发，37（2）：129–145.

邹才能，朱如凯，白斌，等，2011c. 中国油气储层中纳米孔首次发现及其科学价值 [J]. 岩石学报，27（6）：1857–1864.

邹才能，朱如凯，吴松涛，等，2012b. 常规与页岩油气聚集类型、特征、机理与展望 [J]. 石油学报，33（2）：173–187.

American Association of Petroleum Geologists（AAPG），2011. Unconventional Energy Resources：2011 Review.Natural Resources Research，20（4）：279–238.

Balashov V N，Engelder T，Gu X，et al，2015.A Model Describing Flowback Chemistry Changes with Time after Marcellus Shale Hydraulic Fracturing[J]. AAPG Bulleting，99：143–154.

Boyer，Chuck，et al，2011.Shale Gas：A Global Resource[J].Oilfield Review，23（3）：28–39.

Catalan.An Experimental Study of Secondary Oil Migration[J].AAPG Bulletin，
　　1992，76（5）：638—650.

Chalmers G R，Bustin R M，2008a. Lower Cretaceous Gas Shales in
　　Northeastern British Columbia，Part I：Geological Controls on Methane
　　Sorption Capacity[J].Bulletin of Canadian Petroleum Geology，56（1）：
　　1—21.

Chalmers G R，Bustin R M，Power I M，2012.Characterization of Gas Shale
　　Pore Systems by Porosimetry，Pycnometry，Surface Area，and Field
　　Emission Scanning Electron Microscopy/transmission Electron Microscopy
　　Image Analyses：Examples from the Barnett，Woodford，Haynesville，
　　Marcellus，and Doig units Characterization of Gas Shale Pore Systems[J].
　　AAPG Bulletin，96（6）：1099—1119.

Chalmers G R，Bustin R M，2008b.Lower Cretaceous Gas Shales of
　　Northeastem British Columbia：Geological Controls on Gas Capacity and
　　Regional Evaluation of a Potential Resource[J].AAPG Annual Convention.San
　　Antonio，Rexas：AAPG.

Chen Z，Shi L，Xiang D，2017.Mechanism of Casing Deformation in
　　the Changning—Weiyuan National Shale Gas Demonstration Area and
　　Countermeasures[J].Natural Gas Industry B，4：1—6.

Christopher M Princel，Deborah Deibler Steele，Charles A Devier，2009.
　　Permeability Estimation in Tight Gas Sands and Shales using NMR — A New
　　Interpretive Methodology.AAPG Intemational Conference and Exhibition，Rio
　　de Janeiro，Brazil，12：15—18.

Clarkson，Christopher R，et al,2013.Pore Structure Characterization of North
　　American Shale Gas Reservoirs using USANS/SANS，Gas Adsorption，and
　　Mercury Intrusion[J].Fuel（103）：606—616.

Credoz A，Bildstein O，Jullien M，et al，2009.Experimental and Modeling
　　Study of Geochemical Reactivity between Clayey Caprocks and CO_2 in
　　Geological Storage Conditions[J].Energy Procedia，1（1）：3445—3452.

Curtis J B，2002.Fractured Shale—gas Systems[J].AAPG，86（11）：1921—

1938.

Curtis M E, Ambrose R J, Sondergeld C H, et al,2014.Investigation of the Relationship between Organic Porosity and Thermal Maturity in the Marcellus Shale[R]. SPE 144370.

Dai J, Yu C, Huang S, et al,2014.Geological and Geochemical Characteristics of Large Gas Fields in China[J].Petrol. Exp. Dev.,41（1）: 1-13.

Dai Jinxing, Zou Caineng, Liao Shimeng, et al, 2014.Geochemistry of the Extremely High Thermal Maturity Longmaxi Shale Gas, Southern Sichuan Basin[J].Organic Geochemistry, 74: 3-12.

Dan B, SimonH, Jennifer M, et al, 2010.Petro-physical Evaluation for Enhancing Hydraulic Stimulation in Horizontal Shale Gas Wells[R].SPE 132990.

Daniel M Jarvie, Ronald J Hill, Tim E Ruble, et al, 2008.Unconventional Shale—gas Systems: The Mississippian Bamett Shale of North-Central Texas as one Model for Thermogenic Shale—gas Assessment[J].AAPC Bulletin, 92 （8）: 1164-1180.

Darishchev, Alexander, Pierre Lemouzy, Patrick Rouvroy, 2013.On Simulation of Flow in Tight and Shale Gas Reservoirs[R].SPE Unconventional Gas Conference and Exhibition.

Dembicki, 1989.Secondary Migration of Oil[J].AAPG Bulletin, 73（8）: 1018-1021.

Deutch J, 2011.The Good News About Gas: the Natural Gas Revolution and its Consequences[J].Foreign Affairs, 9（1）: 82-93.

Ding Wenlong, Zhu Dingwei, Cai Junjie, et al,2013.Analysis of the Developmental Characteristics and Major Regulating Factors of Fractures in Marine—continental Transitional Shale Gas Reservoirs: A Case Study of the Carboniferous—Permian Strata in the Southeastern Ordos Basin, Central China[J]. Marine and Petroleum Geology, 45（8）:121-133.

Du W, Jiang Z, Zhang Y, et al, 2013.Sequence Stratigraphy and

Sedimentary Facies in the Lower Member of the Permian Shanxi Formation, Northeastern Ordos Basin, China[J].Journal of Earth Science, 24: 75-88.

Elgmati M M, Zhang H, Bai B, et al, 2011.Submicron-pore Characterization of Shale Gas Plays[R]// North American Unconventional Gas Conference and Exhibition.Society of Petroleum Engineers.

Engelder T, Cathles L M, Bryndzia L T, 2014.The Fate of Residual Treatment Water in Gas Shale[J].Journal of Unconventional Oil and Gas Resources, 7: 33-48.

Fang Chaohe, Huang Zhilong, Wang Qiaozhi, et al, 2014.Cause and Significance of the Ultra-low Water Saturation in Gas-enriched Shale Reservoir[J].Natural Gas Geoscience, 25（3）: 471-476.

Ferrer I, Thurman, E M, 2015.Chemical Constituents and Analytical Approaches Forhydraulic Fracturing Waters[J].Trends in Environmental Analytical Chemistry, 5, 18-25.

Foster S, Garduno H, Kemper K, et al, 2006.Groundwater Quality Protection: Defining Strategy and Setting Priorities[R].Briefing Note Series 8.World Bank, Washington, DC.

Ghanbari E, Abbasi M A, Dehghanpour H, et al, 2013.Flowback Volumetric and Chemical Analysis for Evaluating Load Recovery and its Impact on Early-time Production[C].SPE 167165-MS: 21-37.

Ghanbari E, Gehghanpour H, 2015.Impact of Rock Fabric on Water Imbibition and Salt Diffusion in Gas Shales[J].International Journal of Coal Geology, 138（6）: 55-67.

Gherardi F, Audigane P, Gaucher E C, 2012.Predicting Long-term Geochemical Alteration of Wellbore Cement in a Generic Geological CO_2 Confinement site: Tackling a Difficult Reactive Transport Modeling Challenge[J].Journal of hydrology, 420: 340-359.

Griffiths C M, Dyt C, Paraschivoiu E, et al, 2001.Sedsim in Hydrocarbon Exploration[C]// Katsube T J, Issler D R, 1993.Pore-size Distributions of Shales from the Beaufort-Mackenzie Basin, Northern Canada.Ottawa,

Ontario：Geological Survey of Canada.

Guo T, 2015.The Fuling Shale Gas Field—A Highly Productive Silurian Gas Shale with High Thermal Maturity and Complex Evolution History, Southeastern Sichuan Basin, China[J].Interpretation, 3（2）：1-10.

Guo Z, Li X, Chapman M, 2012.A Shale Rock Physics Model and its Application in the Prediction of Brittleness Index, Mineralogy, and Porosity of the Barnett Shale[R].SEG Technical Program Expanded Abstracts.

Gürcan Gülen John Browning, Svetlana Ikonnikova, et al, 2013.Barnett Shale Production Outlook[R].SPE 165585-PA.

Hackley P C, Fishman N, Wu T, et al, 2016.Organic Petrology and Geochemistry of Mudrocks from the Lacustrine Lucaogou Formation, Santanghu Basin, Northwest China：Application to Lake Basin Evolution[J]. International Journal of Coal Geology, 168：20-34.

Hammes U, Hamlin H S, Ewing T E, 2011.Geologic Analysis of the Upper Jurassic Haynesville Shale in East Texas and West Louisiana[J].AAPG Bulletin, 95（10）：1643-1666.

Han Huifen, He Qiuyun ,Wang Liang, 2017.The Current Situation of Flowback Technology and its Further Development Research for Shale-gas Wells in Changning Block[J].Drilling & Production Technology, 40（4）：69-71.

Harris K T, et al, 2009.Geopolitics of Oil[M].New York：Nova Science Publishers：58-59.

He C, Li M, Liu W S, et al, 2014.Kinetics and Equilibrium of Barium and Strontium Sulfate Formation in Marcellus Shale Flowback Water[J].Journal of Environmental Engineering, 140（5）：244-248.

Henry D G, Jarvis I, Gillmore G, et al, 2018.Assessing Low-maturity Organic Matter in Shales using Raman Spectroscopy：Effects of Sample Preparation and Operating Procedure[J].International Journal of Coal Geology, 191：135-151.

Hill D G, Lombardi T E,2004.Fractured Gas Shale Potential in New York[M]. Colorado：Arvada.

Hill D G, Nelson C R, 2002.Reservoir Properties of the Upper Cretaceous Lewis Shale, a New Natural Gas Play in the San luan Basin[J].AAPC Bulletin, 84（8）: 1240.

Holger Rogner , 1997.An Assessment of World Hydrocarbon Resources [J]. Annual Review of Energy and the Environment, 22: 217-262.

Houben M E, Desbois G, Urai J L, 2013.Pore Morphology and Distribution in the Shaly Facies of Opalinus Clay（Mont Terri, Switzerland）: Insights from Representative 2D BIB-SEM Investigations on mm to nm Scale[J].Applied Clay Science, 71: 82-97.

Huang Dong, Yang Yueming, Yang Guang, et al, 2017.Countermeasure and Progress of Exploration and Development of Jurassic Tight Oil in the Sichuan Basin [J].Petroleum Geology & Experiment, 39（3）: 304-311.

Huang Jinliang, Dong Dazhong, Li Jianzhong, et al,2016.Reservoir Characteristics and its Influence on Continental Shale: An Example from Triassic Xujiahe Formation Shale, Sichuan Basin[J]. Natural Gas Geoscience, 27（9）: 1611-1618,1708.

Huang X, Dyt C, Griffiths C, et al, 2012.Numerical Forward Modelling of "Fluxoturbidite" Flume Experiments Using Sedsim[J].Marine and Petroleum Geology, 35: 190-200.

Ingemar Wadso, Robert N, Goldber G, 2001.Standards in Isothermal Microcalorimetry[J].Pure and Applied Chemistry, 73（10）: 1625-1639.

IOM, 2010.Disaster Risk Reduction, Climate Change Adaptation and Environmental Migration: A Policy Perspective[R].International Organization for Migration, Geneva.

Jarvie D M,2012a.Shale Resource Systems for Oil and Gas: Part 2-Shale-Oil Resource Systems [R].AAPG Memoir 97.Houston: 89-119.

Jarvie D M, Hill R J, Pollastro R M, et al, 2003.Evaluation of Unconventional Natural Gas Prospects, the Barnett Shale: Fractured Shale Gas Model[R]. Krakow, Poland: The 21st International Meeting on Organic Geochemistry.

Jarvie D M, Jarvie B M, Weldon D, et al, 2012b.Components and

Processes Impacting Production Success from Unconventional Shale Resource Systems[C].Manama, Bahrain: 10th Middle East Geosciences Conference and Exhibition.

Jarvie D, 2004.Evaluation of Hydrocarbon Generation and Storage in Barnett Shale, Fort Worth Basin, Texas[R].Austin, Texas: The University of Texas at Austin.

Jia Chengye, Jia Ailin, He Dongbo, et al, 2017.Key Factors Influencing Shale Gas Horizontal Well Production[J].Natural Gas Industry, 37（4）: 80－88.

Jiang Yuqiang, Qi Lin, Deng Haibo, et al, 2010.Hydrocarbon Accumulation Conditions and Exploration Potentials of the Jurassic Reservoirs in the Sichuan Basin[J].Natural Gas Industry, 30（3）: 22－26.

John S Webb, Michael Thompson,1977.Analytical Requirements in Exploration Geochemistry[J].Pure & Chem., 49: 1507－1518.

Jones G D, Xiao Y, 2005.Dolomitization, Anhydrite Cementation, and Porosity Evolution in a Reflux System: Insights from Reactive Transport Models[J].AAPG Bulletin, 89: 577－601.

Karen Sullivan Glaser, Camron K Miller, Greg M Johnson, et al, 2014. Seeking the Sweet Spot Reservoir and Completion Quality in Organic Shales, Oilfield Review, 25（4）: 16－29.

Kondash A J, Albright E, Vengosh A, 2017.Quantity of Flowback and Produced Waters from Unconventional Oil and Gas Exploration[J].Science of the Total Environment, 574: 314－321.

Kondo S, Islukawa T, Abe L, 2001.Adsorption Science[M].Beijing: Chemical Industry Press: 31－111.

Li Y, Cao D, Wu P, et al, 2017a.Variation in Maceral Composition and Gas Content with Vitrinite Reflectance in Bituminous Coal of the Eastern Ordos Basin, China[J].Journal of Petroleum Science and Engineering, 149: 114－125.

Li Y, Tang D, Wu P, et al,2016a.Continuous Unconventional Natural Gas

Accumulations of Carboniferous—Permian Coal—bearing Strata in the Linxing Area, Northeastern Ordos Basin, China[J].J. Nat. Gas Sci. Eng .,36: 314—327.

Li Y, Tang D, Wu P, et al, 2016b.Continuous Unconventional Natural Gas Accumulations of Carboniferous—Permian Coal—bearing Strata in the Linxing Area, Northeastern Ordos Basin, China[J].Journal of Natural Gas Science and Engineering, 36, 314—327.

Li Y, Tang D, Xu H, et al, 2015. Geological and Hydrological Controls on Water co—produced with Coalbed Methane in Liulin, Eastern Ordos Basin, China[J].AAPG Bulletin, 99（2）: 207—229.

Li Yiman, Huang Tianming, Pang Zhonghe, et al, 2017b.Geochemical Processes during Hydraulic Fracturing: a Water—rock Interaction Experiment and Field Test Study[J].Geosciences Journal, 21（5）: 753—763.

Likeleli Seitlheko, 2016.Characterizing Production in the Barnett Shale Resource: Essays on Efficiency, Operator Effects and Well Decline [D]. Houston, Texas, Scholarship rice edu., Rice University.

Liu Chongxi, 1983.Geochemical Characteristics of Oil Field Water and their Relation with Oil and Gas Accumulation in Mesozoic——Cenozoic Basins of China[J].Petroleum Exploration and Development（2）: 31,43—47.

Liu K Y, Eadington P J, Kennard J M, et al, 2003a.Oil Migration in the Vulcan Sub—basin, Timor Sea, Investigated using GOI and FIS Data[C]. Proceedings of Timor Sea Symposium: 333—351.

Liu K Y, Eadington P, 2003b.A New Method for Identifying Secondary Oil Migration Pathways[J].Journal of Geochemical Exploration: 78—79,389,394.

Liu K Y, Pang X Q, Jiang Z X, et al, 2006.Quantitative Estimate of Residual or Palaeo—oil Column Height[J].Journal of Geochemical Exploration, 89: 239—242.

Liu Wenshi, Liao Shimeng, Xiang Qigui, et al, 2013a.Status quo of Fracturing Flowback Fluids Treatment Technologies of US Shale Gas Wells and its Enlightenment for China[J].Natural Gas Industry, 33（12）: 158—162.

Liu Z, Sun S, Sun Y, et al, 2013b.Formation Evaluation and Rock Physics

Analysis for Shale Gas Reservoir: a Case Study from China South[C].EAGE Annual Meeting Expanded Abstracts.

Loucks R G, Reed R M, Ruppel S C, et al, 2012.Spectrum of Pore Types and Networks in Mudrocks and a Descriptive Classification for Matrix—related Mudrock Pores[J].AAPG Bulletin, 96（6）: 1071—1098.

Lu J, Darvari R, Nicot J P, et al, 2017.Geochemical Impact of Injection of Eagle Ford Brine on Hosston Sandstone Formation—Observations of Autoclave Water—rock Interaction Experiments[J].Applied Geochemistry, 84: 26—40.

Manger K C, Curtis J B, 1991.Ceological Influences on Location and Production of Antrim Shale Gas[J].Devonian Gas Shales Technology Review （GRI）, 7（2）: 5—16.

Mcgregor R Crooks, et al, 2013—05—06.Obama Backs Rise in US Gas Exports: New Weapon in National Security Arsenal[EB/OL].Financial Times.

Milliken K L, Ko L T, Pommer M, et al, 2014.Sem Petrography of Eastern Mediterranean Sapropels: Analogue Data For Assessing Organic Matter in Oil and Gas Shales SEM Petrography of Sapropels[J].Journal of Sedimentary Research, 84（11）: 961—974.

Milliken K L, Rudnicki M, Awwiller D N, et al, 2013.Organic Matter—hosted Pore System, Marcellus Formation（Devonian）, Pennsylvania[J].AAPG Bulletin, 97（2）: 177—200.

Misch D, Mendez—Martin F, Hawranek G, et al, 2016.SEM and FIB—SEM Investigations on Potential Gas Shales in the Dniepr—Donets Basin （Ukraine）: Pore Space Evolution in Organic Matter during Thermal Maturation[J].IOP Conference Series: Materials Science and Engineering.

Modica C J, Lapierre S G, 2012.Estimation of Kerogen Porosity in Source rocks as a Function of Thermal Transformation: Example from the Mowry Shale in the Powder River Basin of Wyoming[J].AAPG Bulletin, 96（1）: 87—108.

Montgomery S L, Jarvie D M, Bowker K A, et al, 2005.Mississippian Barnett

Shale, Fort Worth Basin, Northcentral Texas: Gas—shale play with Multi—trillion Cubic Foot Potential[J].AAPG Bulletin, 89（2）: 155—175.

Oberlin A, 1979.Application of Ddark—field Electron Microscopy to Carbon Study[J].Carbon, 17（1）: 7—20.

Passey O R, Creaney S, Kulla J B, et al, 1990.A Practical Model for Organic Richness from Porosity and Resistivity Logs[J].AAPG Bulletin, 74: 1777—1794.

Paul C Hackley, Brian J Cardott, 2016. Application of Organic Petrography in North American Shale Petroleum Systems: A review, International Journal of Coal Geology, 163: 8—51.

Pedersen T F, Calvert S E, 1990.Anoxia vs.Productivity: Whatcontrols the Formation of Organic—carbon—rich Sediments and Sedimentary Rock[J]. AAPG Bulletin, 74（4）: 454—466.

Pepper A S, Corvi P J, 1995. Simple Kenetic Models of Petroleum Formation. Part I: Oil and Gas Generation from Kerogen[J].Marine and Petroleum Geology, 12（3）: 291—319.

Picard M Dane,1971.Petrographic Criteria for Recognition of Lacustrine and Fluvial Sandstone.P.R.Spring Oil—impregnated Sandstone Area, Southeast Uinta Basin, Utah [M].Salt Lake City: Utah Geological and Mineralogical Survey.

Pollastro R M, 2007a.Total Petroleum System Assessment of Undiscovered Resources in the Giant Barnett Shale Continu ous（Unconventional） Gas Accumulation, Fort Worth Basin, Texas[J].AAPG Bulletin, 91（4）: 551—578.

Pollastro R M, Jarvie D M, Hill R J, et al, 2007b.Geologic Framework of the Mississippian Barnett Shale, Barnett Paleozoic Total Petroleum System, Bend arch—Fort Worth Basin, Texas[J].AAPG Bulletin, 91（4）: 405—436.

Rickman R M, Mullen E Petre, et al, 2008.A Practical use of Shale Petrophysics for Stimulation Design Optimization: A11 Shale Plays are not Clones of the Barnett Shale[R]. SPE 115258.

Robert G Loucks, Robert M Reed, Stephen C Ruppel, et al, 2009. Morphology, Genesis, and Distribution of Nanometer-scale Pores in Sili Ceous Mudstones of the Mississippian Bamett Shale[J].Joumal of Sedimentary Research, 79: 848-861.

Rosenblum J, Nelson A W, Ruyle B, et al, 2017.Temporal Characterization of Flowback and Produced water Quality from a Hydraulically Fractured Oil and Gas Well[J].Science of The Total Environment, 596-597: 369-377.

Ross D J K, Bustin R M, 2007.Shale Gas Potential of the Lower Jurassic Gordondale Member, Northeastern British Columbia, Canada[J].Bulletin of Canadian Petroleum Geology, 55 (1): 51-75.

Ross D J K, Mare Bustin R, 2009.The Importance of Shale Composition and Pore Structure upon Gas Storage Potential of Shale Gas Reservoirs.Marine and Petroleum Geology, 26 (6): 916-927.

Rowan E L, Engle M A, Kraemer T F, et al,2015.Geochemical and Isotopic Evolution of Water Produced from Middle Devonian Marcellus Shale Gas Wells, Appalachian Basin, Pennsylvania[J].AAPG Bulleting, 99: 181-206.

Ruger A, 1997.P-wave Reflection Coefficients for Transversely Isotropic Models with Vertical and Horizontal Axis of Symmetry[J].Geophysics, 62 (3): 713-722.

Salles T, Marchès E, Dyt C, et al, 2010.Simulation of the Interactions between Gravity Processes and Contour Currents on the Algarve Margin, South Portugal.Using the Stratigraphic Forward Model Sedsim[J].Sedimentary Geology, 229: 95-109.

Sanei H, Wood J M, Ardakani O H, et al, 2015.Characterization of Organic Matter Fractions in an Unconventional Tight Gas Siltstone Reservoir[J]. International Journal of Coal Geology, 150: 296-305.

Schulz H M, Horsfield B, Sachsenhofer R F, 2010.Shale Gas in Europe: a Regional Overview and Current Research Activities[C] // Geological Society of London.Geological Society, London, Petroleum Geology Conference Series: 1079-1085.

Sebastian Storck, Helmut Bretinger, Wilhelm F Maier, 1998.Characterization of Micro—and Mesoporous Solids by Physisorption Methods and Pore—size Analysis[J].Applied Catalysis A：General, 174（1-2）：137-146.

Siever R, 1962.Silica Solubility, 0—Degrees—C—200—Degrees—C, and the Diagenesis of Siliceous Sediments[J].The Journal of Geology, 70（2）：127-150.

Stern N, 2007.The Economics of Climate Change：The Stern Review[M].Cambridge and New York：Cambridge University Press.

Sun M, Yu B, Hu Q, et al, 2016.Nanoscale Pore Characteristics of the Lower Cambrian Niutitang Formation Shale：a Case Study from Well Yuke# 1 in the Southeast of Chongqing, China[J].International Journal of Coal Geology, 154：16-29.

Tang X, Jiang Z, Li Z, et al, 2015.The Effect of the Variation in Material Composition on the Heterogeneous Pore Structure of High—maturity Shale of the Silurian Longmaxi Formation in the Southeastern Sichuan Basin, China[J].Journal of Natural Gas Science and Engineering, 23：464-473.

Tavassoli S, Yu W, Javadpour F, et al, 2013.Selection of Candidate Horizontal Wells and Determination of the Optimal Time of Refracturing in Barnett Shale（Johnson County）[C].Society of Petroleum Engineers SPE Unconventional Resources Conference Canada – Calgary, Alberta, Canada.

Tetzlaff D M, Harbaugh J W, 1989.Simulating Clastic Sedimentation；Computer Methods in Geosciences[M].New York：Van Nostrand Reinhold：196.

Thyberg B, Jahren J, Winje T, et al, 2010.Quartz Cementation in Late Cretaceous Mudstones, Northern North Sea：Changes in Rock Properties due to Dissolution of Smectite and Precipitation of Micro—quartz Crystals[J].Marine and Petroleum Geology, 27（8）：1752-1764.

U.S. Energy Information Administration,2011.Review of Emerging Resources: U.S. Shale Gas and Shale Oil Plays[R].http://www.eia.gov/analysis/studies/usshalegas/pdf/usshaleplays.pdf., 6:1-82.

Ursula Hammes, Scott H Hamlin, Thomas E Ewing, et al, 2011.Geologic

Analysis of the Upper Jurassic Haynesville Shale in East Texas and West Louisiana[J].AAPG Bulettin，10：1643—1666.

Vengosh A，Jackson R B，Warner N，et al，2014.A Critical Review of the Risks to Water Resources from Unconventional Shale Gas Development and Hydraulic Fracturing in the United States[J].Environmental Science & Technology，48（15）：8334—8348.

Vestreng V，Myhre G，Fagerli H，Reis S ,et al，2007.Twenty—five Years of Continuous Sulphur Dioxide Emission Reduction in Europe[J].Atmospheric Chemistry and Physics，7：3663—3681.

Vidic R D，Brantley S L，Vandenbossche J M，et al，2013.Impact of Shale Gas Development on Regional Water Quality[J].Science，340（6134）：826.

Vincent M C，2012.The Next Opportunity to Improve Hydraulic—fracture Stimulation[J].Journal of Petroleum Technology，64（3）：118—127.

Wang F P，Reed R M，John A，2009a.Pore Networks and Fluid Flow in Gas Shales[R].Tulsa：SPE Annual Technical Conference and Exhibition.

Wang Fred P，Julia F W Gale,2009b. Screening Criteria for Shale—gas Systems[J].Gulf Coast Association of Geological Societies Transactions, AAPG Search and Discover Article #90093 © 2009 GCAGS 59th Annual Meeting, Shreveport, Louisiana,59：779—793.

Wilson M D，Pittman E D，1977.AuthigenicClays in Sandstones；Recognition and Influence on Reservoir Properties and Paleoenvironmental Analysis[J]. Journal of Sedimentary Research，47（1）：3—31.

Wood J M，Sanei H，Haeri—Ardakani O，et al，2018.Organic Petrography and Scanning Electron Microscopy Imaging of a Thermal Maturity Series from the Montney Tight—gas and Hydrocarbon Liquids Fairway[J].Bulletin of Canadian Petroleum Geology，66（2）：499—515.

Wright R F，Larssen T，Camarero L，et al，2005.Recovery of Acidified European Surface Waters[J].Environmental Science & Technology，39（3）：64—72.

Xia Xinyu，Chen James，Braun R，et al. ，2013Isotopic Reversals with

Respect to Maturity Trends due to Mixing of Primary and Secondary Products in Source Rocks[J].Chemical Geology, 339（2）：205-212.

Yang C, Zhang J, Tang X, et al, 2017.Comparative Study on Micro-pore Structure of Marine, Terrestrial, and Transitional Shales in Key Areas, China[J].Int. J. Coal Geol.,171：76-92.

Yang Feng, Ning Zhengfu, Liu Huiqing, 2014.Fractal Characteristics of Shales from a Shale Gas Reservoir in the Sichuan Basin, China[J].Fuel, 115（378）：378-384.

Yu Yuanjiang, Zou Caineng, Dong Dazhong, et al, 2014.Geological Conditions and Prospect Forecast of Shale Gas Formation in Qiangtang Basin, Qinghai-Tibet Plateau[J].Acta Geologica Sinica（English Edition）, 88（2）：598-619.

Zheng Shuhui, Hou Fagao, Ni Baoling, 1983.Hydrogen and Oxygen Stable Isotopes of Precipitation in China[J].Chinese Science Bulletin, 28（13）：801-801.

Zhou Wen, Xu Hao, Deng Hucheng, et al. , 2016. Characteristics and Classification of Section Structure of Nonmarine Organic-rich Formations in Sichuan Basin[J].Lithologic Reservoirs, 28（6）：1-8.

Zolfaghari A, Dehghanpour H, Noel M ,et al, 2016.Laboratory and Field Analysis of Flowback Water from Gas Shales[J].Journal of Unconventional Oil & Gas Resources, 14：113-127.

Zou C, Dong D, Wang S, et al, 2010.Geological Characteristics and Resource Potential of Shale Gas in China[J]. Petrol Exp. Dev.,37（6）：641-53.

Zou C, Zhao Q, Zhang G, Xiong B, 2016.Energy Revolution：from a Fossil Energy Era to a New Energy Era.Nat Gas Ind B, 3（1）：1-11.

Zou Caineng, Dong Dazhong, Wang Yuman, et al, 2016.Shale Gas in China：Characteristics, Challenges and Prospects（II）[J].Petroleum Exploration and Development, 43（2）：166-178.